“十四五”普通高等院校新形态一体化系列教材

# C 语言程序设计

**主　编：**季春颖　李　林

**副主编：**王毅超　秦德明　李创举　周盛飞

中国铁道出版社有限公司
CHINA RAILWAY PUBLISHING HOUSE CO., LTD.

## 内 容 简 介

本书作为程序设计课程的教材，在内容上由浅入深，循序渐进，在结构上注重知识体系的系统性、连贯性及完整性，帮助读者更加轻松地掌握 C 语言的编程。全书共分 11 章：第 1 章主要介绍 C 语言的开发环境，使读者从感知上认识 C 语言的基本结构，第 2 章详细讲解 C 语言的基础知识，第 3、4 章介绍了 C 语言的两种结构设计，第 5~10 章介绍了数组、函数、指针、结构体、文件、编译预处理等，第 11 章介绍了位运算。

本书体系合理、概念清晰、讲解详细，适合作为高等学校的专业教材，也适合读者自学，同时还可以作为全国计算机等级考试的教材和参考书。

**图书在版编目（CIP）数据**

C 语言程序设计 / 季春颖，李林主编 . -- 北京 ：中国铁道出版社有限公司，2025. 7. --（“十四五”普通高等院校新形态一体化系列教材）. -- ISBN 978-7-113-31902-1

Ⅰ. TP312.8

中国国家版本馆 CIP 数据核字第 2025BE6956 号

**书　　名：** C 语言程序设计
**作　　者：** 季春颖　李　林

**策　　划：** 徐海英
**责任编辑：** 王春霞　贾淑媛　　**编辑部电话：**（010）63551006
**封面设计：** 刘　颖
**责任校对：** 刘　畅
**责任印制：** 赵星辰

**出版发行：** 中国铁道出版社有限公司（100054，北京市西城区右安门西街 8 号）
**网　　址：** https://www.tdpress.com/51eds
**印　　刷：** 河北燕山印务有限公司
**版　　次：** 2025 年 7 月第 1 版　2025 年 7 月第 1 次印刷
**开　　本：** 850 mm × 1 168 mm　1/16　**印张：** 17.75　**字数：** 425 千
**书　　号：** ISBN 978-7-113-31902-1
**定　　价：** 59.80 元

# 前言

在当今科技飞速发展的时代，人工智能技术正以前所未有的速度改变着世界。而编程作为实现人工智能算法和应用的核心手段，其重要性也日益凸显。C 语言，作为一门经典且功能强大的编程语言，凭借其高效性、灵活性和对底层硬件的强大控制能力，在人工智能领域依然占据着不可或缺的地位。

本书全面贯彻党的二十大精神，注重课程思政，将思政元素融入教材，结合现实生活和具体事例培养读者的科学精神、创新意识、诚信品质、责任担当、团队协作和爱国情操等综合素质。

本书旨在为读者提供一本既涵盖 C 语言基础编程知识、又紧密结合人工智能应用特色的教材，帮助读者在掌握 C 语言编程技能的同时，能够初步了解人工智能的基本概念和算法，为进一步深入学习人工智能相关技术奠定坚实的基础。

## 教材特色

### 1. 例题丰富，讲解详细

本书的例题分为两种类型：一种是基本知识型；另一种是拓展应用型。本书例题讲解详细，通过对问题的分析引导，找出解决问题的关键，并注重培养读者良好的编程习惯，强化解决问题的科学过程和手段，培养严谨思考和解决问题的能力。

### 2. 基础与前沿并重

本书在系统介绍 C 语言基础知识的同时，结合人工智能领域的特点，引入了与人工智能密切相关的编程案例和算法实现，让读者在学习 C 语言的过程中，能够直观地感受到 C 语言在人工智能应用中的强大作用。

### 3. 案例驱动教学

为了使读者更好地理解和应用所学知识，本书采用了大量的实际案例进行讲解。读者可以学习到如何运用 C 语言解决实际问题，从而提高自己的编程能力和解决实际问题的能力。

### 4. 注重实践操作

编程是一门实践性很强的学科，只有通过大量的实践操作才能真正掌握编程技能。本书在每个章节都安排了丰富的实践练习，包括编程题、实验项目等，让读者在实践中巩固所学知识，提高编程水平。

### 5. 融入人工智能思维

除了传授 C 语言编程知识和技能外，本书还注重培养读者的人工智能思维。在讲解案例和算法时，引导读者从人工智能的角度去思考问题，理解算法的设计思路和实现原理，培养创新思维能力。

本书由汉口学院的季春颖、李林主编，王毅超、秦德明、李创举、周盛飞任副主编，具体分工如下：季春颖编写第 1 章、第 8 章、第 10 章、第 11 章；秦德明编写第 2 章、第 5 章；王毅超编写第 3 章、第 4 章；周盛飞编写第 6 章；李创举编写第 7 章；李林编写第 9 章。

本书附有例题讲解的微课视频，可通过扫描二维码观看，另外，本书还配有电子课件、教学大纲及习题答案等，读者可登录中国铁道出版社教育资源平台 https://www.tdpress.com/51eds 下载。

由于编者水平有限，疏漏之处在所难免，恳请广大读者批评指正。

编　者

2025 年 3 月

# 目录

# 第 1 章 C 语言程序设计概述

C 语言是一门强大且灵活的编程语言，是应用最为广泛的程序设计语言之一，本章主要从计算机程序设计的基本概念：C 语言的发展历程、C 程序的基本组成、C 程序的开发流程及开发工具几个方面进行阐述。

**学习目标**

- 了解 C 语言发展历程，明白科学进步需要持续钻研与积累，具备严谨的治学态度。
- 了解 C 语言的开发工具和开发流程，初步建立编程工程的整体概念。
- 掌握 C 语言程序的基本组成。

## 1.1 计算机程序设计的基本概念

程序的就是由人编写的指挥和控制计算机完成特定功能的指令序列，书写程序所使用的语言称为程序设计语言，它是人与计算机进行信息通信的工具，而设计、编写和调试程序的过程称为程序设计。

### 1.1.1 计算机系统的基本组成

计算机系统的组成可分为硬件和软件两大类，具体如图 1.1 所示。

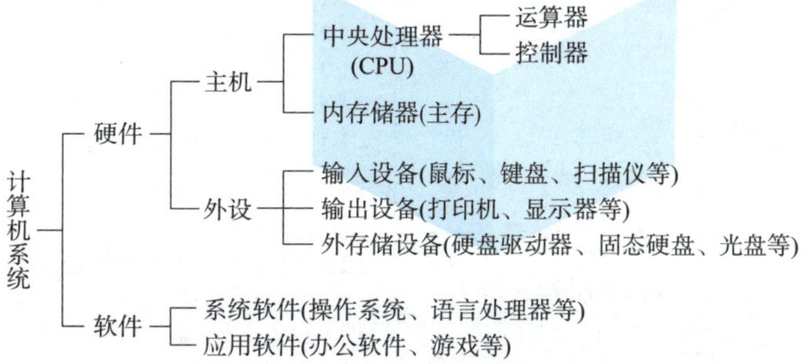


图 1.1 计算机系统的组成

主要介绍如下：

### 1. 中央处理单元（CPU）

CPU 是计算机系统的大脑，负责执行程序中的指令。它包括控制单元（CU）和算术逻辑单元（ALU），分别负责控制和执行算术和逻辑运算。

### 2. 内存（memory）

内存用于存储程序和数据，以便 CPU 能够迅速访问。内存分为主存储器（RAM）和辅助存储器（如硬盘驱动器、固态硬盘等）。RAM 是易失性存储器，用于暂时存储正在执行的程序和数据。

### 3. 外存储设备

外存储设备用于永久性地保存数据。硬盘驱动器、固态硬盘、光盘等都属于存储设备。

### 4. 输入设备

输入设备允许用户向计算机系统输入数据和指令。常见的输入设备包括键盘、鼠标、触摸屏等。

### 5. 输出设备

输出设备将计算机处理的数据和结果呈现给用户。常见的输出设备包括显示器、打印机、音频设备等。

### 6. 系统软件

操作系统是计算机系统的核心软件，负责管理硬件资源、提供用户界面、执行程序、处理文件系统等任务。

### 7. 应用软件

应用软件是用户用来完成特定任务的程序，例如文本编辑器、图形设计工具、游戏等。

这些组成部分协同工作，使得计算机系统能够执行各种任务。硬件提供了基本的计算和存储能力，而软件则利用这些能力执行特定的任务。

## 1.1.2 程序的概念

程序就是一组能够被计算机识别和执行的指令，计算机的每一个动作都是由程序指令来控制完成的。为了使计算机系统能够实现各种功能，需要成千上万个程序，这些程序多数是由程序设计人员提前设计好，然后提供给用户使用。

举一个生活中的例子，比如准备早餐（见图 1.2），每一步都是有顺序的。

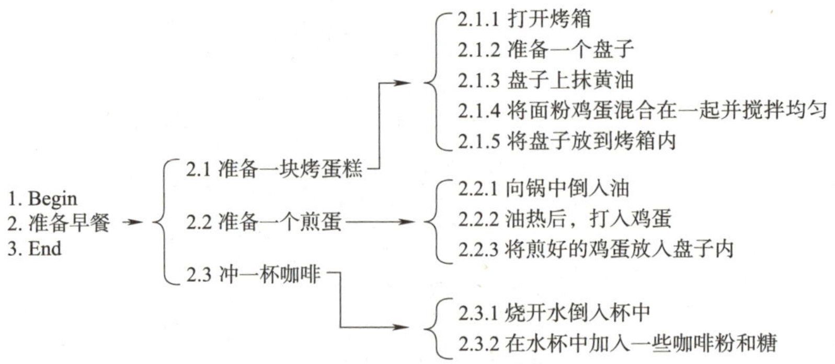


图 1.2 早餐流程图

计算机程序也是一样的，每一个指令都有先后顺序，换句话说，程序就是一系列有序指令的集合。

### 1.1.3　结构化程序设计

结构化程序设计的思想是把一个需要解决的复杂问题分解成若干模块来处理，每个模块解决一个小问题，这种分而治之的方法大大降低了程序设计的难度。

结构化程序设计的核心问题是算法和控制结构。算法，指的是解决问题时的一系列方法和步骤。C 语言为结构化程序设计提供了三种基本控制结构，分别是顺序结构、选择结构和循环结构。

#### 1. 算法

通俗地讲，算法就是解决问题的方法与步骤。算法的描述可以有多种形式，如文字表示、流程图表示、伪代码表示和程序设计语言表示。

1）文字描述

例如，要交换变量 *a* 和 *b* 的值，其算法用文字描述如下：

（1）输入变量 *a* 和 *b* 的值；

（2）将变量 *a* 的值赋给变量 *t*；

（3）将变量 *b* 的值赋给变量 *a*；

（4）将变量 *t* 的值赋给变量 *b*；

（5）输出变量 *a* 与 *b* 的值。

2）流程图表示

流程图也称框图，它是用一些几何框图、流程线和文字说明表示各种类型的操作。一般用矩形框表示进行某种处理，用平行四边形表述输入输出，用菱形框表示判断，用带箭头的流程线表示操作的走向。具体如图 1.3 所示。

图 1.3　流程图符号

用流程图表示交换两个变量 *a* 和 *b* 的值，算法如图 1.4 所示。

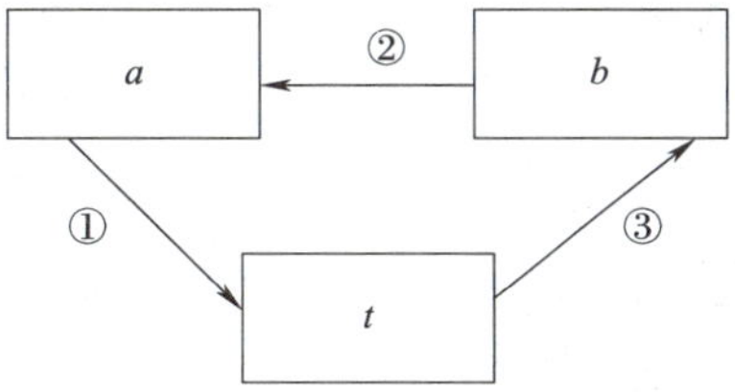


图 1.4　交换变量 *a* 和 *b* 的值

3）伪代码表示

伪代码是一种不受语法约束的描述方式，其代码不能够运行。

用伪代码表示交换两个变量 *a* 和 *b* 的值，算符如下所示：

```
{
        int a, b, t;
        输入变量 a,b 的值
        t=a;
        a=b;
        b=t;
        输出变量 a,b 的值
}
```

4）程序设计语言表示

程序设计语言表示就是用程序设计语言将算法实现，例如，交换两个变量 *a* 和 *b* 的值，程序设计语言如下：

```
#include<stdio.h>
void main()
{
        int a, b, t;
        printf("Input a and b:\n");
        scanf("%d%d",&a,&b);
        printf("a=%d,b=%d",a,b);
        t=a;
        a=b;
        b=t;
        printf("a=%d,b=%d",a,b);
}
```

因为用程序设计语言描述算法要符合程序设计语言的语法规范，所以此种算法描述不是很方便。

### 2. 三种控制结构

C 语言为用户提供了三种基本控制结构，分别为顺序结构，选择结构和循环结构。

（1）顺序结构：一条语句执行完后，按自然顺序执行下一条语句。C 语言中的赋值语句、输入、输出等都构成了顺序结构。

（2）选择结构：计算机在执行程序时，有时需要根据不同的条件选择执行不同的语句。C 语言中的 if 与 switch 语句都可以构成选择结构。

（3）循环结构：计算机在执行程序时，有时需要重复执行相同的语句。C 语言中的 for、while 与 do...while 语句都可以构成循环结构。

这三种结构的共同特点是：

（1）只有单一的入口和出口。

（2）结构中的每个部分都有被执行的可能。

（3）结构中的每条语句都应在有限时间内完成。

C 语言是典型的结构化程序设计语言，当所要求解的问题复杂时，常常要将复杂问题分解为若干个子任务，每个子任务又分成很多个小子任务，每个小子任务只完成一个简单的功能。在程序设计时，用一个个小模块来实现这些小子任务。而每一个小模块基本上均由上述的三种基本结构组合而成。

三种基本控制结构的流程图如图 1.5 表示。

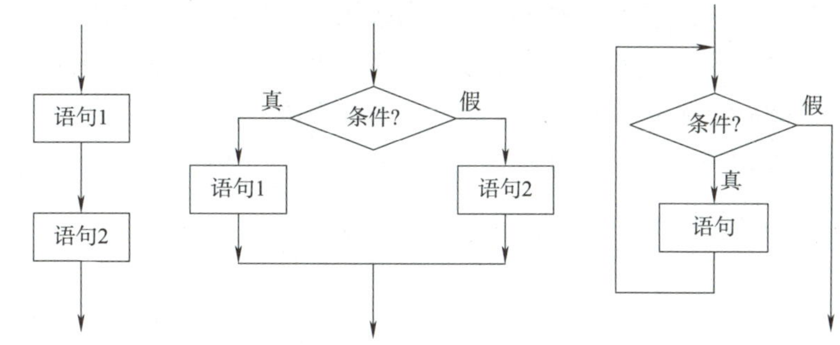


（a）顺序结构　（b）选择结构　（c）循环结构

图 1.5　三种基本结构流程图

## 1.2 程序设计语言

### 1.2.1　程序设计语言发展历程

程序设计语言是计算机与程序员之间沟通的桥梁，它们允许程序员以一种结构化的方式编写代码。不同的程序设计语言有不同的特点和适用场景。

程序设计语言的发展是一个不断演变和创新的过程，随着计算机科学的不断进步，编程语言也在不断地演变和发展。发展到今天，程序设计语言经历了机器语言、汇编语言和高级语言三个阶段。

（1）机器语言，由前面的介绍可以知道，计算机完成的每一个操作都是一条指令，由于计算机硬件的特性，决定了计算机本身只能接收由 0 和 1 编码的二进制指令和数据，这种二进制形式的指令称为计算机的机器语言，它是计算机唯一能够识别并直接执行的语言。

（2）汇编语言，由于用机器语言编写程序很不方便，而且容易出错，调试、维护起来都很不方便，因此，出现了利用助记符来代替机器语言二进制编码的另外一种语言，这即是汇编语言，汇编语言是建立在机器语言的基础之上，将机器语言符号化，编写、调试、维护等都较机器语言方便得多，但是计算机并不认识这种语言，需要通过专门的软件——汇编程序来进行翻译，进而变成计算机认识的二进制编码形式。

（3）高级语言，虽然汇编语言较机器语言更易读写，但是它仍然要依赖于具体的机器，仍然需要对硬件细节有一定的了解，与特定硬件架构关联紧密。随着人们对计算机的要求不断提高，出现了更加接近于人类自然语言的高级语言。

高级语言的出现不仅大大提高了读写的效率，更重要的高级语言已经从具体的机器中抽象出来，摆脱了依赖于具体机器的问题，由于计算机并不能直接识别高级语言，所以需要将其翻译成机器语言再执行，这种工具就是编译程序，它能够把高级语言程序翻译成等价的机器语言程序。

### 1.2.2　高级语言的发展历程

每一种高级语言诞生之初都有绝对的优势，下面按诞生年代的顺序，简单介绍以下几种高级语言。

（1）Fortran 语言（1957），这是出现的第一个高级语言，主要用于科学和工程计算。Fortran 语言简化了数学和科学计算的编程过程。随着各种高级语言的不断出现，Fortran 语言已很少应用。

（2）LISP 语言（1958），首个用于人工智能研究的编程语言，以其强大的列表处理能力而闻名。

（3）COBOL 语言（1959），面向商业应用的编程语言，用于处理大规模数据处理任务。COBOL 语言的设计目标是易读易维护。

（4）ALGOL 系列语言，ALGOL 60 是一种重要的编程语言，对后来的编程语言设计产生了深远影响，如 C 语言和 Pascal。

（5）BASIC 语言，面向初学者的编程语言，旨在使编程更加容易理解和学习。BASIC 语言在个人计算机的早期阶段广泛使用。

（6）C 语言，由 Dennis Ritchie 在贝尔实验室设计，成为一种通用的、面向过程的编程语言。C 语言对操作系统和系统级编程产生了深远的影响。

（7）Pascal 语言，用于教学和软件开发。Pascal 强调结构化编程和类型安全。

（8）C++，由 Bjarne Stroustrup 设计，是 C 语言的扩展，引入了面向对象编程（OOP）的概念。C++ 在系统级编程和应用程序开发中得到了广泛应用。

（9）Java，由 Sun Microsystems 设计，注重跨平台性和网络应用。Java 的字节码可以在任何支持 Java 虚拟机（JVM）的平台上运行，推动了 Web 应用的发展。

（10）Python，由 Guido van Rossum 设计，以其简洁、易读的语法和多范式编程的支持而流行。Python 在科学计算、数据分析和人工智能领域得到广泛应用。

（11）GO 语言，由 Google 设计，注重简洁、高效和并发编程。Go 专注于构建高性能的分布式系统。

（12）Swift 语言，由苹果设计，取代 Objective-C 成为 iOS 和 macOS 应用程序开发的首选语言。Swift 注重安全性和性能。

以上只是编程语言发展历程中的一些关键时刻，每种语言都在满足不同需求和解决不同问题的过程中发挥了特殊的作用。随着技术的不断进步，新的编程语言和工具不断涌现，以满足不断变化的计算需求。

### 1.2.3 C 语言的发展历程

C 语言是一种通用的、面向过程的编程语言，其发展主要经历了以下几个阶段：

（1）诞生阶段（1972 年）：C 语言由美国计算机科学家丹尼斯・里奇（Dennis Ritchie）在贝尔实验室（Bell Labs）设计和开发。起初，C 语言是为 UNIX 操作系统而创建的，以提供一种更灵活、可移植的编程语言。

（2）K&R C（1978 年）：C 语言的第一个正式规范是由丹尼斯・里奇和布莱恩・克尼根（Brian Kernighan）编写的《C 程序设计语言》（*The C Programming Language*）一书，通常称为 K&R C。这本书成为学习 C 语言的标准教材，定义了 C 语言的基本特性和语法规则。

（3）ANSI C 标准（1989 年）：随着 C 语言的广泛应用，美国国家标准协会（ANSI）于 1983 年成立了一个委员会，负责制定 C 语言的标准规范。最终于 1989 年发布了 ANSI C 标准，它加入了一些新的特性和库函数，统一了 C 语言的规范。

（4）ISO C 标准（1990 年）：ANSI C 标准被采纳为国际标准，即 ISO C 标准。这一标准继续加强了 C 语言的一致性和可移植性，使得在不同平台上编写的 C 代码更具可移植性。

（5）C99 标准（1999 年）：1999 年，国际标准化组织（ISO）发布了 C 语言的新标准，通常称为 C99。这一标准引入了一些新的特性，如可变长度数组、复合文字（compound literals）等，以提高 C 语言的表达能力和灵活性。

（6）C11 标准（2011 年）：2011 年，ISO 发布了 C 语言的下一个标准，即 C11。C11 引入了一些新的特性，如泛型编程支持、多线程支持等，以适应当时计算机科学的发展。

C 语言的发展一直在不断进行，各种 C 语言的实现和编译器不断涌现。C 语言在计算机科学中具有广泛的应用，尤其在系统编程、嵌入式系统、操作系统和应用程序开发等领域。其简洁、高效、可移植的特性使其成为一门经典的编程语言，对后来许多编程语言的设计产生了深远的影响。

### 1.2.4　C 语言的主要特点

C 语言在计算机科学领域中具有重要的地位，它被广泛应用于系统编程、嵌入式系统、操作系统和应用程序开发等领域。以下是 C 语言程序设计的一些主要特点：

（1）结构化编程，程序简洁，编写方便。C 语言是一种结构化编程语言，支持模块化和层次化的程序设计。这使得开发者能够更容易地组织和维护代码。

（2）过程导向。C 语言是一种过程导向的编程语言，重视程序的流程和过程。它不像一些面向对象的语言那样有类和对象的概念，而是更注重函数的使用。

（3）跨平台性。C 语言的代码可以在多个计算机平台上进行编译和运行，这使得它成为一种具有跨平台性的语言。这也是许多操作系统和系统级软件都是使用 C 语言编写的原因之一。

（4）运算符丰富。C 语言为广大用户提供了 34 个运算符，且表达式类型多样化，灵活使用 C 语言的各种运算符可以实现其他高级语言难以实现的运算。

（5）数据类型丰富。C 语言的数据类型有整型、实型、字符型、数组类型、指针类型、结构体和共用体类型等。能够实现复杂的数据结构的运算。尤其是 C 语言的指针类型，使运算更高效。

（6）允许直接访问物理地址。C 语言中的指针是其特有的特性之一，允许直接访问内存地址。指针在高效地处理数据结构和实现某些算法时非常有用，但同时也需要程序员对内存管理有一定的了解，以避免一些常见的错误。

（7）可移植性好。C 语言发展至今，适配性已非常优良，C 语言适合各种操作系统，如 DOS、Windows、UNIX 系统等，同时 C 语言也适配于各种机型，这大大提高了 C 语言的使用率。

（8）语法检查不严格。C 语言放宽了语法检查，允许用户在程序设计时有较大的自由度，这既是它的优点，也是它的缺点，在提高了 C 语言灵活性的同时也增加了代码错误的概率，如 C 语言不检查数组下标越界的问题，运行时可能会导致整个程序的结果错误。

总体而言，C 语言是一种强大而灵活的编程语言，尽管它相对较底层，但正是这种特性使其在系统级编程和嵌入式系统开发中得到广泛应用。同时，C 语言的语法和特性也对后续许多编程语言的设计产生了深远的影响。

## 1.3 C 语言程序的基本组成

为了对 C 语言的程序结构有初步的认识，下面介绍几个简单的 C 语言程序。

**例 1.1** 编写程序，要求在屏幕上输出“Hello world!”。

```
1   #include<stdio.h>                      //编译预处理命令
2   int main()                             //主函数
3   {                                      //函数体开始标志
4       printf ("Hello world!");           //输出双引号里的内容
5       return 0;                          //返回函数值 0
6   }                                      //函数体结束标志
```

**程序分析：**

（1）代码的第一行是一个预处理命令，其中“stdio.h”是系统提供的一个文件名，因为下面程序中的“printf()”函数包含在此文件中，所以要预先将其加载进来。

（2）代码第二行中的“main()”函数是主函数，每个 C 语言程序有且只有一个主函数，程序的执行是从 main() 函数开始，到 main() 函数结束。主函数前面的“int”是指函数需要返回一个 int 型的数据，与后面的“return 0”相呼应。当无返回值时可以用“void”。

（3）代码的 3~6 行是函数体内容，其中“printf()”是 C 语言提供的标准输出函数，函数中双引号里的内容原样输出，最后的“;”是 C 语言程序语句结束的标志。

（4）每行代码后面的“//”部分是程序说明部分，良好的注释说明可以提高代码的可读性，注释部分内容并不影响程序的执行，C 语言规定“//”为单行注释符，“/*……*/”为多行注释符，当注释的内容较多时，可使用多行注释符。

**例 1.2** 编写程序，求两个数的和。

```
#include<stdio.h>
void main()
{
    /*本行代码是程序的声明部分，
      定义三个 int 型的变量，分别为 a、b、sum*/
      int a, b, sum;
      a=123;                           //给变量 a 赋值
      b=321;                           //给变量 b 赋值
      sum=a+b;                         //进行求和运算，并把结果赋值给变量 sum
      printf ("sum=%d",sum);           //输出双引号 sum 的值
}
```

**运行结果：**

```
sum=444
```

**程序分析：**此程序的作用是求两个变量的和，定义了三个整型变量 a、b、sum，并在程序中使

用了多行注释符号“/*……*/”，运用赋值符号“=”对变量进行赋值，最后 printf() 函数中的“%”是输出数据的格式控制符,“%d”是输出一个整型数据。由于本程序中主函数返回值为空(代码“void main()”所示)，所以不需要再加“return 0”。

通过以上两个例子可以看出，一个完整的 C 语言程序一般有以下几个组成部分：

（1）预处理命令。如“#include<stdio.h>”(本书后面还会介绍其他的预处理命令如 #define 等)，对于“#include<stdio.h>”指令，是将 stdio.h 头文件中的指令预先读进来，由预处理命令和程序其他部分组成一个完整的可编译的源程序。

（2）程序的声明部分。在任何函数之外声明的变量，称为全局变量，作用域是之后整个程序，在函数内部声明的变量是局部变量，只在函数内部起作用。

（3）主函数。一个 C 语言程序有且只有一个 main() 函数，程序总是从 main() 函数开始执行，mian() 函数执行完毕，整个程序也结束了。程序中每一条语句的结束是以“；”为标志。

（4）适当的注释。一个 C 语言程序要有良好的可读性，那么适当的注释是必不可少的。

另外需要说明的是，C 语言本身并不提供输入输出语句，输入输出的操作是由库函数 scanf() 和 printf() 等函数来完成的，由于输入输出的操作涉及计算机的具体的设备(键盘和显示屏等)，把输入输出操作用库函数实现，就可以使 C 语言本身的规模较小，编译程序简单，使程序可以在不同的机器上实现，具有可移植性。

## 1.4　C 语言的开发流程和开发工具

### 1.4.1　C 语言的开发流程

通过前面的学习，我们已经知道 C 语言是高级程序设计语言，程序内容并不能直接被计算识别而执行，需要通过编译器翻译成等价的计算机能识别的以二进制语言表示的程序，那么写好的 C 语言源程序是如何编译并运行的呢？一般要经过以下几个步骤：

（1）用户通过编辑软件编写 C 语言源程序。这里要注意，文件名以 .c 为扩展名。

（2）对源程序进行编译。源程序编写完以后，C 编译系统提供的“预处理程序”对程序中的预处理指令(如 #include<stdio.h>)进行预处理，将头文件 stdio.h 的内容读进来。由预处理得到的信息与程序其他部分一起组成一个完整的、可编译的源程序，然后由编译系统对该程序进行编译。编译后的源程序会被翻译成扩展名为 .obj 的二进制文件。

（3）进行连接处理。经过编译后的每一个源文件都会被翻译成一个二进制的目标文件，一个程序中可能有多个源文件，编译后会有多个二进制目标文件，要把所有的目标文件连接起来形成一个整体，再与库函数连接，生成一个可以被计算机执行的目标程序，称为可执行程序，其扩展名为 .exe。

（4）运行可执行程序。将经过编译、连接后得到的 .exe 可执行程序输入计算机，使之被运行，并得到运行结果。

C 语言程序开发流程如图 1.6 所示。

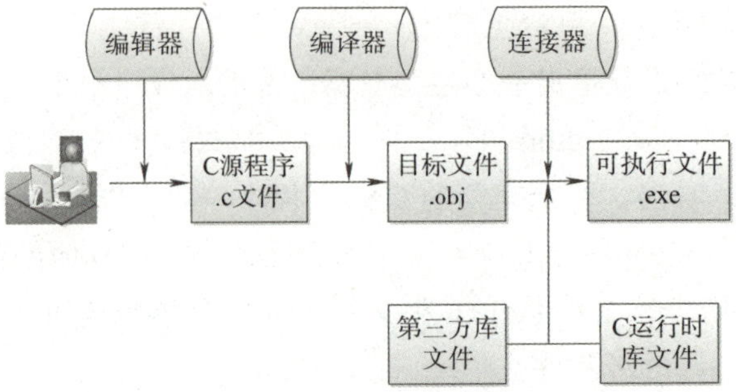


图 1.6　C 语言程序开发流程图

一个最简单的 C 语言程序从编写到得到运行结果，都不是一个简单的过程，为了编译、连接和运行 C 语言程序，必须有相应的编译系统，目前很多 C 语言的编译系统都是集成开发环境（IDE）的，把程序的编辑、编译、连接和运行等操作全部集中在一个界面上，功能丰富，使用方便。

## 1.4.2　C 语言的开发工具

### 1. Dev-C++

Dev-C++ 快捷方式图标为，Dev-C++ 是 Windows 环境下一个轻量级的 C/C++ 集成开发环境（IDE）可不通过创建工程而直接创建文件，应用较为灵活，适合初学者使用。其遵循 GPL 许可协议，Dev-C++ 中的代码会以不同颜色进行区分，这对用户有很好的提示作用，图 1.7 所示为 Dev-C++ 的工作界面。

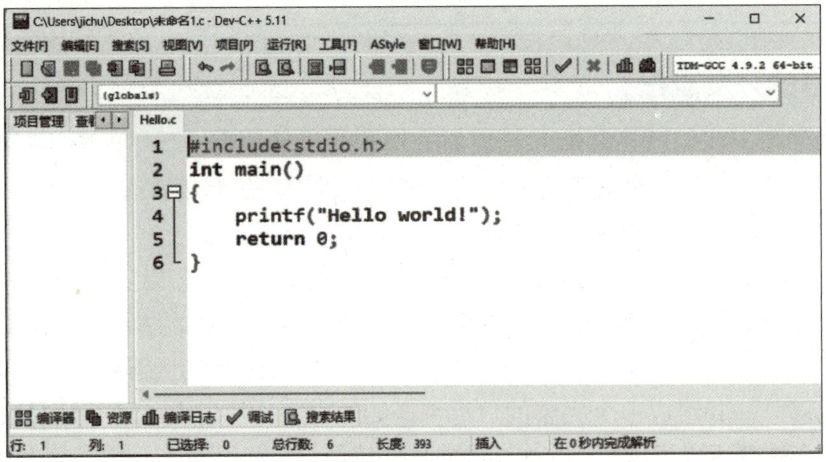


图 1.7　Dev-C++ 的工作界面

### 2. Visual C++ 2010 Express

Visual C++ 2010 Express（下面简称 VC++ 2010）是全国计算等级考试二级 C 语言程序设计所用软件，这款软件也是微软公司所推出的，使用 VC++ 2010 时一般是通过“开始”菜单来启动的，也可在安装后手动发送快捷方式到桌面，其快捷方式图标为。这款软件需要先创建项目，然后再创建文件。图 1.8~ 图 1.10 分别为 VC++ 2010 的登录界面、创建项目界面及编写程序界面。

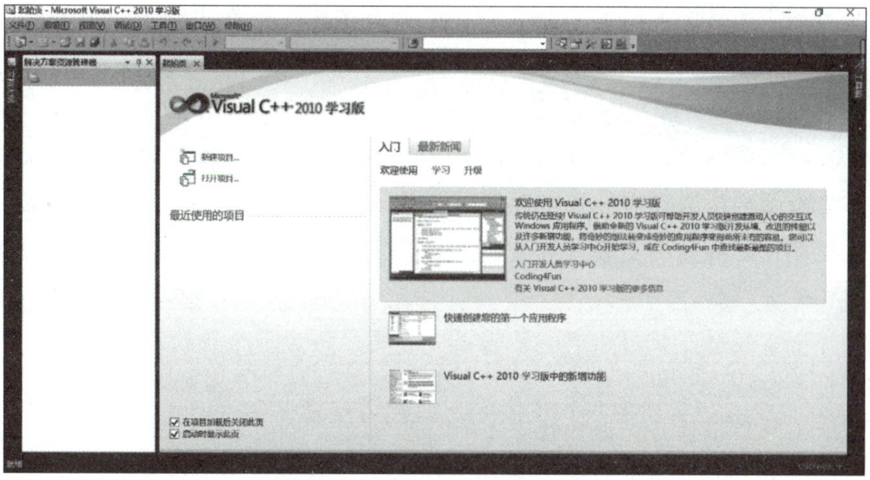


图 1.8　VC++ 2010 的登录界面

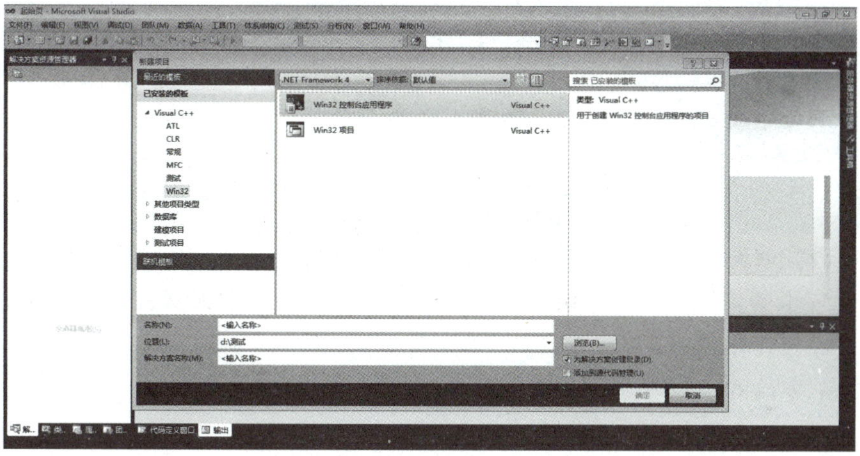


图 1.9　VC++ 2010 创建项目界面

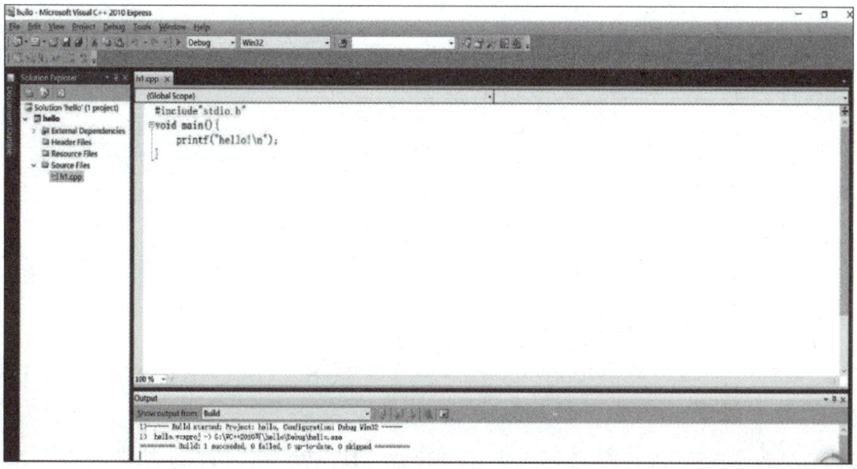


图 1.10　VC++ 2010 编写程序界面

以上是目前两种应用较为广泛的C语言程序的开发工具，且都比较适合初学者。

## 小　结

（1）C语言是面向过程的程序设计语言。

（2）结构化程序设计的核心是算法和控制结构，C语言提供了三种基本控制结构，分别为顺序结构，选择结构和循环结构。

（3）程序设计语言经历了机器语言、汇编语言和高级语言三个阶段。

（4）C语言的主要特点有程序简捷、编写方便、跨平台性、运算符丰富、数据类型丰富、允许直接访问物理地址、可移植性好、语法检查不严格等特点。

（5）一个完整的C程序通常包含预处理、声明、主函数及适当的注释。

（6）一个最简单的C语言程序从编写到得到运行结果一般经过编辑、编译、连接和运行几个步骤。

## 习　题

### 一、填空题

1. 程序设计语言的发展经历了机器语言、汇编语言和________三个阶段。

2. 使用C语言求解实际问题，从编写程序到上机运行，一般要经历：编辑源程序、________、与库函数链接及运行目标程序。

3. 算法的表示可以有多种形式，如文字描述、________、伪代码和________。

4. C语言为用户提供了三种基本结构：顺序结构、________和________。

### 二、选择题

1. 一个C语言程序的执行是（　　）。

A. 从第一个函数开始，到最后一个函数结束。

B. 从第一个语句开始，到最后一个语句结束。

C. 从main()函数开始，到最后一个函数结束。

D. 从main()函数开始，到main()函数结束。

2. 以下不是程序设计语言发展阶段的是（　　）。

A. 高级语言　　B. 低级语言　　C. 机器语言　　D. 汇编语言

3. C语言源程序文件名的扩展名是（　　）。

A. .exe　　B. .obj　　C. .c　　D. .cpp

4. 以下关于C语言程序的注释，正确的是（　　）。

A. 由“/*”开头且由“/*”结尾　　B. 由“/*”开头且由“*/”结尾

C. 由“//”开头且由“//”结尾　　D. 由“/*”和“//”任意组合

5. C语言语句以（　　）为结束标志。

A. 冒号“:”　　B. 问号“?”　　C. 分号“;”　　D. 逗号“,”

## 三、编程题

编写一个C语言程序，用于输出显示: How are you?

# 第 2 章
# C 语言程序设计基础

计算机程序操作的核心对象是数据，而数据则是以某种特定的形式存在的。C 语言提供了十分丰富的数据类型，可以灵活地表示各种复杂的数据结构，从而实现高效的内存利用和数据处理，配合强大的输入输出能力，可满足不同应用场景的需求。本章将介绍 C 语言程序设计的基础知识，包括数据类型与进制转换、运算符与表达式，以及基本输入与输出等。

**学习目标**

- 了解 C 语言的基本语法，包括标识符、关键字、运算符等。
- 掌握 C 语言的数据类型，包括整型、浮点型、字符型等，以及数据的输入和输出。
- 具备灵活运用 C 语言的基础知识解决实际问题的能力，通过数据与进制转化，强调数据的准确性和规范性在行业的重要性，思考技术进步如何改善人们的生活和工作方式，培养学生对科技创新的关注度。

## 2.1 数据与进制

### 2.1.1 数据表示的常用进制

在计算机系统中，所有的数据最终都是以数值的形式来表示的，而数值的进制表示方式多种多样，最常见的进制表示方式有二进制、十进制、十六进制、八进制。

#### 1. 二进制数的表示

在计算机内部，所有的数据和信息都是通过电子电路来表示和处理的。电路中的元件可以处于两种状态，即通电（开）或断电（关），这两种状态可以用 1 和 0 来表示，这种二元状态完美地映射到电子开关等基本硬件，使计算机内部的运算规则简单，稳定性高。二进制数中，只包含有 0 和 1 两个数字，因此基数是 2，遵循逢二进一的原则。

#### 2. 十进制数的表示

十进制数是人们日常生活中最常用的计数方法。十进制数的每一位上的数字只能是 0~9，共 10 个数字中的一个，因此其基数为 10，遵循逢十进一的原则。

### 3. 八进制数的表示

八进制是计算机中另一种常见的进制表示方式，其每一位数字只能是 0~7，共 8 个数字中的一个，因此其基数是 8，遵循逢八进一的原则。

### 4. 十六进制数的表示

十六进制是计算机领域中非常重要的一种进制表示方式，其每一位数码只能是 0~9 和 A~F，共 16 个数码中的一个，因此其基数是 16，遵循逢十六进一的原则。十六进制为计算机系统提供了一种紧凑、高效的数值表示形式。它在内存管理、图形图像、网络传输等众多领域都有广泛应用，是计算机领域不可或缺的一种进制表示方式。

不同进制之间可以相互转换，其对应关系见表 2.1。

表 2.1　二进制、十进制、八进制、十六进制对应关系

| 二进制 | 十进制 | 八进制 | 十六进制 |
|---|---|---|---|
| 0000 | 0 | 0 | 0 |
| 0001 | 1 | 1 | 1 |
| 0010 | 2 | 2 | 2 |
| 0011 | 3 | 3 | 3 |
| 0100 | 4 | 4 | 4 |
| 0101 | 5 | 5 | 5 |
| 0110 | 6 | 6 | 6 |
| 0111 | 7 | 7 | 7 |
| 1000 | 8 | 10 | 8 |
| 1001 | 9 | 11 | 9 |
| 1010 | 10 | 12 | A |
| 1011 | 11 | 13 | B |
| 1100 | 12 | 14 | C |
| 1101 | 13 | 15 | D |
| 1110 | 14 | 16 | E |
| 1111 | 15 | 17 | F |

## 2.1.2　进制转换

计算机中的信息处理和存储都是通过二进制实现的，二进制是计算机内部运算的基础。但是，二进制在可读性、信息量、运算复杂度等方面存在一些缺点，在实际的编程和数据表示中，常常使用十进制、八进制、十六进制来提高效率和可读性。进制转换是计算机系统中一项基础而重要的功能。通过进制计算，计算机能够适应各种应用场景的数值表示需求，实现数据的有效存储、传输和运算，这是计算机系统得以正常运转的关键支撑之一。

### 1. 十进制数转换为二进制、八进制、十六进制数的方法

十进制数转换为二进制、八进制、十六进制数的整体思路为“除基取余”，其基本原理如下：

（1）选择目标进制的基数（$R$），如：二进制的基数是 2，八进制的基数是 8，十六进制的基数是 16。

（2）将原数不断除以目标进制的基数，记录每次除法的余数，直到商为 0。
（3）将这些余数按照相反的顺序排列起来，就得到了目标进制的数字表示。
例如，将十进制数 141 转换为二进制，转换过程如下：
①将 141 除以 2，记录余数：
141 / 2 = 70　　　　余 1
②将 70 除以 2，记录余数：
70 / 2 = 35　　　　余 0
③将 35 除以 2，记录余数：
35 / 2 = 17　　　　余 1
④将 17 除以 2，记录余数：
17 / 2 = 8　　　　余 1
⑤将 8 除以 2，记录余数：
8 / 2 = 4　　　　余 0
⑥将 4 除以 2，记录余数：
4 / 2 = 2　　　　余 0
⑦将 2 除以 2，记录余数：
2 / 2 = 1　　　　余 0
⑧将 1 除以 2，记录余数：
1 / 2 = 0　　　　余 1
将记录的余数按照逆序排列，即得到十进制数 141 的二进制表示：10001101。
又如，将十进制数 141 转换为八进制，转换过程如下：
①将 141 除以 8，记录余数：
141 / 8 = 17　　　　余 5
②将 17 除以 8，记录余数：
17 / 8 = 2　　　　余 1
③将 2 除以 8，记录余数：
2 / 8 = 0　　　　余 2
将记录的余数按照逆序排列，即得到十进制数 141 的八进制表示：215。
再如，将十进制数 141 转换为十六进制，转换过程如下：
①将 141 除以 16，记录余数：
141 / 16 = 8　　　　余 13
②将 8 除以 16，记录余数：
8 / 16 = 0　　　　余 8
将余数 13 和 8 按照逆序排列，即得到十进制数 141 的十六进制表示：8D。

### 2. 二进制、八进制、十六进制数转换为十进制数的方法

二进制、八进制、十六进制数转换为十进制数非常容易，其基本原理如下：

①转换前数的基数（$R$），如：二进制的基数是 2，八进制的基数是 8，十六进制的基数是 16。

②从右到左，每个位置的权重依次为 $R^0$、$R^1$、$R^2$、$R^3$、$R^4$ 等，即 $R$ 的幂次。

③将每个位置的数字乘以对应的权重，然后将所有结果相加，就得到了对应的十进制数。

例如，将二进制数 101001 和 1011.01 转换为十进制数，转换过程如下：

$(101001)_2 = 1\times2^5 + 0\times2^4 + 1\times2^3 + 0\times2^2 + 0\times2^1 + 1\times2^0 = (41)_{10}$

$(1011.01)_2 = 1\times2^3 + 0\times2^2 + 1\times2^1 + 1\times2^0 + 0\times2^{-1} + 1\times2^{-2} = (11.25)_{10}$

例如，将八进制数 632 和 751.34 转换为十进制数，转换过程如下：

$(632)_8 = 6\times8^2 + 3\times8^1 + 2\times8^0 = (410)_{10}$

$(751.34)_8 = 7\times8^2 + 5\times8^1 + 1\times8^0 + 3\times8^{-1} + 4\times8^{-2} = (489.437\ 5)_{10}$

例如，将十六进制数 5EB 和 3DB.A8 转换为十进制数，转换过程如下：

$(5EB)_{16} = 5\times16^2 + 14\times16^1 + 11\times16^0 = (1\ 515)_{10}$

$(3DB.A8)_{16} = 3\times16^2 + 13\times16^1 + 11\times16^0 + 10\times16^{-1} + 8\times16^{-2} = (986.656\ 25)_{10}$

#### 3. 八进制、十六进制数转换为二进制数的方法

八进制数转换为二进制数可依据表 2.1 描述的八进制与二进制对应关系，将每个八进制数字用 3 个二进制位表示，例如：

$(123)_8 = 001\ 010\ 011 = (01010011)_2$

十六进制数转换为二进制数可依据表 2.1 描述的十六进制与二进制对应关系，将每个十六进制数码对应的二进制按顺序组合即可，例如：

$(3E8)_{16} = 0011\ 1110\ 1000 = (001111101000)_2$

#### 4. 二进制数转换为八进制、十六进制数的方法

二进制数转换为八进制数，如有小数则以小数点为界，整数位部分将二进制数从右向左每 3 位一组，不足 3 位的在左侧补 0；小数位部分则将二进制数从左向右每 3 位组，不足 3 位的在右侧补 0。最后，依据表 2.1 的对应关系，将整数位和小数位对应的八进制数字组合即可，例如：

$(11110101011011.0011011)_2$ = 011 110 101 011 011.001 101 1 = 011 110 101 011 011.001 101 100（00 为补位）=$(36\ 533.154)_8$

二进制数转换为十六进制数，如有小数则以小数点为界，整数位部分将二进制数从右向左每 4 位一组，不足 4 位的在左侧补 0；小数位部分则将二进制数从左向右每 4 位一组，不足 4 位的在右侧补 0。最后，依据表 2.1 的对应关系，将整数位和小数位对应的十六进制数码组合即可，例如：

$(101101010111001001.0110010)_2$ = 10 1101 0101 1100 1001.0110 010 =（00 为补位）0010 1101 0101 1100 1001.0110 0100（0 为补位）=$(2D5C9.64)_{16}$

### 2.1.3 原码、反码和补码

在计算机中，整型（整数类型）和实型（浮点类型）由于其存储方式、计算要求、应用场合的不同而被分开处理。其中，整型数据分为有符号数和无符号数，这种分类与现实生活中的数值表达非常相似。无符号整数的表示相对简单，可直接采用二进制方式表示即可。有符号整数的表示方式主要包括以下三种：原码、反码和补码。

### 1. 原码表示法

原码表示法使用最高位（最左边的位）作为符号位，其余位表示数值的绝对值。其中，最高位 0 表示正数，1 表示负数。

例如，使用 8 位原码来表示 +7：

（1）7 的二进制表示为 111，扩充为 8 位显示（零填充）为 0000 0111。

（2）+7 的最高位为 0（表示正数），即得到 +7 的 8 位原码表示：0000 0111。

例如，使用 8 位原码来表示 +10：

（1）10 的二进制表示为 1010，扩充为 8 位显示（零填充）为 0000 1010。

（2）+10 的最高位为 0（表示正数），即得到 +10 的 8 位原码表示：0000 1010。

例如，使用 8 位原码来表示 −5：

（1）5 的二进制表示为 101，扩充为 8 位显示（零填充）为 0000 0101。

（2）−5 的最高位为 1（表示负数），即得到 −5 的 8 位原码表示：1000 0101。

例如，使用 8 位原码来表示 −13：

（1）13 的二进制表示为 1101，扩充为 8 位显示（零填充）为 0000 1101。

（2）−13 的最高位置为 1（表示负数），即得到 −13 的 8 位原码表示：1000 1101。

在原码表示法中，处理零的情况非常特殊，因为原码存在两个不同的零表示方式（8 位原码中 +0 表示为 0000 0000，−0 表示为 1000 0000），这极有可能导致在后续的计算和比较时出现混淆。

### 2. 反码表示法

反码表示法中最高位作为符号位，其余位表示数值的绝对值。因此，正数的反码和其原码相同。负数的反码是将其正数的原码中除符号位外的所有位取反。

例如，使用 8 位反码来表示 +9 为 0000 1001（+9 的原码也为 0000 1001）。

例如，使用 8 位反码来表示 −17：

（1）17 的原码为 0001 0001。

（2）17 原码中除符号位以外的所有位取反：0001 0001 → 0110 1110。

（3）步骤（2）中的二进制最高位置为 1（符号位为 1，表示负数）：1110 1110。即得到 −17 的反码为 1110 1110。

### 3. 补码表示法

补码表示中，正数的补码与其原码相同，负数的补码是其绝对值的反码加 1。

例如，使用 8 位补码来表示 +9 为 0000 1001（+9 的原码也为 0000 1001）。

例如，使用 8 位补码来表示 −5：

（1）5 的原码为 0000 0101。

（2）5 的原码按位全部取反为 1111 1010。

（3）步骤（2）中的二进制最低位加 1 为 1111 1011，即得到 −5 的补码为 1111 1011。

补码相比于原码和反码具有多个显著优势，主要包括以下几点：

（1）符号位处理：补码运算中所有整数的运算可以直接进行，不需要特别的逻辑来处理符号。

（2）两个零的特殊情况处理：补码只有一个表示零，避免了原码和反码中存在的 +0 和 −0 的混淆，这使得数值比较和运算更加一致。

（3）溢出检测：在补码运算中，溢出可以通过简单的符号位比较来检测。例如，当两个正数相加得到负数时，说明发生了溢出。

（4）更大的负数范围：补码能够表示的负数范围比原码和反码更大。例如，在 8 位补码中，可以表示的范围是 −128 到 +127，而在原码和反码中，负数的范围是 −127 到 −1。

## 2.2 数据类型

### 2.2.1 数据类型的意义

数据类型是编程中的基础，用来向编译器、运行系统“告知”内存需求和数据特性，帮助程序员更好地管理内存，提高代码的可靠性和可维护性。

每种数据类型就像一个容器，管理约束着其内承载物的容量（数据类型取值范围）、承载物的种类（数据类型分类）、承载物的功能（数据类型的运算）、承载物的转化（数据类型转换）等。总之，合理运用数据类型可以优化系统内存占用，有助于提高代码质量，增强程序的健壮性。

### 2.2.2 C 语言数据类型分类

C 语言提供了丰富的数据类型，合理选择和运用数据类型可以帮助我们在各种应用场景中更好地解决问题，同时也是编写高质量程序的基础。C 语言的数据类型如图 2.1 所示。

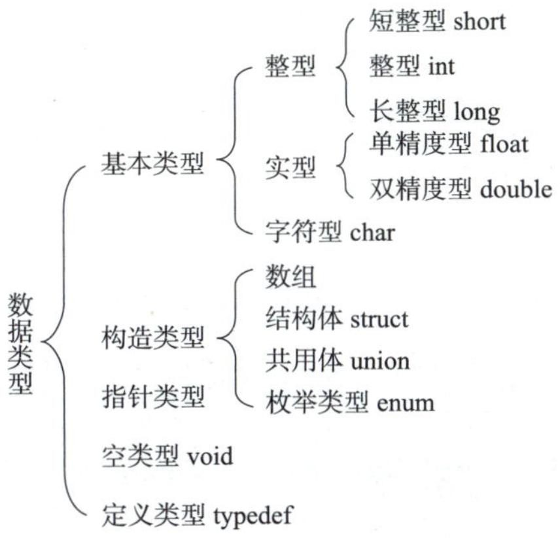


图 2.1　C 语言数据类型分类

本节重点介绍 C 语言的基本类型，基本数据类型是最基础的数据单元，其包括整型、实型和字符型。以基本类型为基础，经组合可产生更复杂的复合数据类型，如数组、结构体、联合体和指针，这些将在后续的内容中介绍。

#### 1. 整型

整型用于存储整数值，包括正数、负数和零。C 语言中常见的整型修饰符有以下几种：

- 短整型（short int 或 short）。

- 整型（int）。
- 长整型（long int 或 long）。
- 长长整型（long long int 或 long long）。
- 无符号（unsigned）。
- 有符号（signed 或 [ 省略 ]）。

需要注意的是，C 语言标准没有具体规定以上各种数据所占内存的字节数，只要求各个类型的长度满足 long ≥ int ≥ short，同一种类型的数据在内存中占用的字节数在不同的硬件平台和编译器下可能会有所不同，使用前可翻阅相关手册或通过 sizeof 运算符获取具体信息。整型各类型修饰符所占内存字节数及取值范围见表 2.2。

表 2.2 整型类型修饰符所占用字节数和取值范围

| 数据修饰符 | 字节数 | 取值范围 |
|---|---|---|
| [signed] short int | 2 | −32 768~32 767 即 $-2^{15}$~$2^{15}-1$ |
| unsigned short int | 2 | 0~65 535 即 0~$2^{16}-1$ |
| [signed] int | 4 | −2 147 483 648~2 147 483 647 即 $-2^{31}$~$2^{31}-1$ |
| unsigned int | 4 | 0~4 294 967 295 即 0~$2^{32}-1$ |
| [signed] long int | 4 | −2 147 483 648~2 147 483 647 即 $-2^{31}$~$2^{31}-1$ |
| unsigned long int | 4 | 0~4 294 967 295 即 0~$2^{32}-1$ |
| [signed] long long int | 8 | −2 147 483 648~2 147 483 647 即 $-2^{63}$~$2^{63}-1$ |
| unsigned long long int | 8 | 0~4 294 967 295 即 0~$2^{64}-1$ |

注意：在计算机内部保存字符时使用的是 ASCII，例如，字符 'a' 的 ASCII 值是 97，字符 'A' 的 ASCII 值是 65，因此字符型可以和整型进行相互转换，将在本章后面小节详细介绍。

在 C 语言中，整型数据通常用以下三种表示形式：

（1）十进制（decimal），例如：42、−1 024。

（2）八进制（octal），以数字 0 开头表示，例如：052、0377。

（3）十六进制（hexadecimal），以 0x 或 0X 开头表示，例如：0x1A、0xFF00。

### 2. 实型

C 语言中实型数据类型指的是浮点数数据类型，常见的数据类型修饰符有以下几种：

- 单精度型（float）。
- 双精度型（double）。
- 扩展精度型（long double）。

C 语言中实型数据使用有以下特点：

（1）可用科学计数法表示，例如：3.14e+2 表示 314.0。

（2）可用 f、F、l 或 L 后缀来指定 float、double 或 long double 类型。

实型各类型修饰符所占内存字节数及取值范围见表 2.3。

表 2.3　实型类型修饰符所占用字节数和取值范围

| 数据修饰符 | 字节数 | 有效数字（位） | 取值范围 |
| --- | --- | --- | --- |
| float | 4 | 6~7 | $-3.4\times10^{-38}$~$3.4\times10^{38}$ |
| double | 8 | 15~16 | $-1.7\times10^{-308}$~$1.7\times10^{308}$ |
| long double | 10 或 16 | 18~19（10 字节）<br>33~34（16 字节） | $-1.18\times10^{-4\,932}$~$1.18\times10^{4\,932}$ |

注意：实型都是有符号的数。

### 3. 字符型

在 C 语言中，字符型（character）也是整型数据类型中的一种，分为有符号数和无符号数。各类型修饰符所占内存字节数及取值范围见表 2.4。

表 2.4　字符类型修饰符所占用字节数和取值范围

| 数据修饰符 | 字节数 | 取值范围 |
| --- | --- | --- |
| [signed] char | 1 | −128~127　即 $-2^7$~$2^7-1$ |
| unsigned char | 1 | 0~255　即 0~$2^8-1$ |

字符类型通常用于存储英文字母、数字、标点符号等单个字符，使用单引号（'）括起来表示，如 'H' 'K' 'U'。

# 2.3　标识符、常量与变量

## 2.3.1　标识符

在编程语言中，标识符是用于命名各种程序元素的名称。它是一个唯一的名称，用于标识程序中的不同实体，如变量、函数等。

在 C 语言中，标识符的使用有以下规定及建议：

### 1. 标识符组成原则

（1）标识符由字母（大小写）、数字和下画线（_）组成。

（2）标识符必须以字母或下画线开头，不能以数字开头。

以下标识符是合法的：h，k，BOOK_1，sum5，_ab1。

以下标识符是非法的：

- 3w：以数字开头。
- s.T：出现非法字符 .。
- −3x：出现非法字符 −。

### 2. 标识符长度限制

（1）C99 标准规定标识符的最大长度为 63 个字符。

（2）编译器可能会支持更长的标识符长度。

#### 3. 标识符大小写原则

（1）标识符是区分大小写的。

（2）hello、Hello 和 HELLO 代表不同的标识符。

#### 4. 标识符禁用原则

禁用保留的关键字，C 语言的部分关键字见表 2.5。

表 2.5　C 语言关键字

| | | | |
|---|---|---|---|
| auto | break | case | char |
| const | continue | default | do |
| double | else | enum | extern |
| float | for | goto | if |
| int | long | register | return |
| short | signed | sizeof | static |
| struct | switch | typedef | union |
| unsigned | void | volatile | while |

#### 5. 标识符命名建议

（1）标识符应该能够清楚地表达其所表示的含义，使代码可读性更好。

（2）尽量使用描述性的单词或短语，避免使用简单的字母或数字。

（3）变量名通常使用小写字母或小写字母加下画线。

（4）函数名通常使用小写字母或小写字母加下画线。

（5）宏名和常量名通常全部使用大写字母。

（6）结构体、联合和枚举类型的名称通常使用首字母大写的驼峰式命名。

总体来说，C 语言标识符的命名需要遵循一定的规则，并且良好的命名约定可以大大提高代码的可读性和可维护性。

### 2.3.2　常量

在程序运行期间，其值不能发生改变的量称为常量。常量又分为直接常量（或字面常量）、符号常量，如图 2.2 所示。

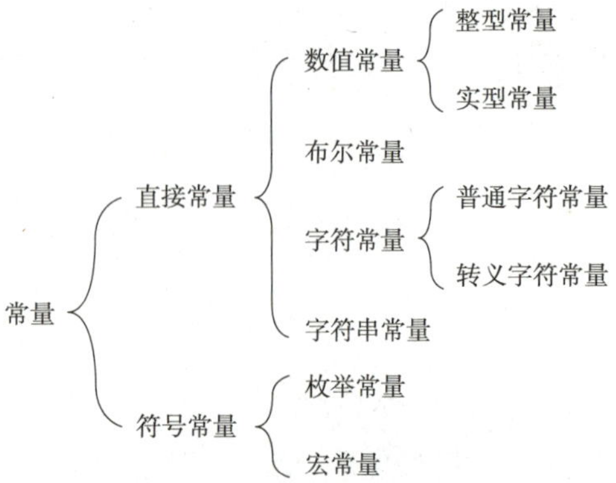


图 2.2　C 语言常量分类

### 1. 整型常量

整型常量即整数，包括正整数，负整数和零。C 语言中，整型常量可以用十进制、八进制和十六进制表示。

（1）十进制表示：由数字 0~9，正、负号组成，如 369、−663 等。

（2）八进制表示：以 0（数字 0）为前缀，其后由数字 0~7 组成，如 0153、034 等；八进制数一般是无符号数，如 0392、−021 都是不合法的八进制常量。

（3）十六进制表示：以 0x 或 0X 为前缀，其后由数字 0~9 和字母 A~F（字母大小写均可）组成，如 0x15ad、0X8Fc 等。十六进制数一般是无符号数。

注意：

（1）在一个整型常量后面加一个字母 u 或 U，认为是 unsigned int 型，如 136U。

（2）在一个整型常量后面加一个字母 l 或 L，认为是 long int 型，如 12L。

### 2. 实型常量

实型常量即实数，又称为浮点数。C 语言中实数只能用十进制形式表示。实数的表示方法有小数形式和指数形式两种方式。

（1）十进制浮点数常量：如 3.14、2.18e15。

（2）小数形式：由整数部分、小数点和小数部分组成。当小数点的前或后部分为 0 时可以省略不写，但是小数点不可省略。例如，12.345、5.、.12 等均为正确的表示形式。

（3）指数形式：格式 *A* E *N* 的形式，其中 *N* 必须为整数。例如，1.23E-4 表示的数值为 $1.23\times10^{-4}$。

注意：

（1）以小数形式表示实数时，必须有小数点，并且小数点的前、后至少一边要有数字。

（2）以指数形式表示实数时，字母 E（或 e）的前后必须有数字，并且指数部分只能是整数，如 12.-E3、1.2E、E3 都是不正确的实数。

在 C 语言中，实型常量默认为是 double 型的实数，如果在数的后面加字母 f 或 F（如 1.65f、654.87F），则认为是 float 型的实数。

### 3. 布尔常量

布尔常量表示 true 和 false。C 语言中没有布尔类型，但可以使用整型来表示布尔值，通常 0 表示假（false），非 0 表示真（true）。

### 4. 字符常量

字符常量指单个字符，用一对单引号及其括号所括起的字符来表示。在 C 语言中字符常量分为普通字符常量和转义字符常量。

（1）普通字符常量：如 'h'、'u'。

（2）转义字符常量：如 '\n'、'\t'。

使用字符常量时应注意以下几点：

（1）字符常量只能用单引号引起来，不能用双引号或其他括号。

（2）字符常量只能是单个字符，不能是字符串。

（3）字符可以是 ASCII 字符集中的任意字符。按 ASCII 码的大小，不同的字符之间存在着次序，以字符的 ASCII 码值按升序连续排列。使用字符常量时，每个字符在内存中占用一个字节，用于存储它的 ASCII 码值。所以 C 语言中的字符常量具有数值特征，可以像整数一样参加运算，此时相当于对字符的 ASCII 码进行运算。

（4）对于控制符（如回车、换行等）与不可见字符，在 C 语言中通过转义字符来表示。转义字符是用开头后面加上一个字符或用八进制、十六进制表示的 ASCII 码值组成。“\” 的作用是改变其后面的字符或 ASCII 码值的原有意义，转义为另外的含义。常见的转义字符见表 2.6。

表 2.6 常见转义字符

| 字　符 | 含　义 |
|---|---|
| \n | 回车换行 |
| \t | 横向跳到下一制表位置 |
| \v | 竖向跳格 |
| \b | 退格 |
| \r | 回车 |
| \f | 走纸换页 |
| \\ | 反斜杠符 “\” |
| \' | 单引号符 |
| \a | 鸣铃 |
| \ddd | 1~3 位八进制数所代表的字符 |
| \xhh | 1~2 位十六进制数所代表的字符 |

### 5. 字符串常量

字符串常量是由一对双引号（""）引起来的零个或多个字符序列，如 "Hello World"。字符串中可以使用空格字符、转义字符和其他字符，也可以使用汉字等文字符号，如 “你好” "\nHello" 等。字符串中还可以使用空字符，如 “""” 表示空串，即不包含任何字符。

字符串常量在内存中占用一串连续的存储单元，系统自动在每个字符串的尾部加上 “\0” 作为字符串的结束标志，因此，$n$ 个字符组成的字符串，在内存中要占用 $n$+1 个字节空间，如字符串常量 "Hello World" 占用 12 个字节的内存空间，存储图示如下：

| | | | | | | | | | | | |
|---|---|---|---|---|---|---|---|---|---|---|---|
| H | e | l | l | o | | W | o | r | l | d | \0 |

### 6. 枚举常量

枚举常量是通过 enum 关键字定义的常量，例如：enum {SUN, MON, TUS};。

### 7. 宏常量

宏常量是 #define 预处理指令定义的常量，例如：#define PI 3.14159。

C 语言中的常量为程序提供了稳定可靠的数据，其具有以下特点：

（1）常量不能被修改或重新赋值。

（2）常量值在编译阶段被替换为其代表的值。

（3）可以提高程序的可读性和可维护性。

### 2.3.3　变量定义与赋值

#### 1. 变量的定义

在程序运行期间，其值能被赋值改变的量称为变量。变量是一种可以存储和更改值的命名存储单元，类似人们生活中常见的容器可以装载不同的物品。每个变量均有一个名称，即变量名。变量名、存储单元、存储值关系如图 2.3 所示。

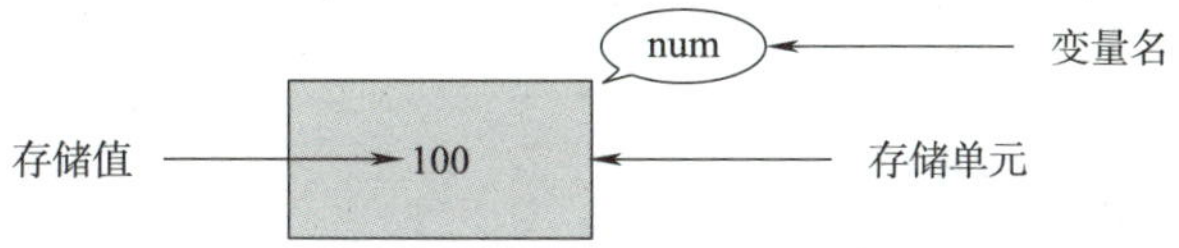


图 2.3　变量名、存储单元、存储值关系

C 语言是一种静态类型的编程语言，这意味着在 C 语言中，使用变量前必须先声明，否则编译时将会给出错误信息。在编译阶段必须知道所有变量的类型，以确保为这个变量分配内存空间。变量定义的语法格式如下：

```
数据类型 变量名1[, 变量名2, ...];
```

例如：

```
int a;                    /* 定义整型变量 a */
float pi;                 /* 定义实型变量 pi */
char c;                   /* 定义字符型变量 c */
int a, b, c;              /* 同时定义整型变量 a、b、c */
float x, y, z;            /* 同时定义实型变量 x、y、z */
```

变量定义需遵循以下原则：

（1）变量名需要符合标识符的命名规则。

（2）一个变量在一个代码块内只能定义一次。

（3）根据实际需求选择合适的变量类型，避免数据溢出或精度损失。

#### 2. 变量的赋值

（1）定义变量的同时赋值，如以下语法格式：

```
数据类型 变量名 = 初始值;
```

例如：

```
int x = 1;                /*定义变量 x*/
float y = 2.78;           /*可能出现的代码行*/
char c = 'C';             /*可能出现的代码行*/
```

（2）先定义变量后赋值，如以下语法格式：

```
数据类型 变量名;
    ......                /*若干代码行*/
变量名 = 初始值;
```

例如：

```
int n;                  /* 可能出现的代码行 */
  ......                /* 可能出现的代码行 */
n = 100;                /* 可能出现的代码行 */
```

（3）定义变量的一部分赋值。例如：

```
int x,y,z = 100;
```

## 2.4 数据类型转换

数据类型转换是将一种数据类型的值转换为另一种数据类型的过程，在C语言中扮演着重要角色。通过数据类型转换可以提高程序运算的准确、增强代码的可读性以及与外部接口兼容等特性，极大提高了程序的灵活性和可靠性。在C语言中，数据类型转换可以通过隐式转换（自动转换）和显式转换（强制转换）来实现。

### 2.4.1 隐式转换

隐式转换是在表达式计算时，由编译器自动进行的数据类型转换，通常发生在不同数据类型的运算中。

例如：

```
#include <stdio.h>
int main()
{
    int a = 5;
    double b = 2.5;
    double result;
    result = a + b;                    // 隐式转换，int 类型的 a 会被自动转换为 double
    printf("Result: %f\n", result);    // 输出结果
    return 0;
}
```

C语言隐式转换的原则：

#### 1. 类型等级转换原则

当不同类型的操作数一起使用时，C语言根据类型的大小和精度进行隐式转换，转换原则为较小的数据类型会被提升到较大的数据类型。C语言类型等级从小到大依次是：char、short、int、long、float、double、long double。

#### 2. 算术运算的隐式转换

在算术运算中，如果所有操作数都是同一类型，则结果为该类型。如果操作数为不同数据类型，C语言会将所有操作数转换为类型等级最高的类型后再计算。

#### 3. 整数与浮点数之间的隐式转换

（1）当整型值被赋给浮点型变量时，C语言会自动将整型转换为浮点型。

（2）当浮点数赋给整型变量时，浮点数会被截断（小数部分丢失）。

#### 4. 布尔类型的隐式转换

在条件判断中，任何非零值被视为 true，0 被视为 false。

#### 5. 函数参数传递过程中的隐式转换

函数调用过程中，当实参传递给形参时，若实参的类型与形参的类型不匹配，C 语言会根据参数的类型进行隐式转换。

### 2.4.2　显式转换

显式转换可以提高代码的可读性和安全性，避免隐式转换可能导致的不明确行为。显式转换通过使用强制转换运算符（type）将一种数据类型转换为另一种数据类型。

例如：

```
int a = 5;
int b = 2;
double result = (double)a/b;          //强制将 a 转换为 double
```

C 语言显式转换的常见问题：

（1）精度损失问题：将浮点数转换为整数时，小数部分会被截断，可能造成数据丢失。例如：

```
float x = 5.7;
int y = (int)x;              //y 的值为 5，小数部分丢失
```

（2）数据溢出问题：在将较大范围的类型（如 long 或 double）转换为较小范围的类型（如 int 或 char）时，可能会导致溢出或未定义行为。例如：

```
long largeValue = 3000000000;
int smallValue = (int)largeValue;          //可能导致溢出
```

（3）指针兼容性问题：在进行指针转换时，确保转换的目标类型是兼容的。错误的转换可能导致未定义行为。例如：

```
void* ptr;
int* intPtr = (int*)ptr;          //需要确保 ptr 指向有效的 int 类型数据
```

## 2.5　运算符与表达式

### 2.5.1　算术运算符与算术表达式

#### 1. 基本算术运算符

基本算术运算符包括加、减、乘、除、求余以及取负运算符，具体见表 2.7。

表 2.7　基本算术运算符

| 运算符 | + | − | * | / | % | − |
|---|---|---|---|---|---|---|
| 名称 | 加 | 减 | 乘 | 除 | 求余 | 取负 |

使用基本算术运算符应注意以下几点：

（1）加、减、乘、除、求余运算都是双目运算，其结合性都是自左向右；取负运算符是单目运算符，其结合性是自右向左，而且单目运算符的优先级别高于双目运算符。

（2）除法运算符“/”的运算结果的数据类型与参与运算的对象有关，当除数与被除数均为整数时，计算结果为整除，会舍去小数部分，例如 5/2 的结果为 2；当参与运算的对象有实数时就是正常的运算，结果会保留小数，例如 5/2.0 的结果为 2.500 000。

（3）求余运算“%”要求参与运算的操作数均为整型，求余运算结果的符号与被除数相同，例如 −5%2 的结果为 −1，而 5%−2 的结果为 1。

### 2. 自增自减运算符

C 语言有两个特殊的运算符，即自增运算符“++”和自减运算符“−−”。这两个运算符都是单目运算符，“++”运算符的功能是将操作数增加 1，“−−”运算符的功能是将操作数减少 1。但是“++”或“−−”运算在操作数的左边和右边的计算方式会不同。

例如，有 int i=10,j;，下面几种表达式计算后，得到 i、j 的结果是不同的。

（1）y=++i，表示变量 i 先增加 1，再参与赋值运算，即相当于先执行 i=i+1，再执行 j=i，结果为 i=11，j=11。

（2）y=i++，表示变量 i 先参与赋值运算，再增加 1，即相当于先执行 j=i，再执行 i=i+1，结果为 i=11，j=10。

（3）y=−−i，表示变量 i 先减少 1，再参与赋值运算，即相当于先执行 i=i−1, 再执行 j=i，结果为 i=9，j=9。

（4）y=i−−，表示变量 i 先参与赋值运算，再减少 1，即相当于先执行 j=i，再执行 i=i−1，结果为 i=9，j=10。

**例 2.1** 自增、自减运算符的应用。

```
#include<stdio.h>
void main()
{
   int i=5;
   printf("%d\n",i++);
   printf("%d\n",i);
   i=5;
   printf("%d\n",--i);
   printf("%d",i);
}
```

**运行结果：**

```
5
6
4
4
```

**程序分析：**上述程序中第一个输出语句输出的是“i++”的值，由于“++”运算符在后，所以先输出 i 的值再进行自增，故第一个 printf 输出结果为 5，第二个 printf 输出结果为自增后的 i 的值 6，第三个输出语句输出的是“--i”的值，由于“--”在前，所以先将 i 进行自减，再输出它的值，故第三个 printf 输出结果为 4，第四个输出与第三个相同，也为 4。

### 3. 算术表达式

算术表达式是由算术运算符、运算对象和括号连接起来的式子，运算对象可以是常量和函数等，例如 x+y、5*（x+y）等。

当一个算术表达式中有多个算术运算符时，各个运算符的优先级与常规算术运算符相同，即先算乘除，后算加减，同一级运算符的计算顺序是从左向右，可以用括号“()”来提高某个运算符的优先级。

使用算术表达式时需要注意以下几点：

（1）表达式中的乘号“*”不能省略，也不能用“•”代替。

（2）在一个表达式中可以使用多重括号“()”，但不能使用中括号“[ ]”和花括号“{ }”。

（3）在数学计算中，5×6÷4 的计算结果与 6÷4×5 相同，但是在 C 语言中，表达式 5*6/4 与表达式 6/4*5 的结果却不相同。

**例 2.2** 编写程序，实现将一个 3 位正整数逆序输出。

**解题思路：** 本题目可用算术运算符中的“/”和“%”来解决，用“/”求得百位上的数，用“%”求得个位上的数，最后逆序输出。

**程序编写：**

```
#include<stdio.h>
void main()
{
    int n, a, b, c;                                  /* 定义变量 */
    n=456;
    printf("反序前 3 位数是:%d\n",n);                 /* 输出原数 */
    a=n/100;                                         /* 计算百位数 */
    b=(n-a*100)/10;                                  /* 计算十位数 */
    c=n%10;                                          /* 计算个位数 */
    printf("反序后 3 位数是:%d%d%d\n",c,b,a);         /* 输出 */
}
```

**运行结果：**

```
反序前 3 位数是:456
反序后 3 位数是:654
```

**程序分析：** 上述程序中语句“a=n/100;”将整数 n 中的百位上的数字存放在 a 中，语句“b=(n–a*100)/10;”将整数 n 中的十位上的数字存放在 b 中，而语句“c=n%10;”是 n 对 10 求余运算，会将 n 的个位上的数字存放在 c 中，然后将个位、十位、百位上的数字依次输出。

## 2.5.2　赋值运算符与赋值表达式

C 语言中的赋值运算包含简单赋值运算与复合赋值运算。以赋值运算符进行连接的表达式称为赋值表达式。

### 1. 简单赋值运算符

简单赋值运算符为“=”，它的作用是将一个数值赋给一个变量。其一般形式如下：

```
变量 = 常量 (表达式)
```

使用赋值运算应注意以下几点：

（1）赋值运算符的优先级比较低，仅高于逗号运算符，例如：

```
z=x/2+y;
```

会先计算 x/2+y 的值，再将结果赋给变量 z。

（2）赋值符号的左边只能是变量名，不能是常量或者表达式，符号的右边可以是常量也可以是表达式。例如，以下赋值是错误的：

```
5=a;                    //赋值符号左边为常量
5*a=3*b;                //赋值符号左边为表达式
a=b;                    //将一个未赋值的变量b作为右值
```

（3）赋值运算可连续进行，例如：

```
int a,b,c;
a=b=c=6;
```

由于赋值运算符的结合性为右结合，所以上述语句先将 6 赋给 c，再将 c 的值赋给 b，依次进行赋值。

（4）当赋值运算符两侧的数据类型不一致时，需要进行数据类型的自动转换，例如：

```
int a;
float b;
a=2.5;          //a为整型变量，赋值时会将小数部分舍弃，所以a的值为2
b=5;            //b为单精度变量，赋值时会在5后面加小数点，所以b的值为5.000000
```

### 2. 复合赋值运算符

简单赋值运算符与算术运算符结合，就构成了复合赋值运算符，见表 2.8。

**表 2.8 复合运算符**

| 运算符 | 举例说明 | 计算过程 |
|---|---|---|
| += | num += 2; | num = num + 2; |
| −= | num −= 2; | num = num − 2; |
| *= | num *= a+b; | num = num * (a+b); |
| /= | num /= a−b; | num = num / (a−b); |
| %= | num %= 2; | num = num % 2; |

使用复合运算符时需要注意以下两点：

（1）如果赋值符号的右值是一个表达式，可以将其看成一个整体，例如：

```
a*=b-2; 相当于 a=a*(b-2);
```

（2）在书写复合运算符时，两个运算符之间不能有空格。

### 3. 赋值表达式

C 语言中赋值语句属于赋值表达式，而且赋值表达式也可以包含复合赋值运算符。

**例 2.3** 分析如下程序的运行结果。

```
#include<stdio.h>
void main()
{
    int n=2;
    n+=n-=n*n;
    printf("n=%d\n",n);
}
```

**运行结果：**

```
n=-4
```

**程序分析：** 上述程序中由于赋值运算的结合性为右结合，所以先计算“n-=n*n”，得到 n 的值为 −2，再计算“n+=-2”，结果为 −4。

## 2.5.3　逗号运算符与逗号表达式

C 语言中逗号运算符“,”是把多个表达式连接起来组成一个表达式，称为逗号表达式，其一般形式如下：

```
表达式 1, 表达式 2,…, 表达式 n
```

使用逗号表达式应注意以下几点：

（1）逗号表达式的执行顺序是从左到右，依次计算每一个表达式的值，并把最后一个表达式的值作为整个逗号表达式的值，例如：

```
z=(x=1, x+=2, x+5);
```

这个语句中 z 的值是一个逗号表达式，先计算第一个表达式的值，此时 x=1，再计算第二个表达式的值，此时 x=3，再计算第三个表达式的值为 8，所以最终 z 的值为 8。

（2）逗号运算符是左结合，其优先级最低。

（3）并非所有出现逗号的地方都是逗号运算符，如同时定义多个变量的语句，其中逗号起到分隔符的作用，如下所示：

```
int a, b, c;
```

**例 2.4** 分析如下程序的运行结果。

```
#include<stdio.h>
void main()
{
    int i=2;
        float k=2,j;
    j=(i+=3, i/k);
```

```
    printf("j=%f\n",j);
}
```

**运行结果:**

```
j=2.500000
```

**程序分析:** 上述程序中 j 的值为一个逗号表达式，先计算表达式“i+=3”，此时 i 的值变为 5，再计算“i/k”的值，结果为 2.5，所以输出值为 2.500000。

# 2.6 数据的输入/输出

数据的输入和输出是计算机程序的基本组成部分之一，是程序与外界互动的桥梁，确保程序能够有效执行其功能并满足用户的需求。C 语言没有提供专门的输入/输出语句，数据的输入和输出主要通过标准库函数进行。以下是一些常见的输入/输出方法及相关示例。

## 2.6.1 格式化输入函数

格式化输入函数 scanf()，它的作用是按指定的格式从键盘输入数据，并将值赋予指定的变量，该函数的一般调用格式：

```
scanf("格式控制字符串", 地址列表);
```

scanf() 函数调用中的格式控制字符串，是用双引号括起来的字符串，用于指定输入格式，可包含以下两种信息：

### 1. 格式控制符

以 % 开头的控制字符，不同的数据类型采用不同的类型控制字符。例如：

- %d：输入数据为整数。
- %f：输入数据为浮点数。
- %c：输入数据为单个字符。
- %s：输入数据为字符串（遇到空白字符停止）。

### 2. 普通字符

在输入数据时，需要原样输入的字符。例如：

```
scanf("x=%d", &a);
```

其中，"x=" 是普通字符，需要原样输入。假如要给 x 赋值 100 则必须按如下方式输入：

```
x=100↙。
```

使用 scanf() 函数进行数据输入时需注意以下事项：

- 格式字符与输入项个数及数据类型要一一对应，输入项必须是地址。
- 格式字符可以指定输入数据所占的宽度，系统会截取相应列数的数据。
- 用户在输入数据的过程中，按下如下的按键，则认为数据输入结束：空格、Tab、回车键、非法输入、指定宽度。同时，用户也可以自己指定其他字符作为输入间隔。

## 2.6.2　格式化输出函数

格式化输出函数 printf()，它的作用是将指定格式的数据输出到标准输出（屏幕），该函数的一般调用格式：

```
printf("格式控制字符串", 输出项列表);
```

printf() 函数的格式控制字符串同样包含两种信息：

### 1. 格式控制符

以 % 开头的控制类字符与 scanf() 函数中的类型控制符概念相同，但内容上有所差异，见表 2.9。

**表 2.9　以 % 开头的控制类字符**

| 字　符 | 含　义 |
|---|---|
| %d | 输出数据为整数（十进制） |
| %f | 输出数据为浮点数 |
| %c | 输出数据为单个字符 |
| %s | 输出数据为字符串 |
| %x | 输出数据为整数（十六进制） |
| %o | 输出数据为整数（八进制） |
| %p | 输出数据为指针地址 |
| %e | 输出数据为学计数法输出浮点数 |
| %% | 输出数据为一个百分号 |

### 2. 普通字符

在输出数据时，需要原样输出的字符。例如：

```
#include <stdio.h>
int main()
{
    int age = 25;
    float height = 1.75;
    char initial = 'J';
    char name[] = "John";
    printf("Name: %s\n", name);
    printf("Initial: %c\n", initial);
    printf("Age: %d\n", age);
    printf("Height: %.2f meters\n", height);
    return 0;
}
```

输出结果：

```
Name: John
Initial: J
Age: 25
Height: 1.75 meters
```

使用 printf() 函数输出数据时需注意以下事项：

（1）格式字符与输出项个数及数据类型要一一对应，需选用正确的格式字符。

（2）当函数调用中的输出项不存在时，函数中的格式控制字符串应为一个普通字符串。

（3）当输出项有多个时，各输出项间应使用逗号进行分隔。

### 2.6.3 输入 / 输出复杂格式控制

本章前面小节讲述的格式化输入 / 输出仅仅能满足最基本的输入 / 输出要求。在实际的程序设计中，可能需要更复杂的输入 / 输出控制，本节将具体讲解 scanf() 和 printf() 更为复杂的格式控制。

#### 1.scanf() 函数复杂格式控制的一般调用格式

```
%[*][输入数据宽度][长度]类型
```

其中方括号 [ ] 代表可选项，各部分的意义如下：

（1）* 符：输入赋值抑制符。表示该输入项读入后不赋予变量，即跳过该输入值成为虚读。例如：

```
#include <stdio.h>
int main()
{
    int a,b;
    scanf("%d%*d%d",&a,&b);
    printf("%d %d", a, b);
    return 0;
}
```

程序运行时输入：

```
100 200 300↙
```

输出结果：

```
100 300
```

（2）输入数据宽度：域宽（指定要输入数据的列数）。用十进制整数指定输入项最多可输入的字符个数（必须为正整数），如遇空格或不可转换的字符，读入的字符将减少。例如：

```
#include <stdio.h>
int main()
{
    int x;
    scanf("%3d",&x);
    printf("%d", x);
    return 0;
}
```

程序运行时输入：

```
1234↙
```

输出结果：

```
123
```

（3）长度：格式符为 l。l 表示输入长整型数据（如 %ld、%lo、%lx、%lu）和双精度浮点数（如 %lf、%le）。例如：

```
#include <stdio.h>
int main()
{
    short sh;
    long lo;
    unsigned short ush;
    unsigned long ulo;
    double db;
    printf("请输入一个短整数 (short): ");
    scanf("%hd", &sh);
    printf("请输入一个长整数 (long): ");
    scanf("%ld", &lo);
    printf("请输入一个无符号短整数 (unsigned short): ");
    scanf("%hu", &ush);
    printf("请输入一个无符号长整数 (unsigned long): ");
    scanf("%lu", &ulo);
    printf("请输入一个双精度浮点数 (double): ");
    scanf("%lf", &db);
    printf("\n 您输入的短整数 : %hd\n", sh);
    printf("您输入的长整数 : %ld\n", lo);
    printf("您输入的无符号短整数 : %hu\n", ush);
    printf("您输入的无符号长整数 : %lu\n", ulo);
    printf("您输入的双精度浮点数 : %.2lf\n", db);
    return 0;
}
```

输出结果：

```
请输入一个短整数 (short): 123
请输入一个长整数 (long): 123456789
请输入一个无符号短整数 (unsigned short): 30000
请输入一个无符号长整数 (unsigned long): 4000000000
请输入一个双精度浮点数 (double): 2.7182818284

您输入的短整数 : 123
您输入的长整数 : 123456789
您输入的无符号短整数 : 30000
您输入的无符号长整数 : 4000000000
您输入的双精度浮点数 : 2.72
```

### 2.printf() 函数复杂格式控制的一般调用格式

```
%[标志][宽度][.精度][长度]类型
```

其中方括号 [ ] 代表可选项，各部分的意义如下：

（1）标志。标志字符为 -、+、0、# 四种，其意义见表 2.10。

表 2.10　字符类型修饰符所占用字节数和取值范围

| 标　志 | 意　义 |
| --- | --- |
| − | 输出的数据左对齐，即右边填空格 |
| + | 输出符号（正号或负号） |
| 0 | 在指定输出宽度时，数据的多余空格处用 0 填充 |
| # | 输出八进制加前缀加 0，输出十六进制加前缀 0x，对 e、f、g 类，当输出结果有小数时才给出小数点，对 c、s、d、u 类输出无影响 |

（2）宽度。用十进制整数来表示输出的位数。若实际位数多于定义的宽度，则按实际位数输出；若实际位数少于定义的宽度，则在输出数据的左边或者右边补以空格或 0（根据标识符决定）。

（3）精度。精度格式符以"."开头，跟十进制整数。如果输出数字，则表示小数的位数；如果输出的是字符，则表示输出字符的个数；若实际位数大于所定义的精度数，则截去超过的部分。

## 2.6.4　字符输入函数

字符输入函数 getchar()，它的作用是从键盘获取用户输入的一个字符，该函数的一般调用格式如下：

```
chr = getchar();
```

由键盘输入一个字符并将其输出到屏幕。例如：

```
#include <stdio.h>
int main()
{
    char chr;
    chr = getchar();
    printf("%c", chr);
    return 0;
}
```

程序运行时输入：

```
H↙
```

输出结果：

```
H
```

使用 getchar() 函数输入数据时需注意以下事项：

- getchar() 函数没有参数。
- getchar() 函数只能接收单个字符，键盘上输入任意信息（包含回车符）均按照字符处理，输入多于一个字符时仅保存接收到的第一个字符。
- getchar() 函数输入字符时，输入字符后需要按回车键程序才会执行输入语句的后续代码行。

## 2.6.5　字符输出函数

字符输出函数 putchar()，它的作用是在显示器上输出单个字符，该函数的一般调用格式如下：

```
putchar(输出参数);
```

输出一个字符到屏幕上显示。例如：

```
#include <stdio.h>
int main()
{
    char chr1, chr2 = 'K';
    chr1 = getchar();
    putchar(chr1);
    putchar(chr2);
    return 0;
}
```

程序运行时输入：

```
Q↙
```

输出结果：

```
QK
```

以上仅仅列举了 C 语言的若干输入 / 输出函数，C 语言丰富的输入和输出功能极大地增强了程序的可扩展性和适应性，为开发各种类型的应用程序提供了坚实的基础。同时，熟练掌握输入 / 输出功能也是编写出优秀 C 程序的关键。

## 2.7 程序举例

**例 2.5** 编写程序，完成用户个人信息的录入。

**解题思路：** 本案例展示了如何利用 C 语言的数据输入 / 输出函数实现用户个人信息的录入，并格式化输出结果。

**程序编写：**

```
#include <stdio.h>
int main()
{
    // 定义变量
    char name[50];
    int age;
    float height;
    // 提示用户输入姓名
    printf("请输入您的姓名:");
    scanf("%49s", name);              //使用 %49s 限制输入长度，避免缓冲区溢出
    // 提示用户输入年龄
    printf("请输入您的年龄:");
    scanf("%d", &age);
    // 提示用户输入身高
    printf("请输入您的身高(米):");
    scanf("%f", &height);
```

```
    // 输出用户输入的信息
    printf("\n--- 用户信息 ---\n");
    printf("姓名:%s\n", name);
    printf("年龄:%d\n", age);
    printf("身高:%.2f 米\n", height);
    return 0;
}
```

**运行结果：**

```
请输入您的姓名:Alice
请输入您的年龄:30
请输入您的身高(米):1.65

--- 用户信息 ---
姓名:Alice
年龄:30
身高:1.65 米
```

**程序分析：**

（1）输入姓名：使用 scanf() 读取用户输入的姓名，限制输入长度为 49 个字符，避免缓冲区溢出。

（2）输入年龄：读取用户输入的年龄，使用 %d 格式化字符读取整数。

（3）输入身高：读取用户输入的身高，使用 %f 格式化字符读取浮点数。

（4）输出信息：使用 printf() 格式化输出用户的姓名、年龄和身高。

**例 2.6** 编写程序，实现摄氏温度转华氏温度。

**解题思路：** 本案例模拟一个简单的温度转换程序，将摄氏温度转换为华氏温度，并输出转换后的结果。

**程序编写：**

```
#include <stdio.h>
int main()
{
    float celsius;
    float fahrenheit;
    printf("请输入摄氏温度: ");
    scanf("%f", &celsius);
    fahrenheit=(celsius * 9.0/5.0) + 32;          //公式: F = C * 9/5 + 32
    printf("摄氏温度%.2f 转换为华氏温度:%.2f\n",celsius, fahrenheit);
    int intFahrenheit=(int)fahrenheit;
    printf("华氏温度的整数部分: %d\n", intFahrenheit);
    return 0;
}
```

**运行结果：**

```
请输入摄氏温度: 37
摄氏温度37.00 转换为华氏温度:98.60
华氏温度的整数部分: 98
```

**程序分析：**

变量声明

```
float celsius;              // 存储摄氏温度
float fahrenheit;           // 存储华氏温度
```

（1）定义两个 float 类型变量以存储输入的摄氏温度和计算得到的华氏温度。

输入摄氏温度：

```
printf("请输入摄氏温度：");
scanf("%f", &celsius);
```

（2）使用 printf() 提示用户输入摄氏温度，通过 scanf() 函数读取输入并存储。

显式转换和计算华氏温度：

```
fahrenheit=(celsius * 9.0/5.0)+32;
```

（3）根据公式 $F = C\times9/5+32$ 计算华氏温度，因为 celsius 是 float 类型，计算结果也会自动为 float。

输出华氏温度：

```
printf("摄氏温度 %.2f 转换为华氏温度：%.2f\n", celsius, fahrenheit);
```

（4）使用 printf() 格式化输出结果，显示华氏温度。

显式转换为整数：

```
int intFahrenheit=(int)fahrenheit; //显式转换为整数
```

（5）将华氏温度显式转换为 int，这将去掉小数部分。

输出整数部分：

```
printf("华氏温度的整数部分：%d\n", intFahrenheit);
```

（6）输出转换后的整数部分。

## 小　结

（1）在计算机系统中，所有的数据最终都是以数值的形式来表示的，而数值的进制表示方式多种多样，最常见的进制表示方式有二进制、十进制、十六进制、八进制。

（2）C 语言提供了丰富的数据类型，归纳起来大体可分为基本数据类型和构造类型和指针类型，整数在内存中是以其补码的形式存储的。

（3）在 C 语言中，标识符是用于命名各种程序元素的名称。它是一个唯一的名称，用于标识程序中的不同实体，标识符是由字母、数字和“_”任意组合，其中数字不能开头。

（4）在 C 语言中，数据类型转换可以通过隐式转换（自动转换）和显式转换（强制转换）来实现。

（5）C 语言的运算符丰富，常用的有算术运算符、复合运算符、自增自减运算符、逗号运算符（下一章节还将介绍另外几种运算符）。通过灵活运用运算符及表达可以使程序更加简洁、多变。

（6）C 语言丰富的输入和输出功能极大地增强了程序的可扩展性和适应性，输入输出时还可以灵活使用相应修饰符。

# 习　　题

## 一、选择题

1. C 语言中，用于表示整数的数据类型是（　　）。

A. float　　B. int　　C. char　　D. double

2. float 数据类型在 C 语言中通常大小是（　　）字节。

A. 2　　B. 4　　C. 8　　D. 16

3. 以下（　　）数据类型可以用于存储单个字符。

A. int　　B. double　　C. float　　D. char

4. 下列赋值表达式中表明 x 是字符类型数据的是（　　）。

A. x='7'　　B. x="6"　　C. x=#　　D. x=3.5

5. 字符串 "DWSA" 占用的字节数是（　　）个字节。

A. 5　　B. 6　　C. 7　　D. 8

6. 以下标识符不合法的是（　　）。

A. a1　　B. _123　　C. my@var　　D. K1W

7. sizeof 运算符可以用于（　　）。

A. 计算变量的值　　B. 返回数据类型或变量所占的字节数

C. 修改数据类型　　D. 进行类型转换

8. 下列不属于 C 语言的常量类型是（　　）。

A. 整数常量　　B. 字符常量　　C. 字符串常量　　D. 变量常量

9. 以下代码中，常量 MAX 的值是（　　）。

```
#define MAX 100
```

A. 0　　B. 100　　C. 未定义　　D. 1

10. 下列代码中，变量 x 的值是（　　）。

```
int x;
x = 5;
x = x + 2;
```

A. 5　　B. 2　　C. 7　　D. 未定义

11. 已知 int x;，则执行语句 x=3.5; 后，x 的值为（　　）。

A. 2　　B. 3　　C. 2.6　　D. 4

12. 设 int 数据占用 2 字节，float 数据占用 4 字节，double 数据占用 8 字节，且已知 float a=2;int b=3;，则执行语句 printf("%d",sizeof(a*b)+2/5); 后，输出为（　　）。

A. 4　　B. 8　　C. 6　　D. 7

## 二、填空题

1. C 语言中，十六进制数以 ________ 开头。

2. 十进制数 255 在十六进制中表示为 ________。

3. C 语言中，变量的定义至少需要 ________ 和 ________ 两项。

4. 标识符可以由 ________、________、________ 三类字符组成。

5. 使用变量前必须先 ________，否则编译时将会给出错误信息。

6. C 语言的格式输入函数是 ________，格式输出函数是 ________。

7. 输入 / 输出格式控制字符中，int 型采用 ________，char 型采用 ________。

8. 已知有程序代码片段如下：

```
int a;
scanf("a=%d", &a);
```

若从键盘上为变量 a 输入的值为 2，则正确的输入应是 ________。

9. 输入数值数据时，输入的数值之间一般用 ________、________ 或者 ________ 进行分隔。

10. 以下程序执行的过程中输入 helloworld，则输出结果是 ________。

```
#include <stdio.h>
int main()
{
    printf("%c", getchar());
    return 0
}
```

11. 若有定义 float x;，以下程序段的输出结果是 ________。

```
x=5.16894;
printf("%f\n",(int)(x*1000+0.5)/(float)1000);
```

12. 以下程序的功能是：输入一个小写字母，输出对应的大写字母。请将程序补充完整。

```
int main()
{
     char  ch;
     ____________;          /*  从键盘输入一个小写字母  */
     ____________;          /*  将该字母转换为大写字母  */
     ____________;          /*  输出转换后的结果        */
     return 0;
}
```

## 三、编程题

1. 输入姓名并输出问候语。

2. 输入两个整数并计算和。

3. 输入字符的 ASCII 码值。

4. 输出三位正整数的各数位数字。

# 第3章 选择结构程序设计

前面章节中讲述了C语言的基础知识，这些知识还无法完成复杂的C语言程序编写，还需要掌握运算符与表达式相关知识，以及根据具体实际问题选择正确的程序流程。本章主要介绍if，if-else语句、switch语句、关系运算符与关系表达式、逻辑运算符与逻辑表达式、条件运算符与条件表达式。

在顺序结构中，各语句是自上而下的顺序执行，执行完上一条语句执行下一条语句，没有条件，也不需要做出任何判断，而实际情况中，需要根据某些特定的条件来判断是否执行指定的操作，或者从给定的两种或者多种操作中选择其一。这就是选择结构程序设计。选择结构程序包括：if语句与switch语句。

**学习目标**

- 了解选择结构在程序设计中的作用和意义。
- 掌握条件语句（如if语句、switch语句）的基本语法和规则。
- 具备将实际问题抽象为计算机程序的能力，能够用选择结构解决复杂问题。在学习过程中，强调脚踏实地精神和遵守规章制度，使学生能够合理规划时间和精力，循序渐进地完成任务。

## 3.1 程序的基本结构

计算机程序的一个重要方面就是描述问题求解的计算过程，即计算步骤。在程序设计语言中，一个计算步骤可以用一个基本语句实现，也可以用一个控制结构实现。控制结构主要由控制条件和被控制的语句组成，不同的控制结构用于描述不同的控制方式，实现对程序中各种成分语句的顺序、选择和循环等方式的控制。

（1）顺序结构是按照语句的书写顺序依次执行各语句序列，如图3.1所示，A框和B框表示基本的操作处理，可以是一个语句也可以是多个语句，它表示程序在执行完A框操作后，再去顺序执行B框的操作，即严格按照语句的书写顺序执行。因此，顺序结构是一种最基本的程序结构。

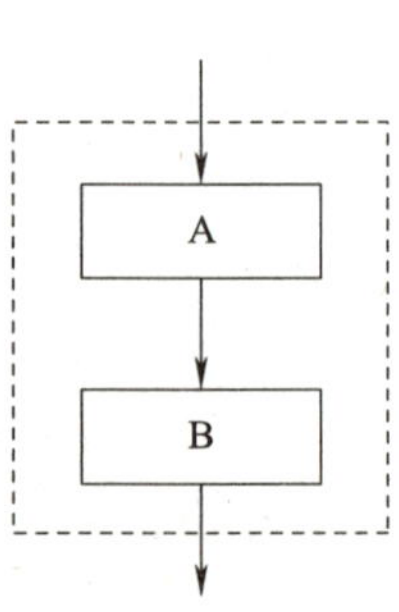


图3.1 顺序结构

（2）选择结构是按照条件判断选择执行某段语句序列，如图 3.2 所示，在选择结构中，A 框和 B 框的操作只能二选一，即执行了 A 框操作，就不能执行 B 框操作；而执行了 B 框操作就不能再执行 A 框操作，无论是执行了 A 框操作还是 B 框操作，接下来都会继续向下顺序执行后续的操作。

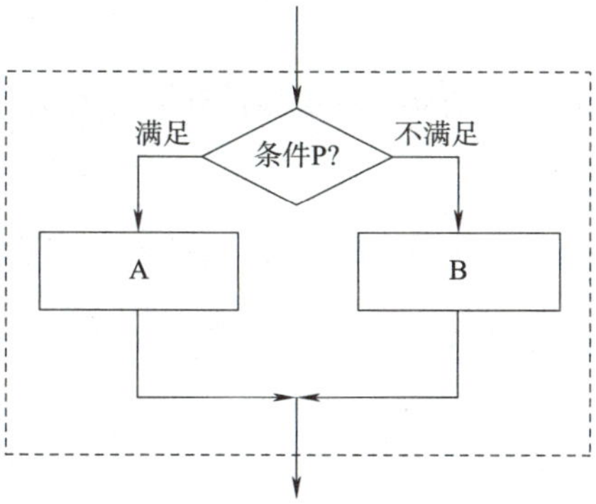


**图 3.2 选择**

（3）循环结构能够通过条件判断控制循环执行某段语句序列。按照条件和循环执行的语句段之间的关系，可以分为当型循环结构和直到型循环结构。在当型循环结构中，需要先判断条件 P，然后执行 A 框操作，若一开始 P 就不成立，则 A 框操作一次也不执行，如图 3.3（a）所示。直到型循环与当型循环的区别是这种循环要先执行 A 框操作，然后再判断条件 P，即在直到型循环中，无论 P 条件是否成立，A 框操作至少会被执行一次，如图 3.3（b）所示。

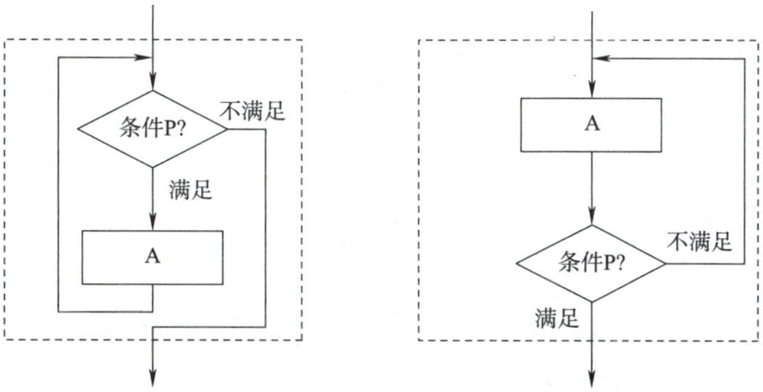


（a）当型循环结构　　（b）直到型循环结构

**图 3.3 循环结构**

关于上述三种基本结构有以下几点说明：

（1）无论是顺序结构、选择结构还是循环结构，它们的共同特点是只有一个入口和一个出口。

（2）三种基本结构中的 A 块和 B 块是广义的，它们可以是一个操作，也可以是另一种基本结构或者几种基本结构的组合。

（3）在选择结构和循环结构中都会出现判断框，但是选择结构会根据条件 P 是否成立来决定执行 A 块和 B 块中的哪一个操作，且执行后就会脱离该选择结构而顺序执行下面的其他结构，即选择结构中的 A 块和 B 块只能选择一个执行且只能执行一次。循环结构是在条件 P 成立时反复执行 A 框操作，直到条件 P 不成立时才跳出该循环结构而顺序执行下面的其他结构。

## 3.2 顺序结构程序设计

### 3.2.1 赋值语句

赋值语句是顺序结构程序中常用的语句，赋值语句的一般形式为：

```
变量 = 表达式 ;
```

赋值语句是由赋值表达式与分号“；”构成的，赋值语句还可以写成以下形式：

```
变量 1= 变量 2= 变量 3=…变量 n= 表达式 ;
```

表示将最右侧的表达式逐一赋值给赋值运算符左侧的每一个变量

赋值语句的功能和特点都与赋值表达式相同。C 言中把赋值语句和赋值表达式区分开，两者只差一个分号“;”。赋值表达式可以包含在其他表达式中，但是赋值语句不可以。例如：

```
if ((x=y)>0)
    z=x;
```

if 后面的括号是一个条件，表示先进行赋值运算，将 y 的值赋给 x，然后再判断 x 是否大于 0，若大于 0，则执行 z=x。

```
if ((x=y;)>0)
    z=x;
```

上述语法形式是错误的，因为赋值语句不可以包含在其他表达式中。

### 3.2.2 顺序结构程序

顺序结构的程序基本上是由函数调用语句和表达式语句构成的，这种结构的程序在执行中的特点是：自上而下一个操作执行完成后就接着执行紧随其后的下一个操作。顺序结构求解简单，求解问题种类有限。

**例 3.1** 从键盘上输入 x、y 的值，将它们的值进行互换后并输出。

**解题思路：** 借助一个中间变量来实现 x、y 值交换的目的。

**程序编写：**

```
#include<stdio.h>                                //预处理语句，文件包含命令
int main()                                       //主函数
{
    int x = 10;
    int y = 20;
    int z = 0;                                   //中间变量，用于转接的作用
    printf("交换前:x = %d, y = %d\n",x,y);
    z = x;                                       //将 x 变量的值给变量 z
    x = y;                                       //将 y 变量的值给变量 x
    y = z;                                       //将 z 变量的值给变量 y
    printf("交换后:x = %d, y = %d\n",x,y);       //返回值
}
```

**运行结果：**

```
交换前:x = 10, y = 20
交换后:x = 20, y = 10
```

**程序分析：**在计算机中进行数据交换，不能简单的通过两条赋值语句实现，即

```
x = y;
y = x;
```

当执行赋值语句“x = y;”后，变量 y 的值送入变量 x 的内存单位而覆盖了变量 x 原有的值，即 x 的原值已经丢失，x 和 y 中都保存着 y 值，即使继续执行“y=x;”也无法实现两个变量值相互互换。因此，需要借助一个中间变量 z 来实现 x、y 值交换的目的。即

```
z = x;
x= y;
y=z;
```

当执行“z = x;”时，x 的值保存在 z 中；再执行“x= y ;”时，y 的值保存在 x 中；最后执行“y=z”时，将 z 中保存的原 x 值赋给 y，这样就实现了 x 值与 y 值的互换。

## 3.3 运算符与表达式

在程序设计中经常需要比较两个数据量的大小关系，以决定程序执行的下一步走向。比较两个量的运算符称为关系运算符，由关系运算符组成的式子称为关系表达式。

### 3.3.1 关系运算符与关系表达式

#### 1. 关系运算符及优先次序

关系运算符用来对两个数值进行比较，其结果是逻辑值（“真”或“假”）。C 语言中的关系运算符及其含义和用法见表 3.1。

表 3.1　C 语言提供的六种关系运算符

| 运算符 | 名　称 | 示　例 | 结　果 |
|---|---|---|---|
| > | 大于 | 2 > 1 | 真 |
| < | 小于 | 2 < 1 | 假 |
| > = | 大于或等于 | 2 > =1 | 真 |
| < = | 小于或等于 | 2 < =1 | 假 |
| = = | 等于 | 2= =1 | 假 |
| != | 不等于 | 2!=1 | 真 |

C 语言提供的以上六种关系运算符，分成两个优先级。表 3.1 中前四种关系运算符的优先级高于后两种关系运算符的优先级。

```
>
<       } 优先级相同（高）
>=
<=
==      } 优先级相同（低）
!=
```

关系运算符都是双目运算符，其结合性均为左结合。关系运算符的优先级低于算术运算符，高于赋值运算符。即算术运算符、关系运算符和赋值运算符的运算次序为：

算术运算符 → 关系运算符 → 赋值运算符

算术运算符、关系运算符和赋值运算符的运算次序示例如下：

```
x > a+b              // 等价于 x > (a+b)
x = a == b           // 等价于 x = (a==b)
x == y < z           // 等价于 x==(y < z)
```

若关系运算符的运算对象为字符数据，则大小比较是按其 ASCII 码值进行的。例如，'a' > 'b' 的值为假。此外，由于计算机中的数值是以二进制形式存储的，数值的小数部分可能是近似值，不能使用“==”和“!=”来判断两个实型数据是否相等。

### 2. 关系表达式

用关系运算符将两个数值或数值表达式连接起来的式子称为关系表达式，一般形式为：

```
<表达式> <关系运算符> <表达式>
```

C 语言中并没有 bool 这个数据类型或说逻辑型数据，故表示关系运算结果时以 1 代表真，以 0 代表假。在实际运行过程中，非零值为真，零为假。示例如下：

```
int x = 5, y = 10, z = 3;
x > y                     //假，值为 0
x == z                    //假，值为 0
y!= z <= x                //真，值为 1
```

上述关系表达式中“y!= z <= x”的计算顺序：先计算 z <= x，结果为 1，再计算 y != 1，y 为 20，因此，y != 1 的结果为真，即 1。

## 3.3.2 逻辑运算符与逻辑表达式

### 1. 逻辑运算符及优先次序

逻辑运算符用于判断表达式的真假，其结果为“真”或“假”。C 语言中的逻辑运算符及其含义和用法见表 3.2。

表 3.2 C 语言提供的三种逻辑运算符

| 运算符 | 运算名称 | 示　例 | 结　果 |
|---|---|---|---|
| && | 逻辑与 | a && b | 只有 a 和 b 同时为真，结果为真；否则结果为假 |
| \|\| | 逻辑或 | a \|\| b | 只有 a 和 b 同时为假，结果为假；否则结果为真 |
| ! | 逻辑非 | !a | 若 a 为假，则 !a 为真；若 a 为真，则 !a 为假 |

其中，&& 和 || 运算符用于连接两个条件，构成更复杂的条件。! 运算符只作用于其后面的逻辑量。逻辑运算对象可以是任何类型的数据（整型、实型、字符型、指针型、枚举型）。逻辑表达式的运算结果为逻辑值（即真或假）。1 表示逻辑真，即满足条件；0 表示逻辑假，即不满足条件。

逻辑运算符的优先级为 “!”> “&&”> “||”，其中，“&&” 运算符与 “||” 运算符为双目运算符，要求有两个运算量，连接两个条件。“!” 运算符为单目运算符，只作用于后面的一个逻辑量。

与其他运算符相比，逻辑运算符 “!” 的优先级高于算术运算符，但逻辑运算符 “&&” 和 “||” 的优先级低于关系运算符，依次为：“!”> 算术运算符 > 关系运算符 > “&&” 和 “||”> 赋值运算符。示例如下：

```
((a+b)>c) && (x+y)<b          //等价于 a+b>c && x+y<b
(a%2==0) && (b%2!=0)          //等价于 a%2==0 && b%2!=0
(!x ) && (y< =z )             //等价于 !x && y <= z
(a<-5) || (b>9)               //等价于 a<-5) || b>9
```

### 2. 逻辑表达式

用逻辑运算符将逻辑量或关系表达式连接而成的式子称为逻辑表达式，一般形式为：

```
<P> <逻辑运算符> <Q>
```

其中 P 和 Q 是两个逻辑量。逻辑表达式的运算结果为逻辑值（即真或假）。1 表示逻辑真，即满足条件；0 表示逻辑假，即不满足条件。若运算符为 &&，当连接的两个逻辑量全为真时，逻辑表达式的结果为真，值为 1；只要有一个为假，结果为假，值为 0。若运算符为 ||，当连接的两个逻辑量中只要有一个为真时，逻辑表达式的结果为真，值为 1；只有两个逻辑量同时为假，结果为假，值为 0。! 运算符对其后面逻辑量取非，若逻辑量为假，结果为真，值为 1；若逻辑量为真，结果为假，值为 0。逻辑运算的真值表见表 3.3。

**表 3.3　逻辑运算真值表**

| P | Q | P && Q | P \|\| Q | !P | !Q |
|---|---|---|---|---|---|
| 真 | 真 | 真 | 真 | 假 | 假 |
| 真 | 假 | 假 | 真 | 假 | 真 |
| 假 | 假 | 假 | 假 | 真 | 真 |
| 假 | 真 | 假 | 真 | 真 | 假 |

逻辑运算规则示例如下：

```
7>3 && 8>6          //7>3 为真，8>6 为真，结果为真
7>3 && 5<8          //7>3 为真，5<8 为假，结果为假
7>9 || 5<3          //7>9 为假，5<3 为假，结果为假
7>9 || 1<3          //7>9 为假，1<3 为真，结果为真
!3                  //3 不等于 0，即为真值，!3 为假
```

在程序设计中，逻辑表达式一般用于控制语句（if、for、while、do...while），对某些条件作出判断，根据条件的成立（真）与不成立（假）决定程序的流程。常用关系表达式和逻辑表达式表示条件。示例如下：

（1）判断年龄 age 在 10 至 18 岁之内。

```
age>=10 && age<=18
```

（2）判断年份 year 是否为闰年。

```
((y% 4 == 0) && (y % 100 != 0)) || (y % 400 == 0)
```

例如，计算表达式 2>5&&2||3<4−!0 的值。表达式中 || 运算符优先级最低：

（1）左边：2>5 结果为 0，表达式变为 0&&2||3<4−!0。

（2）左边：0&&2 结果为 0，表达式变为 0||3<4−!0。

（3）右边：先计算 !0, 结果为 1，表达式变为 0||3<4−1。

（4）右边：4−1 结果为 3，表达式变为 0||3<3。

（5）右边：3<3 结果为 0，表达式变量 0||0。

因此，整个表达式结果为 0。

### 3.3.3 条件运算符与条件表达式

条件表达式是包含条件运算符的表达式，一般语法格式如下：

```
表达式 1? 表达式 2: 表达式 3
```

运算规则为：先判断表达式 1 值，当表达式 1 的值为真（非 0）时，表达式 2 的值即为整个条件表达式的值；当表达式 1 的值为假（0）时，表达式 3 的值即为整个条件表达式的值。因此无论表达式 1 为真还是为假，都将执行一个赋值语句，可以看出，用条件运算符“? :”的功能，可以实现 if-else 语句。

注意：

（1）条件运算符是三目运算符，即有三个参与运算的量。

（2）条件运算符的优先级高于赋值运算符，但低于关系运算符和算术运算符。

（3）结合方向为自右向左。

（4）式中的表达式 1，2，3 都可以嵌套使用。

**例 3.2** 编写程序，输入三个数，求其中的最大值。

**解题思路：** 输入三个数，并定义一个中间变量 t，将 a 和 b 中的最大值赋给 t，将 t 和 c 比较，两者中的最大值即为三个值中的最大值。

**程序编写：**

```
#include<stdio.h>
int main()
{
    int a,b,c,t,max;
    printf(" 请输入三个整数 :\n");
    scanf("%d%d%d",&a,&b,&c);
    t=a>b?a:b;
    max=t>c?t:c;
    printf(" 这三个数中最大的是 %d",max);
    return 0;
}
```

**运行结果：**

```
请输入三个整数：
3 6 9↙
这三个数中最大的是 9
```

**程序分析：**

（1）定义 main() 函数，程序的入口。

（2）定义变量，输入 a、b、c 的值

（3）调用 scanf() 函数获取从键盘输入的数字，将 a 和 b 中的最大值赋值给变量 t，将 x 和 c 中的最大值赋值给 max。

（4）printf("\n") 用于在每一行结束时换行。

（5）return 0 表示程序正常结束

若条件语句 if 中只执行单个赋值语句，则可以用条件表达式取代 if 语句，至于 if 选择结构语句，会在下一小节详细介绍。

## 3.4 if 选择结构语句

### 3.4.1 单分支 if 语句

在 if 语句中，如果满足某种条件，就进行相应的处理。if 语句的语法格式如下：

```
if(条件判断表达式)
{
    代码块
}
```

在上述语法格式中，判断条件的值只能是 0 或非 0，若条件判断的值为 0，按“假”处理；若判断条件的值为非 0 的数，按“真”处理，执行 {} 中的语句。if 语句的执行流程如图 3.4 所示。

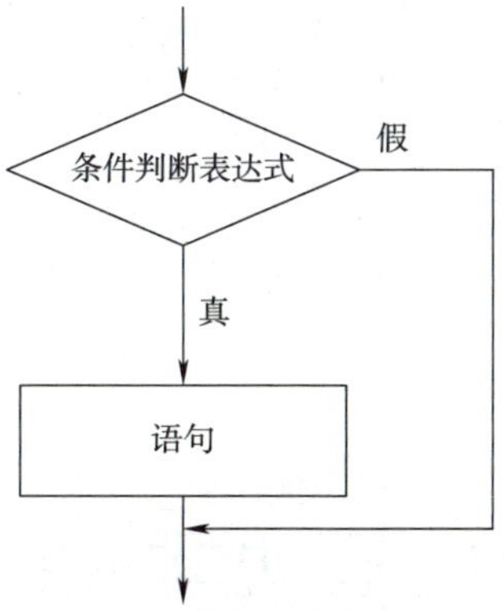


图 3.4　if 语句的执行流程

**例 3.3** 编写程序，输入 C 语言课程的成绩，如果成绩大于或等于 85 分，则输出“成绩优秀 !”。

**解题思路：**采用单分支选择结构，程序流程图如图 3.5 所示。

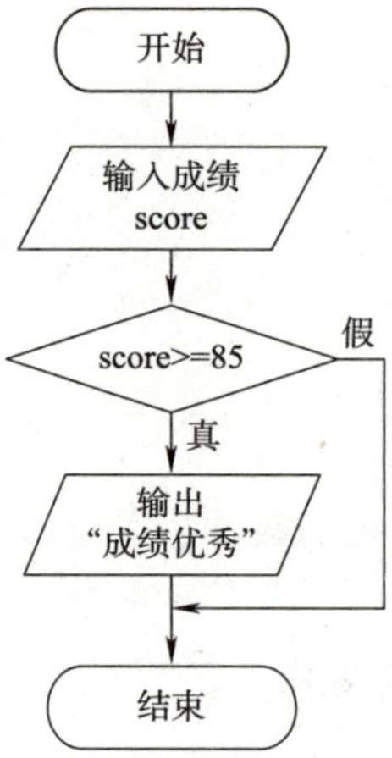


图 3.5　程序流程图

**程序编写：**

```
#include <stdio.h>
void main()
{
    int score;
    scanf("%d", &score);
    if (score>=85)
          printf("成绩优秀!\n");
}
```

**运行结果：**

```
90↙
成绩优秀
```

**程序分析：** 定义一个成绩变量 score，输入 C 语言成绩，90 大于 85，输出“成绩优秀!”。

**例 3.4** 输入两个任意整数，并按由小到大的顺序输出。

**解题思路：** 采用单分支选择结构，程序流程图如图 3.6 所示。

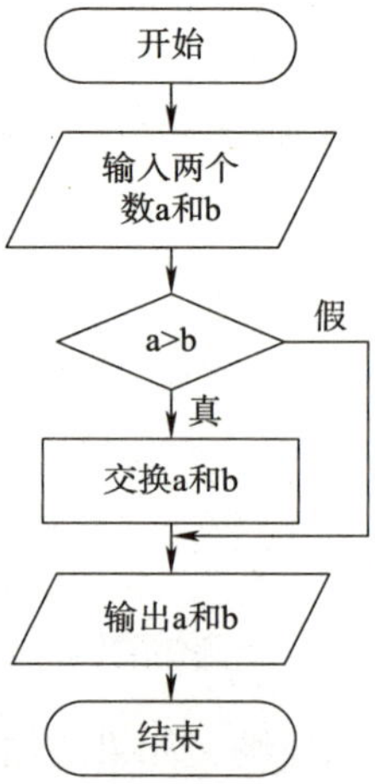


图 3.6　程序流程图

**程序编写：**

```
#include <stdio.h>
void main()
{
    int x,y,z;
    printf("input x,y=");
    scanf("%d,%d", &x,&y);
    if (x>y)
    {
        z=x;
        x=y;
        y=z;
    }
    printf(""%d,%d\n", x,y");
}
```

**运行结果：**

```
input x,y=9,6 ↙
6,9
```

**程序分析：**

（1）定义三个变量 x、y、z，其中变量 z 用于交换。

（2）输入两个整数。

（3）如果第一个数大于第二个数，则交换。

（4）输出两个整数。

### 3.4.2 双分支 if...else 句

在 if...else 语句中，如果满足某种条件，就进行相应的处理，否则进行另一种处理。if...else 语句的语法格式如下。

```
if(条件判断表达式)
{
    执行语句 1
}
else
{
    执行语句 2
}
```

在上述语法格式中，条件判断表达式的值只能是 0 或非 0，若条件判断的值为非 0 的数，按“真”处理，执行 {} 中的语句 1；若条件判断的值为 0，按“假”处理，执行 {} 中的语句 1。if 语句的执行流程如图 3.7 所示。

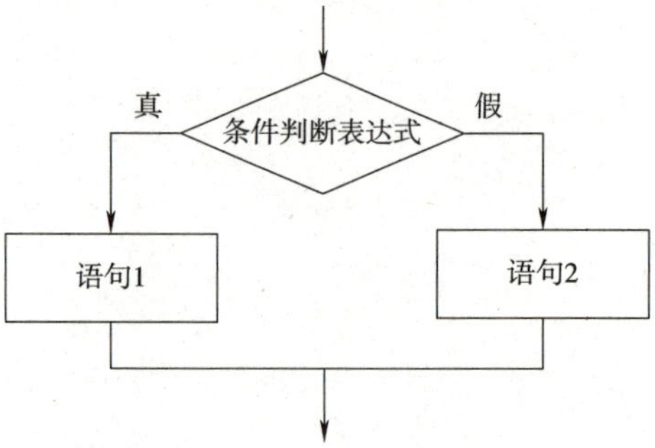


图 3.7 if...else 语句的执行流程

例 3.5 输入一个年份，判断某一年是否是闰年。

**解题思路：** 采用双分支选择结构，程序流程图如图 3.8 所示。

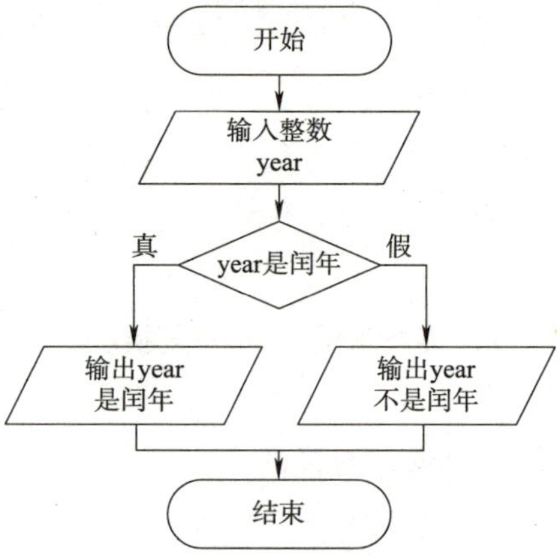


图 3.8 判断某一年是否是闰年

视频

例3.5

**程序编写：**

```
#include <stdio.h>
int main()
{
   int year;
   printf(" 请输入年份:");
   scanf("%d", &year);
        if ((year % 4 == 0 && year % 100 != 0 )|| (year % 400 == 0))
        {
               printf("%d 年是闰年 \n", year);
        }
        else
        {
              printf("%d 不是闰年 \n", year);
        }
        return 0;
}
```

**运行结果：**

```
请输入年份：2024↙
2024 年是闰年
```

**程序分析：**

（1）普通年份：能被 4 整除，但不能被 100 整除，该年为闰年。世纪年份：能被 400 整除，该年为闰年。

（2）定义 int 类型的变量 year，对变量 year 执行以下运算：

```
year%4==0 && year%100!=0
year%400==0
```

上述两个条件有一个成立，则 year 表示的年份就是闰年。

（3）2024 能被 4 整除，但不能被 100 整除，满足条件，所以是闰年。

### 3.4.3 多分支 if...else if...else 语句

if...else if...else 语句适用于对多个条件进行判断，进而执行相应操作的情况。if...else if...else 语句的语法格式如下：

```
if(条件判断表达式 1)
{
    语句 1
}
else if(条件判断表达式 2)
{
    语句 2
}
...
else if(条件判断表达式 n)
{
    语句 n
}
else
{
   语句 n+1
}
```

在上述语法格式中，若条件判断表达式 1 的值为非 0，按“真”处理，执行 if 语句后面 {} 中的语句 1；若条件判断的值为 0，按“假”处理，对条件表达式 2 进行判断；如果条件表达式 2 的值为非 0，则执行语句 2。依此类推，如果所有条件判断表达式的值都为 0，表示所有条件都不满足，则执行 else 后面 {} 的语句 n+1。if...else if...else 语句的执行流程如图 3.9 所示。

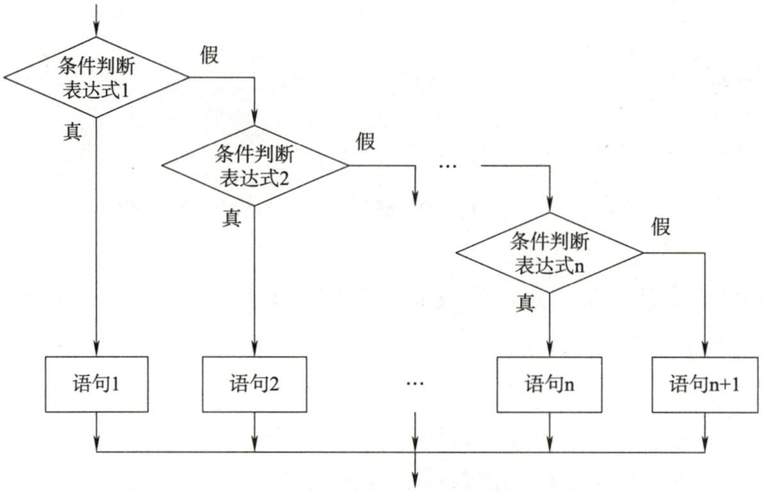


图 3.9 if...else if...else 语句的执行流程

**例 3.6** 编写程序，输入学生的成绩，根据成绩进行分类，90 分以上为优秀，80~89 为良好，70~79 为中等，60~69 为及格，60 以下为不及格。

**解题思路：** 将学生成绩分为四个分数段，然后根据各分数段的成绩输出不同的等级。程序分为四个分支，可以用四个单分支结构实现，也可以用多分支 if 语句实现，程序流程图如图 3.10 所示。

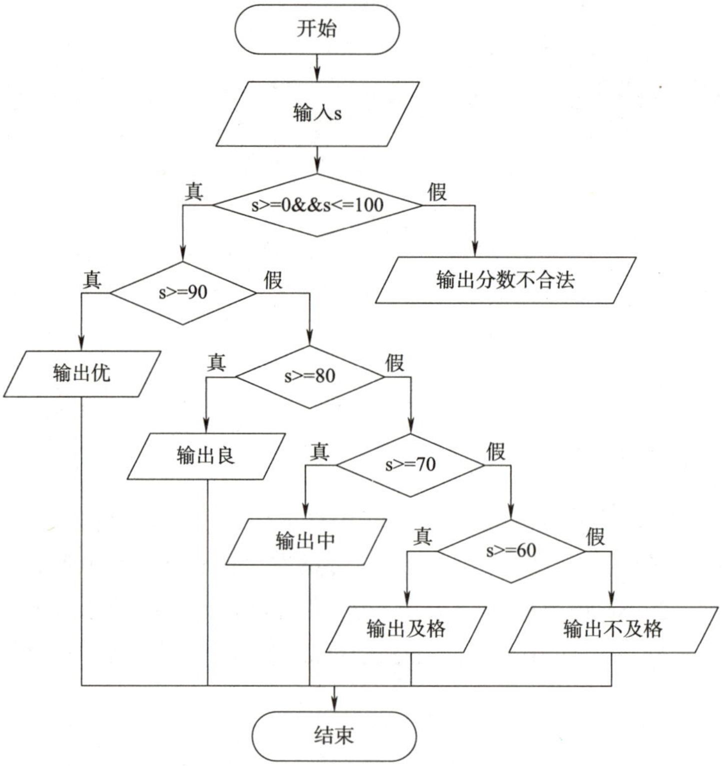


图 3.10 程序流程图

**程序编写：**

```
#include <stdio.h>
int main()
{
    float s;
    scanf("%f",&s);
    if(s>=0&&s<=100)
    {
       if(s>=90)
               printf(" 该成绩的等级为优 ");
          else if(s>=80)
                  printf(" 该成绩的等级为良 ");
                else if(s>=70)
                     printf(" 该成绩的等级为中 ");
                     else if(s>=60)
                            printf(" 该成绩的等级为及格 ");
                          else
                              printf(" 该成绩的等级为不及格 ");
     }
     else
         printf(" 输入成绩不合法 ");
     return 0;
}
```

**运行结果：**

```
79↙
该成绩的等级为中
```

**程序分析：**

（1）定义一个实型变量。

（2）输入学生成绩。

（3）利用多分支结构判断条件，执行相应语句。

（4）输出学生成绩类别。

### 3.4.4　if...else 嵌套语句

当 if 语句中的内嵌语句是一个或多个 if 语句时，就形成了 if 语句的嵌套，if 嵌套语句的语法格式如下：

```
if(表达式 1)
     if(表达式 2)
          语句 1
     else
          语句 2
else
     if(表达式 3)
          语句 3
```

```
        else
            语句 4
```

在 C 语言中允许使用 if...else 嵌套语句实现多分支结构，也就是允许在 if 或者 else 句中包含 if...else 语句。其中表达式可以是任意表达式，语句可以是一条语句，也可以是复合语句。执行过程中，如果表达式 1 为真，继续判断表达式 2，如果为真，执行语句 1；如果表达式 1 为真，表达式 2 为假，那么执行语句 2；如果表达式 1 为假，继续判断表达式 3，如果为真，那么执行语句 3；如果表达式 1 为假，表达式 3 为假，执行语句 4。

注意：C 语言的书写格式比较自由，但是过于自由的程序书写格式往往使人很难读懂，因此，在编写分支语句程序的时候，一定要注意以下几点：

（1）多分支语句中，出现多个 if 和 else 语句，其中 else 不能单独使用，它总是与离它最近的，尚未与其他 if 配对的 if 语句配对。

（2）if 与 else 的个数最好相同，从内层到外层一一对应，以免出错。

（3）if 与 else 后面可以只含有一个语句，也可以含有复合语句，复合语句要用花括号 { } 括起来。

（4）如果 if 与 else 的个数不同，可以用花括号来确定配对关系。

**例 3.7** 也可以由 if...else 嵌套语句实现，程序流程图如图 3.11 所示。

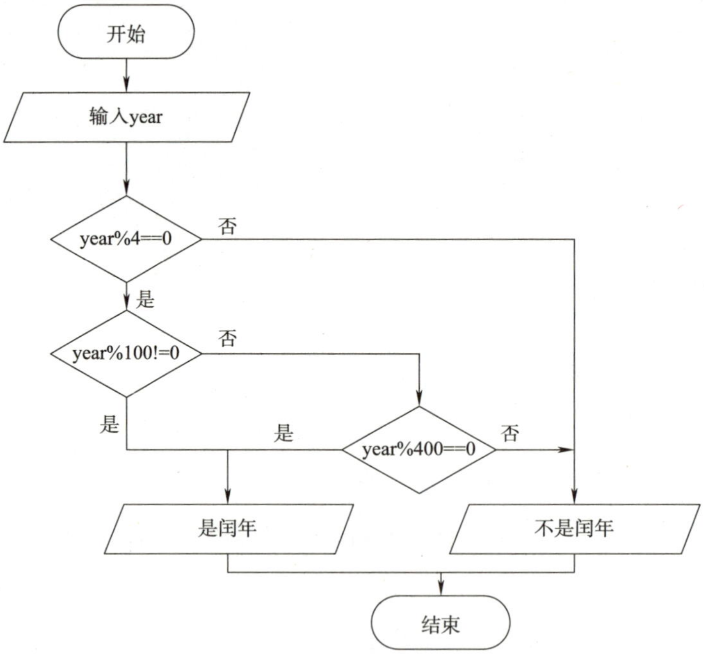


图 3.11　程序流程图

**程序编写：**

```
#include <stdio.h>
int main()
{
   int year, leap;      //leap = 1 为闰年，等于 0 不是闰年
```

```
    scanf("%d", &year);
    if (year%4 == 0)
    {
        if (year%100 == 0)
        {
            if (year%400 == 0)
                leap = 1;   // 能被 4 整除、能被 100 整除又能被 400 整除
            else
                leap = 0;  // 能被 4 整除、能被 100 整除但不能被 400 整除
        }
        else
                leap = 1;    // 能被 4 整除但不能被 100 整除
    }
    else
        leap = 0;       // 不能被 4 整除
    if (leap == 1)
        printf("%d 年是闰年 \n", year);
    else
        printf("%d 年不是闰年 \n", year);
    return 0;
}
```

**运行结果:**

```
请输入年份:2024↙
2024 年是闰年
```

**程序分析:**

(1) 变量 year 代表年份，变量 leap 是一个“标志变量”，代表相应的年份是否为闰年。若为闰年，令 leap=1；非闰年，令 leap=0。最后判断 leap 是否为 1 (真)，若是 1，就是闰年，则输出“闰年”信息；如果是 0，就不是闰年，则输出“不是闰年”信息。

(2) if...else 嵌套语句采取锯齿形式，可清楚看出各层 if 与 else 的配对关系。

(3) if (leap==1) 与 if(leap!=0)、if(leap) 含义相同，表示 leap 的值为 1 (即非 0)，其判断结果为真。

## 3.5 switch 选择结构语句

switch 语句一种常见的选择结构语句，与 if 条件语句不同的是，它是针对某个表达式的值做出判断，从而决定执行哪一段代码。在 switch 语句中，switch 关键字后面有一个表达式，case 关键字后面有目标值，当表达式的值与某个目标值匹配时，会执行相应 case 后的语句，switch 语句的基本格式如下：

```
switch(表达式)
{
    case 目标值 1:
```

```
        执行语句 1;
        break;
    case 目标值 2:
        执行语句 2;
        break;
        ...
    case  目标值 n:
        执行语句 n;
        break;
    default:
        执行语句 n+1;
        break;
}
```

上述语法中，switch 语句将表达式的值与每个 case 后的目标值进行匹配，如果有匹配的值，则执行相应 case 后的语句，直到执行 break 语句后退出当前代码块。break 语句可省略不写，此时会顺序执行后面语句。default 语句在所有条件都不匹配的情况下执行，也可省略。switch 语句的执行流程如图 3.12 所示。

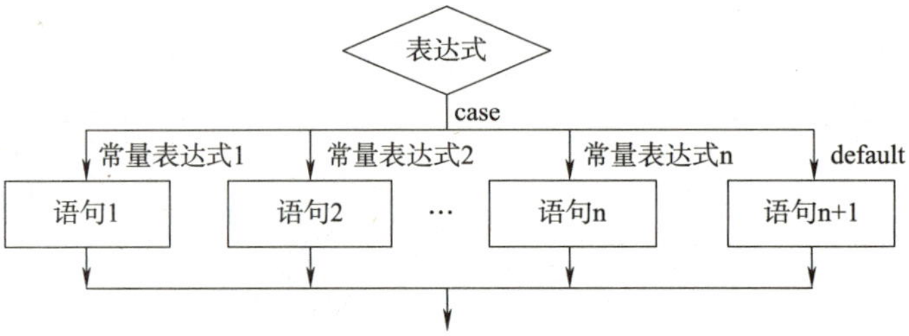


图 3.12　switch 语句的执行流程

注意事项：

（1）switch 后表达式的值、case 后常量表达式的值，必须是整型或字符型。

（2）每个 case 后常量表达式的值必须各不相同。

（3）break 语句的作用是跳出 switch 语句，一般情况下 case 语句后需要有 break 语句，否则程序会继续执行其他的 case 后的语句。

视频

例3.8

**例 3.8** 编写程序，根据数值判断星期几。

**解题思路：** 使用数字 1~7 来表示星期一至星期日。根据输入的数字 1~7，输出对应的星期值。

**程序编写：**

```
#include <stdio.h>
int main() {
    int num;
    printf("请输入数字 1-7:");
    scanf("%d", &num);
    switch (num) {
        case 1:
            printf("星期一\n");
```

```
            break;
        case 2:
            printf(" 星期二 \n");
            break;
        case 3:
            printf(" 星期三 \n");
            break;
        case 4:
            printf(" 星期四 \n");
            break;
        case 5:
            printf(" 星期五 \n");
            break;
        case 6:
            printf(" 星期六 \n");
            break;
        case 7:
            printf(" 星期日 \n");
            break;
        default:
            printf(" 输入错误，请输入数字 1-7。\n");
    }
    return 0;
}
```

**运行结果：**

```
输入：1 输出：星期一
输入：2 输出：星期二
输入：3 输出：星期三
输入：4 输出：星期四
输入：5 输出：星期五
输入：6 输出：星期六
输入：7 输出：星期天
```

**程序分析：**

（1）定义 main() 函数，程序的入口。

（2）定义变量 num，用于存储数字 1~7。

（3）调用 scanf() 函数获取从键盘输入的数字，使用 switch 语句判断星期值。

（4）printf("\n") 用于在每一行结束时换行。

（5）return 0 表示程序正常结束。

## 3.6 程序举例

**例 3.9** 某商场进行打折活动，具体如下：

（1）购买商品总额超过 20 000 元（含 20 000 元），打 5 折。

（2）购买商品总额超过 15 000 元（含 15 000 元），打 6 折。

（3）购买商品总额超过 10 000 元（含 10 000 元），打 7 折。

（4）购买商品总额超过 5 000 元（含 5 000 元），打 8 折。

（5）购买商品总额超过 2 000 元（含 2 000 元），打 9 折。

（6）购买商品总额小于 1 000 元不打折。

输入顾客购买商品的消费总额，输出顾客实际付款金额。

**解题思路：** 商场的商品折扣有多种情况，可选择 if...else 语句解决。

**程序编写：**

```
#include <stdio.h>
void main()
{
   float Amount,ActualAmount;
   printf("请输入顾客购买商品的消费总额：");
   scanf("%f",&Amount);
   if(Amount>=20000)
       ActualAmount=Amount*0.5;
   else if(Amount>=15000)
       ActualAmount=Amount*0.6;
   else if(Amount>=10000)
       ActualAmount=Amount*0.7;
   else if(Amount>=5000)
       ActualAmount=Amount*0.8;
   else if(Amount>=2000)
       ActualAmount=Amount*0.9;
   else
       ActualAmount=Amount;
   printf("顾客实际付款金额：%f 元\n",ActualAmount);
}
```

**运行结果：**

```
请输入顾客购买商品的消费总额：16800↙
顾客实际付款金额：10080.000000 元
```

**代码分析：**

（1）定义两个实型变量，Amount 为消费总额，ActualAmount 为折扣后的实际消费额。

（2）输入顾客购买商品的消费总额。

（3）利用多分支结构判断条件，执行相应语句。

（4）输出顾客实际付款金额。

**例 3.10** 编写程序，输入三角形的三个边长，求三角形的面积。

**解题思路：**

设 $a$，$b$，$c$ 表示三角形的三个边长，则构成三角形的充分必要条件是任意两边之和大于第三边，即 $a+b>c$，$b+c>a$，$c+a>b$。如果该条件满足，则可按照海伦公式计算三角形的面积：

$$s=\sqrt{p(p-a)(p-b)(p-c)}\text{。}\left[p=\frac{1}{2}(a+b+c)\right]$$

**程序编写：**

```
#include<stdio.h>
#include<math.h>    //调用数学函数
int main()
{
    float a,b,c,p,area;
    printf("请输入a,b,c的值:");
    scanf("%f%f%f",&a,&b,&c);                    //输入a、b、c
    if(a>0&&b>0&&c>0)
    {
        if(a+b>c&&a+c>b&&b+c>a){
                p=(a+b+c)/2.0;
                area=sqrt(p*(p-a)*(p-b)*(p-c));   //计算面积，存储在变量area中
                printf("a=%-7.2f,b=%-7.2f,c=%-7.2f\n",a,b,c); //输出各边长值
                printf("Area=%-7.2f\n",area);     //输出面积值
        }else{
                printf("输入的三边不能构成三角形");
        }
    }
    else
    {
        printf("输入的数据无效");
    }
    return 0;
}
```

**运行结果 1：**

```
请输入a,b,c的值:3 4 5↙
a=3.00 ,b=4.00 ,c=5.00
area=6.00
```

**运行结果 2：**

```
请输入a,b,c的值:3 5 9↙
输入的三边不能构成三角形
```

**运行结果 3：**

```
请输入a,b,c的值:-3 -4 -5↙
输入的数据无效
```

**程序分析：**因为求面积，程序中使用了 C 语言的库函数 sqrt() 来求平方根，在程序开始处用 include 命令声明使用库函数中的数学函数 math。include 命令以“#”开头，库函数文件名用“<>”或一对双引号“""”引用，以“.h”作为扩展名，其完整格式为 #include<math.h>，#include 开头的命令行不是语句，故其末尾不加分号“;”。

**例 3.11** 要求为企业生产编写一个安全监控程序，企业的安全级别系数有 4 个，用 1~4 整数表示。

1：正常；

2：警告；

3：危险；

4：立即停产。

**解题思路：** switch 语句用于数字或字符的判断。

**程序编写：**

```
#include <stdio.h>
int main()
{
    int num;
    printf("请输入安全级别系数：");
    scanf("%d", &num);
    switch(num)
    {
        case 1:
        printf("生产安全\n");
        break;
        case 2:
        printf("警告！请检修设备\n");
        break;
        case 3:
        printf("危险！！请立即查看\n");
        break;
        case 4:
        printf("危险操作！！！已自动停产\n");
        break;
        default:
        printf("监控到参数错误\n");
        break;
     }
     return 0;
}
```

**运行结果：**

```
请输入安全级别系数：3↙
危险！！请立即查看
```

**程序分析：** 当程序监测到 1、2 数字时，在屏幕输出相应信息；当监测到 3 时，在屏幕输出危险，并提示工作人员查看；当监控到 4 时，自动切断机器运行，并在屏幕提示危险操作，已经自动停产。

**例 3.12** 编写程序，输入一个点的横坐标和纵坐标，判断该点属于哪个象限。

**解题思路：** 假设点的坐标（x，y），已知每个象限的特点，第一象限（x>0，y>0），第二象限（x<0，y>0），第三现象（x<0，y<0），第四象限（x>0，y<0）。这里可利用 if...else 嵌套语句判断横坐标的纵坐标的大小，确定该点所属象限。

**程序编写：**

```
#include <stdio.h>
main()
{
   int x,y;
```

```
    printf("请输入横坐标和纵坐标:");
    scanf("%d%d",&x,&y);
    if(x>0)
        if(y>0)
            printf("该点属于第一象限!\n");
        else
            printf("该点属于第四象限!\n");
    else
        if(y>0)
            printf("该点属于第二象限!\n");
        else
            printf("该点属于第三象限!\n");
}
```

**运行结果：**

```
请输入横坐标和纵坐标:-3 5↙
该点属于第二象限!
```

**代码分析：**

（1）定义两个整型变量，分别为点的横坐标和纵坐标。

（2）输入点的坐标，当 x>0 时，可确定该点在第一、四象限；接着用嵌套语句再确定 y 的值，若 y>0，则该点在第一象限，若 y<0，则该点在第四象限。当 x<0 时，可确定该点在第二、三象限；接着用嵌套语句再确定 y 的值，若 y>0，则该点在第二象限，若 y<0，则该点在第三象限。

（3）输出该点所在象限。

## 小　结

（1）顺序结构是一种最基本的程序结构，是按照语句的书写顺序依次执行各语句序列，不需要额外的条件。

（2）本章继上一章之后又介绍了几种常用的运算符，即关系运算符及表达式、逻辑运算符及表达式、条件运算符及表达式。

（3）选择结构是按照条件判断选择执行某段语句序列，C 语言为用户提供了单分支 if 语句、双分支 if...else 语句。用 if...else 嵌套可实现多分支结构，另外，如果分支内容是离散的，C 语言还提供了 switch 语句实现多分支的结构。

（4）可用 break 语句实现跳出 switch 结构的功能。

## 习　题

### 一、选择题

1. 下列运算符中优先级最高的是（　　）。

A. &&　　　　B. !　　　　C. >　　　　D. ==

2. 设 x 为整型变量，则下列不能正确表达数学关系 5<x<10 的语言表达式是（　　）。

A. 5<a<10　　B. a==6||a==7||a==8||a==9

C. a>5&&a<10　　D. !(a<=5)&&!(a>=10)

3. 设 x=3，y=−4，z=6，表达式 !(x>y)+(y!=z)||(x+y)&&(y-z) 的结果为（　　）。

A. 0　　B. 1　　C. −1　　D. 6

4. 若有定义：floatx=1.5;inta =1,b=3,c=2;，则正确的 switch 语句是（　　）。

```
A.switch(a+b)
    {case 1: printf("*\n");
        case 2+1 : printf("**\n");}
B.switch( (int)x );
    {case 1: printf("*\n");
        case 2 : printf("**\n");}
C.switch( x );
    {case 1.0: printf("*\n");
        case 2.0 : printf("**\n");}
D.switch( a+b )
    {case 1: printf("*\n");
        case c: printf("**\n");}
```

5. 逻辑运算符两侧运算对象的数据类型为（　　）。

A. 只能是 0 或 1　　B. 只能是 0 或非 0 正数

C. 只能是整型或字符型数据　　D. 可以是任何类型的数据在

6. 设 x=3,y=4,z=5;，则表达式 !(x+y)+z−1 && y+z/2 的值是（　　）。

A. 6　　B. 0　　C. 2　　D. 1

7. 设 a=3，b=4，c=5，d=6，则表达式 a<b? b:c<d?a:b 的结果是（　　）。

A. 4　　B. 3　　C. 6　　D. 5

8. 已知 a=3，b=−4，c=5，则表达式 (a&&b)==(a||c) 的值是（　　）。

A. 0　　B. 1　　C. 3　　D. 5

9. 在使用嵌套 if 语句时，C 语言规定 else 总是（　　）。

A. 和之前与其具有相同缩进位置的 if 配对　　B. 和之前与其最近不带 else 的 if 配对

C. 和之前与其最近的 if 配对　　D. 和之前的第一个 if 配对

10. 若 i=10，则执行下列程序后，变量 i 的值为（　　）。

```
switch(i)
{
    case 9: i+=1;
    case 10:i+=1;
    case 11:i+=1;
    default:i+=1;
}
```

A. 11　　B. 12　　C. 13　　D.14

## 二、填空题

1. 输出下列程序运行结果________。

```
#include<stdio.h>
int main()
{
      int x=3,y=5,t=0;
      if(x==y)
          t=x ; x=y ; y=t;
      printf("%d, %d", x ,y);
      return 0;
}
```

2. 从键盘输入 28，输出下列程序运行结果_______。

```
#include<stdio.h>
int main()
{
      int a;
      scanf("%d", &a);
      if(a>30)
          printf("%d", a);
      if(a>20)
          printf("%d", a);
      if(a>10)
          printf("%d", a);
      return 0;
}
```

3. 输出下列程序运行结果_________。

```
#include<stdio.h>
int main()
{
      int a=2,b=1,c=2;
      if(a)
      if(b<0)
          c=0;
      else
          c++;
      printf("%d\n", c);
      return 0;
}
```

4. 输出下列程序运行结果_________。

```
#include<stdio.h>
int main()
{
      int m=9;
      switch(m/2)
      {
          case 1: m++;
          case 2: m+=5;
```

```
            case 5: m+=8;break;
            default: m-=6;
        }
        printf("%d\n", m);
        return 0;
}
```

5. 输出下列程序运行结果________。

```
#include<stdio.h>
int main()
{
    int x=1,y=0,a=1,b=2;
    switch(x)
    {
        case 1:
        switch(y)
        {
            case 0:a++;break;
            case 1:b++;break;
        }
        case 2:a++;b++;break;
    }
    printf("a=%d , b=%d\n", a , b);
    return 0;
}
```

6. 输出下列程序运行结果________。

```
#include<stdio.h>
int main()
{
    int a=3,b=2,c;
    c=a;
    if(a>b)
        c=1;
    else
        if(a==b) c=0;
    printf("%d\n", c);
    return 0;
}
```

## 三、编程题

1. 输入三个整数，编程求出最小数。

2. 已知函数 $y=\begin{cases}1(x>0)\\0(x=0)\\-1(x<0)\end{cases}$

输入 x 的值，输出 y 的值。

3. 查找 1 000 以内能同时被 2、3、7 整除的数。

# 第 4 章 循环结构程序设计

前面章节讲述了 C 语言的选择结构程序设计。然而在实际问题求解过程中，有许多有规律性的重复操作，对于 C 语言程序而言，需要重复执行某些语句，在一定条件下重复执行某些操作的控制结构称为循环结构，循环是计算机解题的一个重要特征，也是程序设计的一种重要方法。本章主要介绍 while 循环语句、do...while 循环语句、for 循环语句、continue 控制循环语句、break 控制循环语句。

**学习目标**

- 了解循环结构的分类，包括 for 循环、while 循环和 do...while 循环等。
- 掌握循环结构的使用，以及 break 和 continue 语句在循环结构中的用法，掌握将实际问题抽象为循环结构程序设计的步骤和方法。
- 具有将复杂问题分解为简单循环结构的能力，能够用循环结构解决复杂问题。引导学生思考算法背后的价值观和社会影响，使学生具备批判性思维和道德判断力，确保技术服务于社会公正和公共利益。

## 4.1 while 循环语句

whlie 语句与 if 语句有些相似，都是根据判断条件的值来决定是否执行花括号内的执行语句。两者的区别在于，while 语句会反复地进行条件判断，只要条件成立，{} 中的语句就会一直执行。while 语句的语法格式如下：

```
while(循环条件)
{
    循环体
}
```

在上述语法格式中，循环条件，可以是任意类型的表达式，常用的是关系表达式或逻辑表达式，循环体由一条或者多条语句组成。循环体是否执行取决于循环条件，当循环条件的值为真时，循环体就会被执行。循环体执行完毕后 while 语句会继续判断循环条件，直到循环条件的值为假时，整个循环过程才会结束。执行流程如图 4.1 所示。

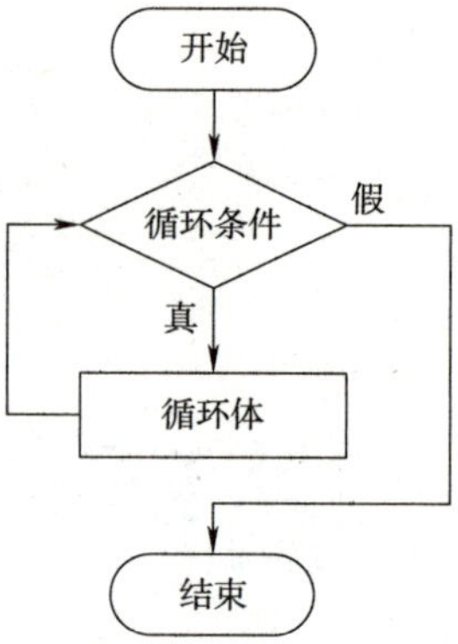


图 4.1 while 语句的执行流程

使用 while 语句注意以下几点：

（1）循环体是一个语句，若循环体由多个语句组成，则必须用花括号“{}”括起来的复合语句表示。

（2）循环体内一定要有使循环条件的值为假（即 0）的操作，避免循环陷入死循环。

（3）while 语句中的表达式一般是关系表达式或逻辑表达式，也可以是数值表达式或字符表达式，只要其值非 0 就执行循环体语句。

（4）while 语句是当型循环，特点是“先判断，后执行”，若表达式的值一开始就为 0，则循环体语句一次也不执行；但因为是先判断，所以条件表达式至少要执行一次。

**例 4.1** 用 while 语句求 1+2+3+⋯+100 的值。

**解题思路：**

（1）这是累加求和问题，需要先后将 100 个数相加，即要重复进行 100 次加法运算，可用循环结构来实现，重复循环 100 次，每次加一个数。

（2）分析规律，每次累加的数是有规律的，即后一个数 = 前一个数 +1。

**程序编写：**

```
#include <stdio.h>
int main()
{
    int i = 1, sum = 0
    while (i <= 100)
    {
        sum += i;
        i++;
    }
    printf("1 到 100 的和为 %d\n", sum);
    return 0;
}
```

**运行结果：**

```
1 到 100 的和为 5050
```

**程序分析：**

（1）在程序中定义 int 类型的变量 i，并将初始值设置为 1，i 用于存储 1~100 的整数。

（2）定义 int 类型的变量 sum，用于存储 1 到 100 的整数和。

（3）使用 while 循环遍历 1~100，将遍历的数据加到 sum 变量中，循环条件为 i<=100。

（4）每循环一次，i 需要自增，以进行下一次条件判断。

## 4.2 do...while 循环语句

do...while 语句与 while 语句的功能类似，二者不同之处在于，while 语句是先判断循环条件，再根据判断结果决定是否执行 {} 中的代码。do...whlie 语句是先执行一次循环体，再判断循环条件。do...while 语句的语法格式如下：

```
do
{
    循环体
} while(循环条件);
```

在上述语法格式中，do...while 语句的循环条件在循环体的后面，即程序会无条件执行循环体一次，然后再根据循环条件后面的值决定是否继续执行循环体，如果循环条件的值为真，则执行循环体，否则跳出循环体，继续执行该结构后面的语句。执行流程如图 4.2 所示。

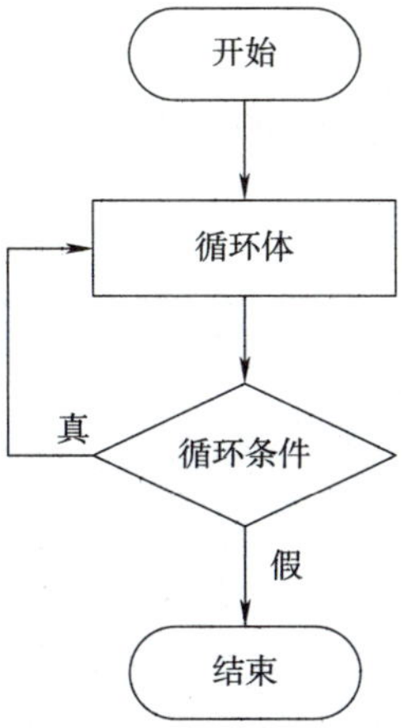


图 4.2　do...while 语句的执行流程

使用 do...while 语句注意以下几点：

（1）循环体是一个语句，若循环体由多个语句组成，则必须用花括号“{}”括起来的复合语句表示。

（2）循环体内一定要有使循环条件的值为假（即 0）的操作，避免循环陷入死循环。

（3）do 和 while 都是关键字，缺一不可，while 表达式后面的分号“;”不能缺少。

（4）do...while 语句的执行与 while 语句一样，当条件表达式的值为真时，继续循环，否则结束循环。

（5）do...while 语句的特点是先执行，后判断，因此循环体至少要执行一次。

**例 4.2** 用 do...while 语句求 1+2+3+…+100 的值。

**编写程序：**

```
#include <stdio.h>
int main()
{
    int i = 1, sum = 0;
    do
    {
        sum += i
        i++;
    }
    while (i <= 100);
    printf("1 到 100 的和为 %d\n", sum);
    return 0;
}
```

**运行结果：**

```
1 到 100 的和为 5050
```

**程序分析：**从例 4.1 和例 4.2 可以看出，对于同一个问题可以用 while 语句处理，也可以用 do...while 语句处理。一般情况下，用 while 语句和 do...while 语句处理同一问题时，若二者的循环体部分是一样的，那么结果也一样；但是如果 while 后面的表达式一开始就为假（0）时，两种循环结果是不同的，如例 4.3 所示。

**例 4.3** while 循环与 do...while 循环语句的比较。

**程序代码一：** while 循环

```
#include <stdio.h>
int main()
{
int n= 1;
while (n<0)
    n++;
    printf("%d\n", n);
    return 0;
}
```

**运行结果：**

```
1
```

**程序代码二：** do...while 循环

```
#include <stdio.h>
int main()
{
    int n= 1;
    do
```

```
        n++;
    while (n<1);
    printf("%d\n", n);
    return 0;
}
```

**运行结果：**

```
2
```

**程序分析：**例 4.3 中程序一的 while 循环是先判断后循环，因此当表达式“n<0”的值为假时并不执行循环体“n++”语句；程序二的 do...while 循环是先执行后判断，即先执行循环体“n++”语句，再判断表达式“n<1”的值为假，则直接结束循环。所以 while 语句和 do...while 语句处理同一问题时，即使二者的循环体部分是一样的，但是 while 后面的表达式一开始就为假（0）时，两种循环结果是不同的，故程序一输出 n 的值为 1，程序二输出 n 的值为 2。

## 4.3　for 循环语句

for 语句是一种方便灵活、功能强大的循环语句，它通常用于循环次数已知的情况。for 循环语句的语法格式如下：

```
for（表达式 1；表达式 2；表达式 3）
{
    循环体语句
}
```

在上述语法格式中，用表达式 1 进行循环变量赋初值，只在循环开始时执行 1 次；用表达式 2 控制循环条件，若循环条件为真（非 0），则执行循环体语句，若循环条件为假（0），则结束循环并终止 for 语句的执行；用表达式 3 作为循环的调整，控制循环变量递增或递减，使得循环条件趋向不成立（结束循环）；表达式之间用分号隔开。执行流程如图 4.3 所示。

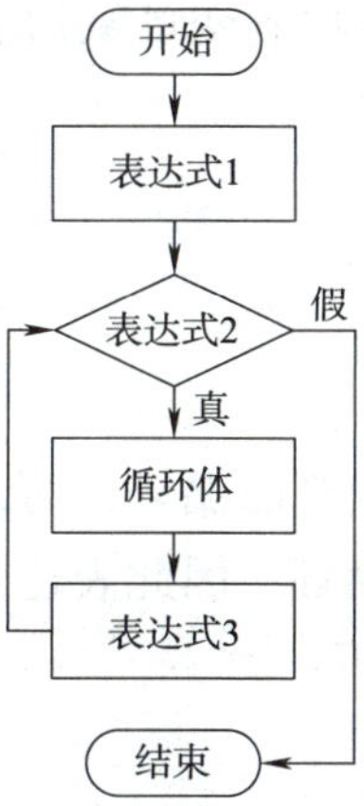


图 4.3　for 循环语句执行流程

for 循环语句执行过程分解如下：

第一步：计算表达式 1。

第二步：判断表达式 2 的值，如果值为非 0，则执行循环语句；如果值为 0，则退出循环。

第三步：计算表达式 3，然后执行第二步。

第四步：退出循环。

例 4.4 用 for 语句求 1+2+3+…+100 的值。

**编写程序：**

```
#include <stdio.h>
int main()
{
    int i=1,sum=0;
    for(i=1;i<=100;i++)
        sum=sum+i;
    printf("1 到 100 的和为 %d\n", sum);
    return 0;
}
```

**运行结果：**

```
1 到 100 的和为 5050
```

**程序分析：**从上述程序中可以看出，用 while 或 do...while 语句实现的功能都能用 for 语句实现，尤其是累加求和问题，已知求和范围，特别适合使用计数循环 for 语句实现。for 语句的一般语法形式也可以改写成 while 循环的形式：

```
表达式 1;
while 表达式 2
{
    语句
    表达式 3
}
```

使用 for 循环语句时应注意以下几点：

（1）表达式 1 可以省略，表示给循环控制变量赋初值的操作可省略，但表达式 1 后面的分号不能省略。省略后的格式如下：

```
for(；表达式 2；表达式 3)
{
    循环体；
}
```

（2）表达式 2 也可以省略，即不设置判断循环是否结束的条件，若在循环体内没有 break 和 go 等结束循环的语句，程序容易陷入死循环。因此表达式 2 一般情况下不能省略，省略后表达式 2 后面的分号不能省略。省略后的格式如下：

```
for(表达式 1；  ；表达式 3)
{
    循环体；
}
```

（3）表达式 3 也可以省略，即省略了改变循环控制变量的操作，所以应在程序中另外添加改变循环控制的语句保证循环能正常结束。省略后的格式如下：

```
for（表达式 1；表达式 2；　）
{
    循环体；
}
```

（4）表达式 1 和表达式 3 也可以同时省略，即不仅没有给循环变量赋初值的操作，也没有改变循环控制变量的操作，只有循环条件时，for 语句就完全等同于 while 语句，应当在 for 语句前给循环变量赋初值，在循环体语句中改变循环控制变量的值，保证循环正常执行，避免陷入死循环。省略后的格式如下：

```
for（ ；表达式 2；　）
{
    循环体；
}
```

（5）同时省略 3 个表达式也可以，即不给循环控制变量赋初值，也没有控制是否循环的条件，循环变量也无变化，程序无终止地执行循环体，无使用价值。

（6）for 语句里圆括号“( )”内的两个分号“；”在任何情况下都不能省略。

（7）表达式 1 可以给循环变量赋初值，也可以是与循环变量无关的其他表达式，表达式 3 也可以是与循环变量控制无关的任意表达式。表达式 1 和表达式 3 可以是一个简单的表达式，也可以是包含一个以上的简单表达式，中间用逗号间隔。

（8）表达式 2 一般是关系表达式或逻辑表达式，也可以是数值表达式或字符表达式，若非 0 就执行循环体，为 0 就结束循环。

通过上述可知，C 语言的 for 语句使用非常灵活，变化多端，建议初学者在熟练掌握 C 语言后能写出简洁、清晰、易读的程序。

**例 4.5** 求 Fibonacci 数列的第 30 项，这个数列第一个数为 1，第二个数为 1，从第三个数开始，这个数等于前两个数之和。即：

$$\begin{cases} f_1=1 & (n=1) \\ f_2=2 & (n=2) \\ f_n=f_{n-1}+f_{n-2} & (n\geqslant 3) \end{cases}$$

**解题思路：**

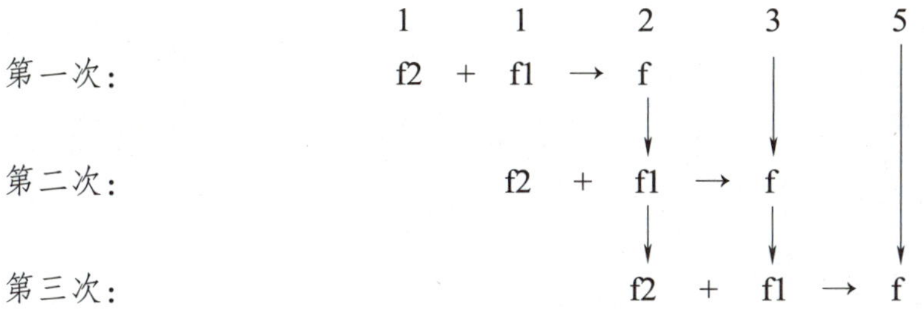

设待求项（即 fn）为 f，待求项前面的第一项（即 f（n−1））为 f1，待求项前面的第二项（即 f（n−2））为 f2。首先根据 f1 和 f2 推出 f，再将 f1 作为 f2，f 作为 f1，为求下一项做准备，如此一直递推下去。

**程序编写：**

```
#include<stdio.h>
#include<math.h>
int main()
{
   int f1=1,f2=1,i,f;
   for(i=3;i<=30;i++)
   {
      f=f1+f2;
      f1=f2;
      f2=f;
   }
   printf("%d\n",f);
   return 0;
}
```

**运行结果：**

```
832040
```

**程序分析：**

（1）定义整型变量，始化设置第 1 个数 f1=1，第 2 个数 f2=2。

（2）for 循环控制 Fibonacci 数列第 3 和 30 个数的输出。

## 4.4 嵌套循环语句

如果一个循环结构的循环体中包含另一个完整的循环结构，这样的方法称为循环的嵌套或多重嵌套。常用到的是二重循环和三重循环。在多重循环结构中，处于内部的循环称为内循环，处于外部的循环称为外循环。在 C 语言中，while、do...while、for 语句都可以进行嵌套。以下是几种合法的形式：

（1）while()

```
{ …
   while()  ┐
   {… }     ┘ 内层循环
}
```

（2）while()

```
{ …
    do        ┐
        {… }  │ 内层循环
    while();  ┘
        …
}
```

（3）do
```
{ …
    do
    {… }          } 内层循环
    while();
} while();
```

（4）do
```
{
  …
    for( ; ; )    } 内层循环
    {… }
} while();
```

（5）for( ; ; )
```
{
    for( ; ; )    } 内层循环
    {… }
}
```

（6）for( ; ; )
```
{ …
  while()         } 内层循环
  {… }
  …
}
```

**例 4.6** 编写一个九九乘法表的程序。

**解题思路：**

（1）找到九九乘法表的规律：一共 9 行 9 列，第 1 行有 1 列，第 2 行有 2 列，……，第 9 行有 9 列，行与列之间有一定的关系即：第 n 行需要循环输出第 n 列。

（2）行和列都需要遍历，因此使用双循环。

（3）列与行有对应关系，列的遍历受到行的限制，因此设定外层循环输出行，内层循环输出列，外层循环变量 i 的取值范围为 1~9，内层循环变量 j 的取值范围 1~9。

（4）变量 i 控制行，初始值设置为 1，循环条件为 $i \leqslant 9$。

（5）变量 j 控制列，初始值设置为 1，因列受行限制，则循环条件为 $j \leqslant i$。

```
#include<stdio.h>
int main( )
{
    int i,j;
    for(i=1;i<=9;i++)
    {
        for(j=1;j<=9;j++)
        {
            printf("%d*%d=%2d ",i,j,i*j);
        }
```

```
        printf("\n");
    }
    return 0;
}
```

**运行结果：**

```
1*1= 1
1*2= 2 2*2= 4
1*3= 3 2*3= 6 3*3= 9
1*4= 4 2*4= 8 3*4= 12 4*4= 16
1*5= 5 2*5= 10 3*5= 15 4*5= 20 5*5= 25
1*6= 6 2*6= 12 3*6= 18 4*6= 24 5*6= 30 6*6= 36
1*7= 7 2*7= 14 3*7= 21 4*7= 28 5*7= 35 6*7= 42 7*7= 49
1*8= 8 2*8= 16 3*8= 24 4*8= 32 5*8= 40 6*8= 48 7*8= 56 8*8= 64
1*9= 9 2*9= 18 3*9= 27 4*9= 36 5*9= 45 6*9= 54 7*9= 63 8*9= 72 9*9= 81
```

**程序分析：** 九九乘法表有着行列的对应关系：行、列都需要循环，列循环要嵌套在行循环之内，实现嵌套循环。

定义 main() 函数，程序的入口。

定义两个整型变量 i 和 j，用于循环计数。

外层循环 for (i = 1; i <= 9; i++) 用于遍历 1~9 的数字，表示乘法表的行数。

内层循环 for (j = 1; j <= i; j++) 用于遍历 1~i 的数字，表示乘法表的列数。

printf("%d*%d=%d\t", j, i, j * i) 用于打印乘法表的每一个元素，其中 \t 表示在每个元素后面添加一个制表符，使输出结果更整齐。

printf("\n") 用于在每一行结束时换行，使九九乘法表呈现三角形形状。

return 0 表示程序正常结束。

## 4.5 循环控制语句

上述介绍的都是根据事先指定的循环条件正常执行和终止的循环，但有时在某种情况下需要提早结束正在执行的循环操作。

### 4.5.1 continue 语句

#### 1. 基本概念

continue 语句是 C 语言中用于循环控制的重要工具，它用于循环结构中，通常与 for、while、do...while 等循环语句配合使用。当程序执行到 continue 语句时，会立即跳转到循环的下一个迭代（iteration），并且跳过 continue 之后的所有代码。

#### 2. 基本语法

当某种条件满足时，程序会执行 continue 语句，跳过当前迭代的剩余代码，直接进行下一次迭代，continue 语句在 for 循环中的语法格式如下：

```
for (初始化表达式; 条件表达式; 更新表达式) {
    // 一些代码
    if (某种条件满足) {
        continue;   // 跳过当前迭代的剩余代码
    }
    // 一些其他代码
```

continue 语句在 for 循环中的示例代码如下：

```
for (int i = 0; i < 10; i++) {
      if (i == 5) {
            continue; // 当 i 等于 5 时跳出循环
      }
      printf("%d ", i);
}
```

在上述代码中，当变量 i 的值等于 5 时，continue 语句会使程序立即跳出当前这一次循环，不影响下一次循环，输出结果为：

```
0 1 2 3 4 6 7 8 9
```

### 3. 注意事项

（1）在使用 continue 关键字时，务必小心不要陷入无限循环的情况。如果条件永远不满足，循环可能永远不会结束。

（2）谨慎使用 continue 关键字，确保它不会导致代码逻辑混乱或难以理解。

（3）在复杂的循环结构中，考虑使用 continue 语句来简化代码逻辑，但同时确保代码仍然易于理解和维护。

**例 4.7** 求 10~20 之间和 40~50 之间能被 6 整除的数。

**解题思路：** 若一个数对 6 取余等于 0，则说明该数能被 6 整除。我们用一个循环语句初值为 10，终值为 50，步长为 1 进行循环，21 到 39 之间的数据用 continue 语句跳过不进行判断。

**程序编写：**

```
#include <stdio.h>
void main()
{
    int n;
    for(n=10;n<=50;n++ )
    {
        if(n>20&&n<40)
            continue;
        if(n%6==0)
            printf("%2d\n",n);
    }
}
```

**运行结果：**

```
12
18
```

```
42
48
```

**程序分析：**

（1）定义整型变量 n，初值为 10，终值为 50。

（2）if（n>20&&n<40）continue；判断变量 n 是否是 21~39 之间的数，若 n 是 21~39 之间的数，则用 continue 跳出本层循环。

（3）if（n%6==0），该数能被 6 整除，则输出该数。

## 4.5.2 break 语句

### 1. 基本概念

在 C 语言中，break 语句用于控制循环和开关语句的执行流程。它能够跳出当前的循环或开关语句，并继续执行下一条语句。合理地使用 break 语句可以提高程序的效率和灵活性。

### 2. 基本语法

break 关键字通常与条件语句（如 if）结合使用，用来终止循环。当满足某个条件时，可以使用 break 来跳出循环，即使循环条件仍然为真。break 语句在 for 循环中的示例代码如下：

```
for (int i = 0; i < 10; i++) {
      if (i == 5) {
            break; // 当 i 等于 5 时跳出循环
      }
      printf("%d ", i);
}
```

在上述代码中，当变量 i 的值等于 5 时，break 语句会使程序立即跳出循环，输出结果为：

```
0 1 2 3 4。
```

### 3. 注意事项

（1）在编写程序时，要避免滥用 break 关键字。使用过多的 break 语句会导致程序结构不清晰，难以维护和调试。

（2）在循环或开关语句中，要确保 break 的位置是正确的。如果 break 放置在错误的位置，可能会导致程序逻辑错误或陷入无限循环。

**例 4.8** 输入一个整数，判断它是否是素数。

**解题思路：** 素数是除了 1 和它本身以外，不能够被其他数整除的数，因此判断一个数 n，如果用 2~n−1 来除都除不尽，则它是素数。

**程序编写：**

```
#include <stdio.h>
void main()
{
    int n,i;
    printf("please input a number n :");
    scanf("%d",&n);
```

```
    for(i=2;i<=n-1;i++)
        if(n%i==0)
            break ;
        if(i>=n)
            printf("%d 是素数 . ",n);
        else
            printf("%d 不是素数 .",n);
}
```

**运行结果：**

```
please input a number n :135↙
135 不是质数 .
```

**程序分析：**

（1）定义两个整型变量 n，i，循环初值 i 从 2 到 n−1。

（2）if（n% i ==0）break；表示若有一个数能被 n 整除，说明 n 不是素数，用 break 终止循环。

（3）若 if（i>=n），说明 n 一直没有被整除，说明它是素数。

### 4.5.3　continue 语句与 break 语句的区别

break 语句用于跳出一个循环体或者完全结束一个循环，不仅可以结束其所在的循环，还可结束其外层循环。注意：

（1）只能在循环体内和 switch 语句体内使用 break。

（2）不管是哪种循环，一旦在循环体中遇到 break，系统将完全结束循环，开始执行循环之后的代码。

（3）当 break 出现在循环体中的 switch 语句体内时，起作用只是跳出该 switch 语句体，并不能终止循环体的执行。若想强行终止循环体的执行，可以在循环体中，但并不在 switch 语句中设置 break 语句，满足某种条件则跳出本层循环体。

continue 语句的作用是跳过本次循环体中剩下尚未执行的语句，立即进行下一次的循环条件判定，可以理解为只是中止（跳过）本次循环，接着开始下一次循环。注意：

（1）continue 语句并没有使整个循环终止。

（2）continue 只能在循环语句中使用，即只能在 for、while 和 do...while 语句中使用。

## 4.6　程序举例

**例 4.9** 求 100~200 之间的全部素数。

**程序编写：**

```
#include <stdio.h>
#include <math.h>
int main()
{
    int m,i,k,n=0;
```

```
        for(m=101;m<=200;m=m+2)
         {
             if(n%10==0)
                 printf("\n");
             k=sqrt(m);
             for(i=2;i<=k;i++)
                 if(m%i==0)
                       break;
             if(i>k) {
                 printf("%4d",m);
                 n=n+1;
             }
         }
         return 0;
}
```

**运行结果：**

```
101 103 107 109 113 127 131 137 139 149
151 157 163 167 173 179 181 191 193 197
199
```

**程序分析：** 素数是大于 1，且除了 1 和它本身以外，不能被其他任何整数所整除的整数。为了判断整数 m 是否为素数，一个最简单的办法用 2、3、4、5、……、m−1 这些数逐个去除 m，看能否整除，如果全都不能整除，则 m 是素数，否则，只要其中一个数能整除，则 m 不是素数。当 m 较大时，用这种方法，除的次数太多，可以利用 sqrt() 函数进一步优化，以减少除的次数，提高运行效率。若 m= = 16 *16 可以写成 16 = 4 * 4 或 16 = 2 * 8 即 m = = a * b，说明如果 m 不是素数的话，至少有一个因子是小于等于$\sqrt{m}$，即 m 能被 2~ $\sqrt{m}$之间的整数整除。

（1）定义外层循环变量 m，内层循环变量 i，k= $\sqrt{m}$，n 统计素数个数。

（2）使用 sqrt() 函数，引用 math.h。

（3）外层循环控制生成 100~200 之间的数 m，每次循环进来一个 m，用 2~ $\sqrt{m}$之间的数试除 m，以此判断 m 是不是素数。

（4）n%10= =0 是控制每行 10 个输出。

（5）printf（"%4d"，m）是指输出的字段宽度为 4，如果数据的位数小于 4，则左端补空格，若大于 4，则按实际位数输出。

**例 4.10** 找出 1 000 以内的所有“完美数”。如果一个数的各因子（除本身之外的约数）之和等于该数本身，则称其为“完美数”。例如 6 的因子是 1、2、3，而 6=1+2+3，所以 6 是完数。28 也是完数，因为 28 的因子是 1、2、4、7、14，而 28=1+2+4+7+14。

**解题思路：** 要找出 1 000 以内的所有“完美数”，需要遍历 1 000 以内的自然数，使用循环语句；在遍历查找的同时，需要使用当前遍历的数除以比它小的所有自然数，又需要循环，则可采用循环嵌套实现。

**程序编写：**

```
#include <stdio.h>
```

```
int main()
{
    long int i, j, sum, num;
    printf("请输入完美数查找范围:");
    scanf("%d", &num);
    printf("该范围内的完美数有以下几个:\n");
    for (i = 2; i <= num; i++)                  // 外层循环获取 num 范围内的正整数
    {
        sum = 0;
        for (j = 1; j < i; j++)                 // 内层循环获取小于 i 的所有正整数
        {
            if (i%j == 0)
                sum += j;
        }
        if (sum == i)
            printf("%d\n", i);
    }
    return 0;
}
```

**运行结果：**

```
请输入完美数查找范围:1000↙
该范围内的完美数有以下几个:
6
28
496
```

**程序分析：**

（1）定义外层循环变量 i、内层循环变量 j、真因子和 sum、完美数范围 num。

（2）外层循环变量 i 为 2~1 000。

（3）i % j == 0 判断 j 是否为 i 的真因子，i 为外层循环变量 2~1 000，j 遍历小于 i 的所有自然数。

（4）sum == i 判断真因子之和是否与原数相等，若相等，就是完美数，进行输出。

**例 4.11** 百鸡问题。已知公鸡每只 5 元，母鸡每只 3 元，小鸡每 3 只 1 元。现在要用 100 元买 100 只鸡，问公鸡、母鸡和小鸡分别多少只？

视频 例4.11

**解题思路：** 假设使用变量 a，b 和 c 分别表示公鸡、母鸡和小鸡的数目，初始值为 0，如果 100 元全部买成公鸡，最多 20 只，全部买成母鸡，最多 33 只，全部买成小鸡最多 300 只，由此确定三个变量的取值范围，即 $0 \leqslant a \leqslant 20$，$0 \leqslant b \leqslant 33$，$0 \leqslant c \leqslant 100$，可以采用三层 for 循环实现，且 a，b，c 的数量相互限制，a+b+c=100，5×a+3×b+c/3.0=100，当满足条件时就输出 a，b，c。

**程序编写一：**

```
#include <stdio.h>
int main()
{
    int a, b, c;
    for (a = 0; a <= 20; a++)                          // 控制公鸡的数量
```

```
        for (b = 0; b <= 33; b++)                        // 控制母鸡的数量
            for (c = 0; c <= 100; c++)                   // 控制小鸡的数量
            {
                // 将满足条件的方案直接输出到控制台上
                if ((5*a+3*b+c/3.0 == 100) &&(a+b+c == 100))
                    printf("公鸡 =%2d, 母鸡 =%2d, 小鸡 =%2d\n", a, b, c);
        }
    return 0;
}
```

**运行结果：**

```
公鸡 0, 母鸡 25, 小鸡 75
公鸡 4, 母鸡 18, 小鸡 78
公鸡 8, 母鸡 11, 小鸡 81
公鸡 12, 母鸡 4, 小鸡 84
```

**程序分析：**上述算法需要穷举 21×34×101=72 114 次，效率太低。对于这类求解不定方程的问题，各层循环的控制变量直接与方程的未知数相关，且采用对未知数的取值范围穷举和组合的方法可以得到全部的解。对于本题，当公鸡的数量确定后，小鸡的数量就固定为 100−a−b，无须再进行穷举，此时约束条件只有一个：5×cock+3×hen+chicken/3.0=100，这样我们利用两重循环即可实现。改进后的代码如下：

**程序编写二：**

```
#include<stdio.h>
int main()
{
    int a,b,c;
    for(a=0;a<=20;a++)
    {
        for(b=0;b<=33;b++)
            {
                c=100-a-b;
                if(5*a + 3*b +c/3.0 == 100)
                {
                    printf("公鸡 %d, 母鸡 %d, 小鸡 %d \n",a,b,c);
                }
            }
    }
}
```

**运行结果：**

```
公鸡 0, 母鸡 25, 小鸡 75
公鸡 4, 母鸡 18, 小鸡 78
公鸡 8, 母鸡 11, 小鸡 81
公鸡 12, 母鸡 4, 小鸡 84
```

**程序分析：**

（1）定义三个整型变量 a、b、c，分别表示公鸡、母鸡、小鸡的数量。

（2）用外循环控制 a 的取值变化，内循环控制 b 的取值变化，在内循环体对每个组合 a、b 和 c 的值判断是否满足条件：5*a+3*b+c/3.0=100。若满足条件就输出 a、b 和 c。

（3）改进后的代码只需要尝试 21×34=714 次，进一步提高了算法的效率。

**例 4.12** 编写程序实现输出如下图形。

视 频

例4.12

```
    *
   ***
  *****
 *******
*********
```

**解题思路：**

（1）输入三角形主要分为两部分：输出空格和输出星号，要将它们分开，不用考虑空格数和星号个数之间的关系，但是要考虑星号和星号左边的空格，星号右边的空格不用考虑。

（2）从每行输出的空格个数来看，若总共输出 n 行，则第 j 行首先要输出 n–j 个空格，然后再输出星号。

（3）从每行输出的星号个数来看，第一行 1 个星，第二行 3 个星，第三行 5 个星，第四行 7 个星，每一行都是有规律地增加星星的个数，每行输出星号的个数是一个首项为 1、公差为 2 的等差数列，等差数列的公式为 $a_n=a_1+(n-1)d$，即第 j 行要输入的星号个数为 1+（j–1）×2=2×j–1。

**程序编写：**

```
#include <stdio.h>
int main(void)
{
    for(int j=1; j<=5; j++)
    {
        for(int z=0; z<5-j; z++)
        {
            printf(" ");
        }
        for(int i=0; i<2*j-1; i++)
        {
            printf("*");
        }
        printf("\n");
}
    return 0;
}
```

**运行结果：**

```
    *
   ***
  *****
 *******
*********
```

**程序分析：**

（1）for（int j=0; j<=5; j++）表示控制输出 5 行星星。

（2）for（int z=0; z<5−j; z++）printf（" "）; 表示控制打印输出每一行第一个星前的空格个数。

（3）for（int i=0; i<2*j−1; i++）printf（"*"）; 表示控制打印输出每行的星星个数。

## 小　结

（1）C 语言为用户提供了 while 与 do...while 循环语句，while 语句是当型循环，特点是“先判断，后执行”，而 do...while 语句是先执行循环体再做判断，所以 do...while 语句的循环体至少被执行一次。

（2）for 循环语句是对 while 语句的优化，将初值表达式、循环判断表达式及更新表达式放在一个括号里，执行顺序为执行初值表达式，再执行循环判断表达式，满足条件接着执行循环体语句，最后执行更新表达式。

（3）如果一个循环结构的循环体中包含另一个完整的循环结构，这样的方法称为循环的嵌套或多重嵌套。

（4）循环控制语句 continue 与 break 的区别在于 continue 用于结束当前循环，执行完 continue 会再执行循环判断表达式，如果满足条件还会继续执行循环体，而 break 用于结束整个循环，即执行到 break 就跳出整个循环，执行循环后面的程序语句。另外，break 还可以在 switch 语句体内使用，而 continue 只能在循环体语句中使用。

## 习　题

### 一、选择题

1. 下列不是 C 语言的循环结构的是（　　）。

A. for　　B. while　　C. do-while　　D. switch

2. 执行完循环“for(i=1; i<100; i++);”后，i 的值为（　　）。

A. 99　　B. 100　　C. 101　　D. 102

3. 对于一个 for 循环 for (int i=0;i< 10; i++)，循环体会执行（　　）次。

A. 8　　B. 9　　C. 10　　D. 11

4. 当执行以下程序时，（　　）。

```
int i=1;
do{  i=i*i;  }while(!i);
```

A. 循环体将执行 1 次　　B. 循环体将执行 2 次

C. 循环体将执行无限次　　D. 系统将提示有语法错误

5. 若 i、j 已定义为 int 类型，则以下程序段中内循环体语句的执行次数是（　　）。

```
for(i=5;i;i--)
      for(j=0;j<5;j++){…}
```

A. 20　　B. 24　　C. 25　　D. 30

6. 下列关于 do...while 循环的说法，正确的是（　　）。

A. do...while 循环先判断条件，再执行循环体

B. do...while 循环至少会执行一次循环体

C. do...while 循环的循环体必须包含 break 语句才能结束循环

D. do...while 循环的条件表达式在循环体之后判断

7. 变量已被定义，下列操作不能完成 8！的计算的程序段是（　　）。

A. for(i=1,p=1;i<=8;i++) p*=i

B. for(i=1,;i<=8;i++) {p=1;p*=i;}

C. i=1,p=1;while(i<=8){p*=i;i++;}

D. i=1,p=1;do(p*=i;i++;)while(i<8);

8. 下列程序输出的结果是（　　）。

```
#include <stdio.h>
int main()
{
    int i;
    for (i=2; i<=13; i++)
    {

        if (i%2==0)
            continue;
    printf("%d",i);
    }
}
```

A. 35791113　　B. 3567911　　C. 56789　　D. 791113

9. 有以下程序段，输出结果是（　　）。

```
int x=3;
do {  printf("%d  ",x-=2);  }while(!(--x));
```

A. 1　　B. 3　0　　C. 1　−2　　D. 死循环

10. 以下程序的输出结果是（　　）。

```
void main()
{
    int a=0,i;
    for(i=1;i<6;i++)
    {
        switch(i)
        {
            case 0: case 3: a+=1;
            case 1: case 2: a+=2;
```

```
            default:a+=5;
        }
    }
    printf("%d\n",a);
}
```

A. 31　　B. 30　　C. 32　　D. 20

## 二、填空题

1. 写出下列程序的运行结果________。

```
#include <stdio.h>
void main()
{
    int i,sum;
    for(i=1;i<6;i++) sum+=i;
    printf("%d\n",sum);
}
```

2. 写出下列程序的运行结果________。

```
#include <stdio.h>
void main()
{
    int i,n=0;
    for(i=1;i<8;i++)
    {
        do{  if(i%3) continue;  n++; } while(!i);
        n++;
    }
    printf("n=%d\n",n);
}
```

3. 写出下列程序的运行结果_______。

```
#include <stdio.h>
void main()
{
    int x=1,y=1;
    while(y<=6)
    {
        if(x>=10) break;
        if(x%2==0) {
            x+=2;
            continue;
        }
        x-=1;
        y++;
    }
    printf("%d,%d",x,y);
}
```

4. 写出下列程序的运行结果________。

```
#include <stdio.h>
void main()
{
    int i=1,n=263;
    do
    {
        i*=n%10;
        n/=10;
    }while(n);
    printf("%d\n",i);
}
```

5. 写出下列程序的运行结果________。

```
#include <stdio.h>
void main()
{
    int x=0;
    while(x<10)
    {
        x=x*x;
        x=x+1;
    }
    printf("%d",x);
}
```

6. 写出下列程序的运行结果________。

```
#include <stdio.h>
int main ( )
{
   int s,i;
   for(s=0,i=1;i<5;i++,s+=i);
   printf("%d\n",s);
   return 0;
}
```

## 三、编程题

1. 求正整数 a 和 b 的最大公约数。

2. 求 1~100 之间的奇数之和、偶数之和。

3. 输出 10~50 不能被 3 整除的数。

# 第5章 数　　组

迄今为止我们学习使用的是C语言的基本数据类型（整型、实型、字符型），C语言还提供了几种强大的构造数据类型，允许程序设计者创建更为复杂的数据结构，以更好地组织和管理数据，增强了程序的功能性和可读性。C语言中的构造数据类型有：数组、结构体、联合体和枚举。

本章着重介绍一维数组、二维数组和字符数组。

**学习目标**

- 了解一维数组、二维数组及多维数组的定义、声明，以及数组在解决实际问题中的应用，如排序、查找、统计等。
- 掌握数组元素的访问、修改等操作，掌握将实际问题抽象为数组数据结构的方法。
- 具备将复杂问题分解为简单数组操作的能力，能够用数组解决复杂问题。通过数组的学习，引导学生思考数据结构在生活中的应用，使学生具备合理组织和存储信息的能力，进而提高工作效率和社会服务水平。

## 5.1 数组的基本概念

在日常生活中，我们经常会面对具有相同性质的一组数据。比如，某门课程的学生成绩就是一组范围受限的正整数。我们先来看下以下示例代码：

```
#include <stdio.h>
int main() {
    // 定义 5 个变量来保存 5 个学生的成绩
    float score1, score2, score3, score4, score5;
    // 输入 5 个学生的成绩
    printf("请输入 5 个学生的成绩:\n");
    printf("学生 1 的成绩: ");
    scanf("%f", &score1);
    printf("学生 2 的成绩: ");
    scanf("%f", &score2);
    printf("学生 3 的成绩: ");
```

```
    scanf("%f", &score3);
    printf(" 学生 4 的成绩 : ");
    scanf("%f", &score4);
    printf(" 学生 5 的成绩 : ");
    scanf("%f", &score5);
    // 输出成绩
    printf("\n 学生的成绩如下 :\n");
    printf(" 学生 1 的成绩 : %.2f\n", score1);
    printf(" 学生 2 的成绩 : %.2f\n", score2);
    printf(" 学生 3 的成绩 : %.2f\n", score3);
    printf(" 学生 4 的成绩 : %.2f\n", score4);
    printf(" 学生 5 的成绩 : %.2f\n", score5);
    return 0;
}
```

分析：以上代码实现 5 个变量的定义，用以储存录入的学生成绩信息，并最终在屏幕中按特定格式输出该成绩信息。我们试想，如果有 200 个学生的情况呢？使用基本数据类型来存储，就必须命名 200 个变量。如果要对这些学生的成绩进行求和、求平均、排序又该如何操作呢？C 语言为类似场景提供了一种构造数据类型——数组，用以解决以上描述的问题。

数组就是一组具有相同数据类型的数据的有序集合，其本质上是把有限个数据类型相同的变量用一个名字命名，这个名字称为数组名，组成数组的各个数据称为数组的元素。数组中的每个元素都有唯一的一个数字编号，用于标识其在数组中的位置，这个编号称为索引（或下标）。

数组在内存中是连续存储的，这意味着数组中的所有元素在内存中占据相邻的地址，这种连续性使得数组可以通过简单的数学计算（基地址 + 索引 × 元素大小）快速访问操作任意元素，非常高效便捷。

## 5.2 一维数组

一维数组常常用来连续存储一组类型相同的数据。当定义一个数组 a[n] 的时候，系统会自动分配一串大小为 n 的连续存储单元序列给数组 a[n]。如：a[n] 为整型数组，系统便会自动分配 n 个连续存储的整型变量存储空间给数组 a[n]。

### 5.2.1 一维数组的定义

在 C 语言中使用数组必须先进行定义。

#### 1. 一维数组定义的基本语法

```
类型说明符 数组名 [ 常量表达式 ]
```

（1）类型说明符是任一种基本数据类型或构造数据类型。

（2）数组名是用户定义的数组标识符。

（3）方括号中的常量表达式表示数据元素的个数，也称为数组的长度。

例如：

```
int numbers[5];              // 定义一个整型数组，数组元素个数为 5
float temperatures[10];      // 定义一个浮点型数组，数组元素个数为 10
char letters[26];            // 定义一个字符型数组，数组元素个数为 26
```

数组定义时，应注意以下几点：

（1）数据类型一致性：数组的类型实际上是指数组元素的取值类型。数组中的所有元素必须是相同的数据类型。

（2）数组名合法性：数组的命名规则应符合标识符的规定，且数组名不能与已有变量名相同。

（3）数组长度的合法性：数组的长度必须是一个正整数，不能为负数或零，不能用变量来表示元素的个数，但可以是符号常数或常量表达式。例如：

```
#define N 5
int main()
{
    int arr1[3+2];
    char arr2[7+N];
    ...
    return 0;
}
// 以上代码是合法的
#include <stdio.h>
int main( )
{
    int n=3;
    int arr[n]={1,2,3};
    ...
    return 0;
}
/* 以上代码编译可能会报错,不同的标准对上述语法的支持情况不同。C99 标准支持使用变量定义数组长度，
而 C11 标准则不支持，由于编译器所适用标准不同，所以不一定支持，建议不要这样定义 */
```

（4）数组大小的固定性：数组的大小在整个程序运行期间是固定的，无法动态改变。确保在定义数组时预估好所需的大小。

```
int numbers[5]; // 数组大小为 5，无法更改
```

### 2. 一维数组在内存中的存放

一维数组在内存中的存放是连续的。数组中每个元素占用的字节数，就是数组定义时使用的类型说明符对应所占的字节数（设为 m），如果数组元素的个数为 n，则一维数组所占的连续存储单元字节数为 n×m，其中索引为 0 的元素占据最低地址。

例如：我们定义一个整型一维数组，如下所示：

```
int numbers[5] = {10, 20, 30, 40, 50};
```

在 numbers 数组中，每个元素占用固定大小（对于 int 通常是 4 字节）。假设数组的起始地址为 0×1000，那么各个元素的地址及存储如图 5.1 所示。

```
内存地址          数据
--------------------
0x1000      |   10   |  <- numbers[0]
0x1004      |   20   |  <- numbers[1]
0x1008      |   30   |  <- numbers[2]
0x100C      |   40   |  <- numbers[3]
0x1010      |   50   |  <- numbers[4]
--------------------
```

图 5.1 存储示意图

### 5.2.2 一维数组元素的引用

一维数组元素的引用是通过数组名和索引来实现的，其引用的语法如下：

```
数组名 [ 下标 ]
```

数组引用时，应注意以下几点：

（1）数组的索引从 0 开始，最后一个元素的索引为：数组长度 -1。在访问数组元素时，索引须在合法范围内，以避免越界访问。同时，下标只能为字面常量、整型常量表达式、符号常量。例如：

```
#include <stdio.h>
#define IDX 3
int main( )
{
    int a[5] = {1,2,3,4,5};
    printf("%d\n", a[3]);    //数组下标使用字面常量
    printf("%d\n", a[2+1]); //数组下标使用常量表达式
    printf("%d\n", a[IDX]); //数组下标使用符号常量
    return 0;
}
// 以上均能正常打印输出数组索引为 3 的元素值 4
#include <stdio.h>
int main( )
{
    int numbers[5] = {0, 1, 2, 3, 4};
    printf("%d", numbers[5]); //越界访问，这里是非法的
    return 0;
}
/* 注意：C 语言中，数组下标越界是一个常见的问题，但在源码编译或程序运行时均不会报错。这意味着如果尝试访问数组的非法索引，会得到无法预知的数据，加大程序的风险。*/
```

（2）数组是一个连续的内存块，数组名本身代表的是指向数组首元素的指针，而不是数组本身，数组的元素的引用通过下标来访问。

```
#include <stdio.h>
int main( )
{
    int numbers[5] = {0, 1, 2, 3, 4};
    int all_values = numbers; //不合法的，不能直接引用整个数组
    printf("%d", all_values);
```

```
    return 0;
}
// 以上是不合法引用数组元素
#include <stdio.h>
int main()
{
    int numbers[5] = {10, 20, 30, 40, 50};
    for(int i = 0; i < 5; i++){
        printf("numbers[%d] = %d\n", i, numbers[i]); // 逐一访问数组元素
    }
    return 0;
}
// 以上为合法引用数组各元素
```

输出结果：

```
numbers[0] = 10
numbers[1] = 20
numbers[2] = 30
numbers[3] = 40
numbers[4] = 50
```

### 5.2.3 一维数组的初始化

一维数组的初始化是指给数组的元素赋初始值的过程。数组初始化可以在数组声明的同时手动或系统自动赋值（静态初始化），也可以在后续的代码中通过循环或其他方式进行赋值（动态初始化）。数组初始化是在编译阶段进行的，这样可以提高程序运行效率。

初始化赋值的一般形式为：

```
类型说明符 数组名 [ 常量表达式 ] = { 值 , 值…值 }
```

在 { } 中的各数据值即为各元素的初值，各值之间用逗号间隔。

C 语言一维数组的初始化有以下几种情况：

（1）静态初始化：在定义数组时，直接使用大括号 { } 给定初始值。

```
int arr[5] = {0, 1, 2, 3, 4};
// 相当于 arr[0] = 0  arr[1] = 1 ... arr[4] = 4
```

（2）部分初始化：在定义数组时，如果提供的初始值少于数组的大小，其余元素会自动被初始化为 0。

```
int arr[5] = {1, 2}; // arr[2]、arr[3]、arr[4] 默认初始化为 0
```

（3）动态初始化：可以在数组声明后，通过循环或其他方法逐个赋值。

```
int arr[5];
for (int i = 0; i < 5; i++)
{
    arr[i] = i + 1; // arr 初始化为 1, 2, 3, 4, 5
}
```

（4）省略数组大小：当数组在初始化时提供了所有元素的值，可以省略数组的大小，编译器会根据提供的元素个数自动确定。

```
int arr[] = {10, 20, 30}; // 数组大小为 3
```

**例 5.1** 使数组 a[10] 的 a[0]~a[9] 的值为 0~9，然后逆序输出。

**解题思路：** 利用循环通过下标引用，将数组元素进行逐一赋值，再输出。

**程序编写：**

```
#include <stdio.h>
void main()
{
    int a[10], i;
    for(i=0; i<10; i++)
        a[i] = i;
    for (i=9; i>=0; i--)
        printf("%d ", a[i]);
    printf("\n");
}
```

**运行结果：**

```
9 8 7 6 5 4 3 2 1 0
```

**程序分析：** 上述程序中，用 for 循环将数组逐一赋值，再用 for 循环将数组逆序进行输出。

**例 5.2** 用数组求得 Fibonacci 数列前 20 项，并输出。

**解题思路：** 利用 Fibonacci 数列每一项为前两项之和的特征，求得每一项并将其保存在数组中，再用 for 循环输出。

**程序编写：**

```
#include<stdio.h>
void main()
{
    int i;
    int f[20]={1,1};              // 定义数组，并赋初值
    for(i=2;i<20;i++)
        f[i]=f[i-1]+f[i-2];  // 从第三项开始计算其值
    for(i=0;i<20;i++)
    {
        if(i%5==0)                // 每五个一行进行输出
            printf("\n");
        printf("%12d",f[i]);
    }
    printf("\n");

}
```

**运行结果：**

```
        1         1         2         3         5
        8        13        21        34        55
       89       144       233       377       610
      987      1597      2584      4181      6765
```

**程序分析：**上述程序中，定义一个长度为 20 的整型数组 f，并将其前两项数组元素赋值为 1，通过 for 循环计算后面的数组元素值，因为从第三项开始，后面每一项为前两项的和，所以有 f [i]=f [i−1]+f [i−2]，因为数列前两项的值为已知，所以这里 i 从 2 开始，计算得到 Fibonacci 数列的前 20 项后，再用 for 循环输出数列每一项，这里用 if 语句来进行控制，当 i 对 5 取余为 0 时，也就是当 i 是 5 的倍数时会进行换行输出，显示结果为每五项一行进行输出。

## 5.3 二维数组

二维数组被视为一个矩阵。在内存中，二维数组的每一行实际上是一个一维数组。每个二维数组中的元素都有两个索引，一个用于标识行信息，另一个用于标识列信息。

### 5.3.1 二维数组的定义

前面介绍的一维数组由于其只有一个下标，称为一维数组，其数组元素也称为单下标变量。C 语言允许在一维数组的基础上构建更为复杂的数据结构，例如二维数组、三维数组等。多维数组元素因有多个下标，所以也被称为多下标变量。

本节将介绍二维数组，后续多维数组可由二维数组类推而得到。

#### 1. 二维数组定义的基本语法

```
类型说明符 数组名 [常量表达式1] [常量表达式2]
```

（1）类型说明符是任一种基本数据类型或构造数据类型。

（2）数组名是用户定义的数组标识符。

（3）方括号中的常量表达式表示数据元素的个数，也称为数组的长度。

（4）常量表达式 1 表示第一维下标的长度，常量表达式 2 表示第二维下标的长度。

（5）常量表达式 1（行数）可以省略，编译器会根据提供的初始化元素的数量自动推断行数。

例如：

```
int arr[3][4];
/* 定义了一个三行四列的数组，数组名为 a，其下标变量的类型为整型。该数组的下标变量共有 3x4 个，即：
// arr[0][0], arr[0][1], arr[0][2], arr[0][3]
// arr[1][0], arr[1][1], arr[1][2], arr[1][3]
// arr[2][0], arr[2][1], arr[2][2], arr[2][3]*/
```

#### 2. 二维数组在内存中的存放

二维数组在内存中的存储是连续编址的，内存将二维数组按照按一维线性排列的方式进行存储。如何在一维存储器中存放二维数组，可有两种方式：一种是按行排列，即放完一行之后顺次放入第二行（行优先存储）；另一种是按列排列，即放完一列之后再顺次放入第二列（列优先存储）。C 语言采用的是行优先存储方式。

假设我们定义一个 2×3 的二维数组：

```
int matrix[2][3] =
{
    {1, 2, 3},
    {4, 5, 6}
};
```

假设数组的起始地址为 0×1000，则内存中的数组元素存放如下所示：

```
Address     Value
0x1000      1       // matrix[0][0]
0x1004      2       // matrix[0][1]
0x1008      3       // matrix[0][2]
0x100C      4       // matrix[1][0]
0x1010      5       // matrix[1][1]
0x1014      6       // matrix[1][2]
```

## 5.3.2　二维数组元素的引用

二维数组的元素也称为双下标变量，引用的时候必须有双下标。

二维数组引用的语法如下：

```
数组名 [ 下标 ][ 下标 ]
```

下标应为整型常量或整型表达式。例如：

```
arr[3][4]
// 表示 arr 数组中第三行四列的元素
```

以下是使用二维数组引用过程中时可能会遇到一些常见的问题：

（1）下标越界访问：

```
int matrix[3][4];
printf("%d", matrix[3][0]); /* 越界访问，需确保索引在有效范围内。对于 matrix[3][4]，有效的行索引是 0 到 2，列索引是 0 到 3。*/
```

（2）未初始化数组元素的引用：

```
int matrix[3][4];             // 未初始化
printf("%d", matrix[0][0]); // 可能输出无法预料的值
```

（3）行 / 列省略时的混淆：

```
int matrix[4][]; // 错误，必须指定列数，行数可省略
```

**例 5.3** 编写程序，实现存储多个学生在不同科目上的成绩。计算每个学生的总成绩和平均成绩，并进行输出。

**解题思路：** 由于要存储多名学生的多门课程的成绩，所以应用二维数组来解决。

**程序编写：**

```
#include <stdio.h>
int main()
{
    // 定义一个 3x4 的二维数组，表示 3 个学生在 4 门科目上的成绩
    int scores[3][4] = {
    {85, 90, 78, 92},   // 学生 1 的成绩
    {88, 76, 95, 89},   // 学生 2 的成绩
    {90, 85, 88, 91}    // 学生 3 的成绩
    };
    int i, j;
    // 计算每个学生的总成绩和平均成绩
    /* 嵌套循环，其中外层循环 for(int i=0;i<3;i++) 用于遍历每个学生，内层循环 for (j=0;j<4;
j++) 用于遍历每个学生的成绩。*/
    for (i = 0; i < 3; i++)
    {
        int total = 0;
        for (j = 0; j < 4; j++)
        {
            total += scores[i][j];   // 累加每个学生的成绩
        }
        // 计算平均成绩，使用除数 4.0 而不是 4，以确保结果为浮点数
        double average = total / 4.0;
        // 格式化输出将平均值保留两位小数（带进位）
        printf("Student %d-Total:%d,Average:%.2f\n",i+1,total,average);
    }
    return 0;
}
```

**运行结果：**

```
Student 1 - Total: 345, Average: 86.25
Student 2 - Total: 348, Average: 87.00
Student 3 - Total: 354, Average: 88.50
```

**程序分析：**上述程序中定义了一个 3 行 4 列的二维数组 scores[3][4]，用来存放学生成绩，利用嵌套 for 循环计算学生的总成绩，其中外层 for 循环控制数组行信息，用于遍历每一个学生，内层 for 循环控制数组列信息，用于遍历学生的所有成绩。

## 5.3.3 二维数组的初始化

二维数组的初始化同样是给数组赋初始值的过程。C 语言中二维数组初始化有以下几种方式：

### 1. 静态初始化

定义二维数组时，可以在声明时直接进行初始化，其中按初始化提供数据的形式可分为分段赋值和连续赋值。

（1）按行分段赋值。例如，对数组 a[5][3] 赋值可写为：

```
int a[5][3] = {{80,75,92},{61,65,71},{59,63,70},{85,87,90}, {76,77,85}};
```

（2）按行连续赋值。例如，对数组 a[5][3] 赋值可写为：

```
int a[5][3] = {80,75,92,61,65,71,59,63,70,85,87,90,76,77,85};
```

以上两种赋初值的结果是完全相同。

### 2. 部分初始化

如果只初始化部分元素，未初始化的元素将被设置为 0。

```
#include <stdio.h>
int main() {
    // 定义并部分初始化一个 3 x 4 的二维数组
    int matrix[3][4] = {
        {1, 2},          // 其余元素为 0
        {5, 6, 7},       // 其余元素为 0
        {9}              // 其余元素为 0
    };
...
}
```

### 3. 省略行数初始化

在初始化时，可以省略行数，编译器会根据初始化器的数量推断行数，但列数必须明确。

```
#include <stdio.h>
int main() {
    // 省略行数，列数必须指定
    int matrix[][3] = {
        {1, 2, 3},
        {4, 5, 6},
        {7, 8, 9}
    };
...
}
```

## 5.4 多维数组的定义

在 C 语言中，多维数组是一种用于存储多个维度数据的数据结构。最常见的类型是前面学习的二维数组，但其可以扩展到三维、四维等更高维度。多维数组可以被视为数组的数组，能够有效地组织和处理复杂数据，如矩阵、表格或更复杂的数据集。

多维数组定义的一般形式：

```
类型说明符 数组名 [常量表达式1] [常量表达式2] … [常量表达式3]
```

说明：

（1）类型说明符是任一种基本数据类型或构造数据类型。

（2）数组名是用户定义的数组标识符。

（3）方括号中的常量表达式表示数据元素的个数，也称为数组的长度。

（4）常量表达式 1 表示第一维下标的长度，常量表达式 2 表示第二维下标的长度，常量表达式 n 表示第 n 维下标的长度。

多维数组元素在内存中的存储顺序也是行优先存储方式。如，有以下三维数组定义：

```
int cube[2][3][4] = {
    {
        {1, 2, 3, 4},
        {5, 6, 7, 8},
        {9, 10, 11, 12}
    },
    {
        {13, 14, 15, 16},
        {17, 18, 19, 20},
        {21, 22, 23, 24}
    }
};
```

则 cube 数组在内存中的存储排列布局为：

```
|1|2|3|4|5|6|7|8|9|10|11|12|13|14|15|16|17|18|19|20|21|22|23|24|
```

由于多维数组的定义和初始化语法烦琐、内存管理难度大、可读性和维护性较差，在实际的软件开发项目中可采用结构体、链表等数据结构来替代多维数组。

## 5.5 字符数组

在 C 语言中，字符串是由一对双引号包裹起来的字符序列。它由有效字符组成，并且以字符 '\0' 作为结束标志。如字符串 "Hkxy"，它实际由字符 'H'、'k'、'x'、'y'、'\0' 五个字符组成。在字符串常量的表示中，'\0' 作为字符串的结束标志，无须显式写出，编译程序会自动在其尾部添加字符 '\0'。

C 语言没有提供专门的字符串数据类型，而是使用字符数组来表示字符串。配合字符串处理函数（如 strcpy()、strlen()、strcmp()、strcat() 等）的使用，使得字符串处理同样方便和高效。

### 5.5.1 字符数组的定义

字符数组的定义方式与数值数组的定义方法相同，其定义的基本语法如下：

```
char 数组名 [ 常量表达式 ]
```

字符数组同样可以创建多维数组。例如：

```
char array[3][4]     // 二维字符数组
char array[2][5][6]  // 三维字符数组
...
```

### 5.5.2 字符数组的初始化

C 语言允许字符数组在定义时进行初始化，也允许在定义后进行赋值。

### 1. 字符数组定义时初始化

C语言的字符数组允许在定义的时候进行初始化，具体方法有以下几种：

（1）使用字符串字面量初始化：

```
char str1[] = "Hello, World!";
```

（2）逐个字符初始化：

```
char str2[] = {'H', 'e', 'l', 'l', 'o', '\0'};
```

（3）指定数组大小初始化：

```
char str3[20] = "Hello";  // 剩余部分会被填充为 '\0'
```

（4）不指定数组大小初始化：

```
char str4[] = "Hello";  // 编译器会自动计算大小
```

（5）空字符串初始化：

```
char str5[] = "";  // 初始化为空字符串
```

（6）使用指针初始化：

```
char *str6 = "Hello, World!";  // 这是指向字符串字面量的指针
```

注意：

当字符数组的长度与所提供的显式字符个数相同时，因字符数组的存储空间无法被系统隐式存入 '\0'，会导致此时字符数组对应的字符串操作异常。例如：

```
#include <stdio.h>
int main()
{
    char str[4] = {'H','k','x','y'}; /* 字符数组长度 4,提供的字符初始化列表也为 4 个字符,
编译器将无法自动插入字符串结束符 '\0' */
    printf("%s", str);
return 0;
}
```

输出结果：

```
Hkxyp 翺 bh          // 输出结果可能会异常
```

### 2. 字符数组定义后赋值

C语言的字符数组定义后可通过逐个字符赋值或字符串处理函数进行赋值。

（1）逐个字符赋值：

```
char str4[20];
str4[0] = 'H';
str4[1] = 'e';
str4[2] = 'l';
str4[3] = 'l';
str4[4] = 'o';
```

```
str4[5] = '\0';  //显式终止字符串
```

（2）使用 strcpy() 函数赋值

```
char str3[20];
strcpy(str3,"Hello, World!"); //将常量字符串中各字符存入字符数组
```

### 5.5.3 字符串的输入和输出

在 C 语言中，字符串的输入与输出通常使用标准输入输出函数，如 scanf()、fgets() 和 printf()。

#### 1. 使用 scanf() 函数输入字符串、printf() 输出字符串

scanf() 函数可以用来读取字符串，但它会在遇到空格、制表符或换行符时停止，因此通常用于读取单个单词。例如：

```
#include <stdio.h>
int main()
{
    char str[100];  // 定义字符数组用于存储字符串
    printf("请输入一个字符串：");
    scanf("%99s", str);  // 读取字符串，限制最大输入 99 个字符
    printf("您输入的字符串是：%s\n", str);
    return 0;
}
```

示例运行：

```
请输入一个字符串：hello
您输入的字符串是：hello
```

#### 2. 使用 fgets() 函数输入字符串、printf() 输出字符串

fgets() 适合读取包含空格的整行字符串，它会读取直到换行符或达到指定的字符数。例如：

```
#include <stdio.h>
int main()
{
    char str[100];  // 定义字符数组用于存储字符串
    printf("请输入一个字符串：");
    fgets(str, sizeof(str), stdin);  // 读取字符串
    printf("您输入的字符串是：%s", str);  // 输出字符串
    return 0;
}
```

示例运行：

```
请输入一个字符串：hello world
您输入的字符串是：hello world
```

若将上述程序中的输入语句“fgets(str, sizeof(str), stdin);”替换为“scanf("%s",str);”，同样输入的运行结果却不相同，替换后的运行结果为：

```
请输入一个字符串：hello world
您输入的字符串是：hello
```

因为“scanf("%s",str);”输入字符串时，空格会停止读取。

## 5.6 常用的字符串处理函数

C 语言拥有功能丰富的字符串处理函数，主要集中在 <string.h> 头文件中。这些函数可以帮助开发者高效地操作和处理字符串。以下是一些重要的字符串处理函数讲解及功能展示。

### 1.strlen() 函数

功能：计算字符串的长度（不包括终止的空字符 '\0'）。

函数原型：

```
size_t strlen(const char *str);
```

参数：

str：指向要计算长度的字符串的指针。

返回值：

返回字符串 str 的长度（不包括终止的 \0 字符），返回值类型为 size_t。

**例 5.4** 使用 strlen() 函数进行字符串长度计算。

```
#include <stdio.h>
#include <string.h>
int main()
{
    const char *str = "Hello, World!";
    printf(" 字符串长度 : %zu\n", strlen(str));
    return 0;
}
```

**运行结果：**

```
字符串长度 : 13
```

### 2. strcpy() 函数

功能：将源字符串复制到目标字符串。

函数原型：

```
char *strcpy(char *dest, const char *src);
```

参数：

dest: 指向目标字符串的指针，复制的内容将存储在这里。目标字符串必须足够大，以容纳源字符串。

src: 指向源字符串的指针，内容将从这里复制。

返回值：

返回指向目标字符串 dest 的指针。

例 5.5 使用 strcpy() 函数将字符指针指向的常量字符串复制到字符数组。

```
#include <stdio.h>
#include <string.h>
int main()
{
    char dest[50];
    const char *src = "Hello, World!";
    strcpy(dest, src);
    printf("复制后的字符串 : %s\n", dest);
    return 0;
}
```

**运行结果：**

```
复制后的字符串 : Hello, World!
```

### 3. strcat() 函数

功能：用于连接两个字符串。

函数原型：

```
char *strcat(char *dest, const char *src);
```

参数：

dest: 目标字符串，接收追加内容的字符串。目标字符串必须足够大，以容纳结果字符串。

src: 源字符串，将被追加到目标字符串的末尾。

返回值：

返回目标字符串的指针（即 dest）。

例 5.6 使用 strcat() 函数连接两个字符串。

```
#include <stdio.h>
#include <string.h>
int main()
{
    char dest[50] = "Hello, ";
    const char *src = "World!";
    strcat(dest, src);
    printf("连接后的字符串 : %s\n", dest);
    return 0;
}
```

**运行结果：**

```
连接后的字符串 : Hello, World!
```

### 4. strcmp() 函数

功能：用于比较两个字符串的内容，判断其大小关系。

函数原型：

```
int strcmp(const char *str1, const char *str2);
```

参数：

str1：指向第一个要比较的字符串的指针。

str2：指向第二个要比较的字符串的指针。

返回值：

如果 str1 小于 str2，返回一个负值。

如果 str1 大于 str2，返回一个正值。

如果两个字符串相等，返回 0。

**例 5.7** 使用 strcmp() 函数比较字符串 "Hello" 和 "World" 的大小关系。

```
#include <stdio.h>
#include <string.h>
int main() {
    const char *str1 = "Hello";
    const char *str2 = "World";
    int result = strcmp(str1, str2);
    if (result < 0) {
        printf("%s 小于 %s\n", str1, str2);
    } else if (result > 0) {
        printf("%s 大于 %s\n", str1, str2);
    } else {
        printf("%s 等于 %s\n", str1, str2);
    }
    return 0;
}
```

**运行结果：**

```
Hello 小于 World
```

在 C 语言中，字符串处理常用的函数主要定义在 <string.h> 头文件中。表 5.1 所示为一些常用的字符串处理函数及其简要说明。

**表 5.1　常用字符串处理函数**

| 函数名 | 功能描述 | 原　型 |
|---|---|---|
| strlen() | 计算字符串的长度（不包括空字符） | size_t strlen(const char *str); |
| strcpy() | 复制字符串 | char *strcpy(char *dest, const char *src); |
| strncpy() | 复制指定长度的字符串 | char *strncpy(char *dest, const char *src, size_t n); |
| strcat() | 连接两个字符串 | char *strcat(char *dest, const char *src); |
| strncat() | 连接指定长度的字符串 | char *strncat(char *dest, const char *src, size_t n); |
| strcmp() | 比较两个字符串 | int strcmp(const char *str1, const char *str2); |
| strncmp() | 比较指定长度的两个字符串 | int strncmp(const char *str1, const char *str2, size_t n); |
| strchr() | 查找字符在字符串中首次出现的位置 | char *strchr(const char *str, int c); |

续表

| 函数名 | 功能描述 | 原　型 |
| --- | --- | --- |
| strrchr() | 查找字符在字符串中最后一次出现的位置 | char *strrchr(const char *str, int c); |
| strstr() | 查找子字符串 | char *strstr(const char *haystack, const char *needle); |
| strtok() | 分割字符串 | char *strtok(char *str, const char *delim); |
| fgets() | 从输入流安全地读取字符串 | char *fgets(char *str, int n, FILE *stream); |

## 5.7 程序举例

**例 5.8** 编写程序，实现班级学生成绩的统计。

**解题思路：**本例题可以利用一维数组来实现班级学生成绩统计的功能。通过输入、输出、计算平均成绩、查找最高和最低分，能够有效地管理和处理学生成绩数据，同时提高代码的可读性和可维护性。

**程序编写：**

```
#include <stdio.h>
#define MAX_STUDENTS 10

int main()
{
    float scores[MAX_STUDENTS];
    printf("------- 现在开始录入 %d 名学生的成绩 -------\n", MAX_STUDENTS);

    // 输入学生成绩
    int i;
    for (i = 0; i < MAX_STUDENTS; i++)
    {
        printf(" 请输入第 %d 名学生的成绩 : ", i + 1);
        scanf("%f", &scores[i]);
    }

    // 计算并打印平均分
    float sum = 0.0;
    for (i = 0; i < MAX_STUDENTS; i++)
    {
        sum += scores[i];
    }
    printf("\n 学生的平均成绩为 : %.2f\n", sum / MAX_STUDENTS);

    // 查找并打印最高分和最低分
    float min = scores[0], max = scores[0];
    for (i = 1; i < MAX_STUDENTS; i++)
    {
        if (scores[i] > max) {
```

```
            max = scores[i];
        }
        if (scores[i] < min) {
            min = scores[i];
        }
    }
    printf("学生成绩中最高分为：%.2f\n", max);
    printf("学生成绩中最低分为：%.2f\n", min);
    return 0;
}
```

**运行结果：**

```
-------现在开始录入10名学生的成绩-------
请输入第1名学生的成绩：95
请输入第2名学生的成绩：88
请输入第3名学生的成绩：90
请输入第4名学生的成绩：85
请输入第5名学生的成绩：87
请输入第6名学生的成绩：79
请输入第7名学生的成绩：83
请输入第8名学生的成绩：90
请输入第9名学生的成绩：89
请输入第10名学生的成绩：92

学生的平均成绩为：87.80
学生成绩中最高分为：95.00
学生成绩中最低分为：79.00
```

**程序分析：**

（1）定义最大学生人数为10。

```
#define MAX_STUDENTS 10
```

说明：将待录入的学生人数进行宏定义，后续学生人数扩充可直接修改该符号常量数值，尽可能少地修改代码。

（2）依据宏定义的学生数量，定义学生成绩scores数组。

```
float scores[MAX_STUDENTS];
```

说明：为保证学生成绩存储、计算的准确性，学生成绩采用单精度数组存储。

（3）利用循环，逐一将输入的各学生成绩存储至scores数组，由于输入提示中学生位次是从1开始，数组索引从0开始，两者关系满足：学生位次 = 索引 +1。

```
for (i = 0; i < MAX_STUDENTS; i++) {
    printf("请输入第%d名学生的成绩：", i + 1);
    scanf("%f", &scores[i]);
}
```

（4）定义学生成绩总分数sum变量，用于累计学生成绩之和；利用循环逐一将各学生成绩累加至sum变量，以sum / MAX_STUDENTS计算平均成绩。

```
    float sum = 0.0;
    for (i = 0; i < MAX_STUDENTS; i++) {
        sum += scores[i];
    }
    printf("\n%d 名学生的平均成绩为 : %.2f\n", MAX_STUDENTS, sum / MAX_STUDENTS);
```

说明：为保证学生成绩之和的准确性，学生成绩之和采用单精度类型存储。格式控制符“%.2f”将总成绩以保留两位（带进位）的小数形式打印输出。

（5）定义学生最低分数 min 变量、最高分数 max 变量，初始假定最低及最高分数均为第一名学生的分数，循环遍历学生成绩数组并比较数组中当前的学生成绩元素与最小、最大定义分数的情况，若 min 或 max 变量存储的成绩并非最小或最大分数，则将当前遍历到的数据元素值储存至最小 min 变量或最大 max 变量中，依此类推，直至一轮循环结束。

```
    float min = scores[0], max = scores[0];
    for (i = 1; i < MAX_STUDENTS; i++) {
        if (scores[i] > max) {
            max = scores[i];
        }
        if (scores[i] < min) {
            min = scores[i];
        }
    }
    printf(" 学生成绩中最高分为 : %.2f\n", max);
    printf(" 学生成绩中最低分为 : %.2f\n", min);
```

说明：利用格式控制符“%.2f”将最低分、最高分以保留两位（带进位）的小数形式打印输出。

**例 5.9** 编写程序，统计字母出现次数。

**解题思路：**本示例程序接受用户输入的字符串，并统计输出每个字母（统计时字母大小写不区分）的出现次数。

**程序编写：**

```
#include <stdio.h>
#include <string.h>
#define ALPHABET_SIZE 26 // 字母表大小

int main() {
    char text[1000];
    int letterCount[ALPHABET_SIZE] = {0}; // 用于存储每个字母的计数

    // 输入字符串
    printf(" 请输入要统计的字符串（仅统计字母出现的次数）: ");
    fgets(text, sizeof(text), stdin);
    text[strcspn(text, "\n")] = '\0'; // 去除换行符

    // 统计字母出现次数
    int i;
    for (int i = 0; text[i] != '\0'; i++) {
        if (text[i] >= 'A' && text[i] <= 'Z') {
```

```
            text[i] = text[i] + 32;
        }
        if (text[i] >= 'a' && text[i] <= 'z') { // 检查是否为字母)
            letterCount[text[i] - 'a']++; // 更新计数
        }
    }

    // 输出结果
    printf("字符出现的频率为:\n");
    for (int i = 0; i < ALPHABET_SIZE; i++)
    {
        if (letterCount[i] > 0) { // 只输出出现过的字母
            printf("字母%c: 出现%d次\n", 'a' + i, letterCount[i]);
        }
    }
    return 0;
}
```

**运行结果:**

```
请输入要统计的字符串(仅统计字母出现的次数): We love Hkxy!
字符出现的频率为:
字母e: 出现2次
字母h: 出现1次
字母k: 出现1次
字母l: 出现1次
字母o: 出现1次
字母v: 出现1次
字母w: 出现1次
字母x: 出现1次
字母y: 出现1次
```

**程序分析:**

(1)定义储存用户输入字符串的数组及字母统计结果数组。

```
char text[1000];
int letterCount[ALPHABET_SIZE] = {0}; // 用于存储每个字母的计数
```

(2)获取用户输入的字符串并做预处理。

```
printf("请输入要统计的字符串(仅统计字母出现的次数)");
fgets(text, sizeof(text), stdin);
text[strcspn(text, "\n")] = '\0'; // 去除换行符
```

说明:使用fgets()读取用户输入,支持空格和特殊字符。

使用strcspn()去掉换行符,确保字符串处理时不受其影响。

(3)循环遍历用户输入字符串中的各字符。

```
for (int i = 0; text[i] != '\0'; i++) {
...
}
```

（4）大写字母转换为小写，字母归一化处理。

```
if (text[i] >= 'A' && text[i] <= 'Z') {
    text[i] = text[i] + 32;
}
```

说明：将大写字母转换为小写，也可用 tolower() 函数直接转换（该函数位于 ctype.h 头文件中），更多函数功能将在后面讲解，因此本章未过多引入函数。

（5）统计字母出现次数。

```
for (int i = 0; text[i] != '\0'; i++) {
    char ch = tolower(text[i]); // 转换为小写字母
    if (ch >= 'a' && ch <= 'z') { // 检查是否为字母
        letterCount[ch - 'a']++; // 更新计数
    }
}
```

说明：通过条件判断，检查字符是否为字母（a 到 z）。

使用 letterCount[ch−'a']++ 语句更新对应字母的计数。

（6）输出结果。

```
printf("字符出现的频率为 :\n");
for (int i = 0; i < ALPHABET_SIZE; i++) {
    if (letterCount[i] > 0) { // 只输出出现过的字母
        printf("字母 %c: 出现 %d 次 \n", 'a' + i, letterCount[i]);
    }
}
```

说明：遍历 letterCount 数组，打印每个出现过的字母及其计数。

只有计数大于 0 的字母才会被输出，以避免输出不必要的字母。

**例 5.10** 编写程序，实现数组元素从小到大进行排序并输出。

**解题思路：** 排序的思想是对 n 个数（$a_0,a_1,\cdots,a_{n-1}$），先从 $a_0$ 开始，跟它后面每个元素进行比较，若为逆序则交换这两个数的位置，这种操作反复进行，直到所有数都比较、交换过。具体步骤如下：

视频

例5.10

① 第轮用 a[0] 依次与 a[2], a[3], ⋯, a[9] 进行比较，若次序不对就交换，否则不交换。本轮结束后，a[0] 中就是 10 个数中的最小数。

② 第 2 轮用 a[1] 依次与 a[2]，⋯，a[9] 进行比较，处理方法与①相同。本轮结束后，a[1] 中为 10 个数中的次小数。

③ 重复上述过程，至第 9 轮，比较 a[8] 与 a[9]，把小者存入 a[8]，此时 a[9] 存放的就是最大数。到此为止，10 个数已按升序排好。

下面我们以 10 个数组元素为例编写程序。

**程序编写：**

```
#include<stdio.h>
#include<stdlib.h>
```

```
#include<time.h>
int main()
{
    int i,j,t,a[10];
    srand((unsigned)time(NULL));

    printf("排序前数组:\n");
    for(i=0;i<10;i++)
    {
        a[i]=rand()%100;
        printf("%3d",a[i]);
    }
    printf("\n");
    for(i=0;i<9;i++)
    {
        for(j=i+1;j<10;j++)
        {
            if(a[i]>a[j])
            {
                t=a[i];
                a[i]=a[j];
                a[j]=t;
            }
        }
    }
    printf("排序后数组:\n");
    for(i=0;i<10;i++)
        printf("%3d",a[i]);
    return 0;
}
```

**运行结果：**

```
排序前数组:
27  72  36  27  4  23  2  6  87  34
排序后数组:
2  4  6  23  27  27  34  36  72  87
```

**程序分析：**在上述程序中，利用“srand()“函数来生成随机数作为数组元素值，设计了嵌套for循环，外循环控制进行9趟排序，内循环for语句“for(j=i+1;j<10;j++)”，保证了每趟排序都将参与此趟排序的最小值移到最前面的位置。

## 小　结

（1）数组是一组数目固定、类型相同的数据的集合，在内存中是连续存放的。

（2）二维数组可以看成一个特殊的一维数组，数组名加行下标为每一行数组的数组名，例如数组a[3][3]，其中a[0]、a[1]、a[2]可以看作第一行、第二行和第三行的数组名，数组a[0]中有3个元素，分别是a[0][0]、a[0][1]、a[0][2]。

（3）可以用字符数组来存放字符串，如果是用字符串赋值字符数组，需要注意，其中隐含了字符串中结束标志 '\0'。

（4）C 语言拥有功能丰富的字符串处理函数，主要集中在 <string.h> 头文件中，这些函数可以帮助开发者高效地操作和处理字符串。

## 习　题

### 一、选择题

1. 数组的下标从（　　）开始。

A. 0　　B. 1　　C. −1　　D. 2

2.（　　）声明了一个包含 10 个整数的数组。

A. int arr[10];　　B. int arr(10);

C. int arr{10}　　D. int arr;

3. 以下代码片段的输出结果是（　　）。

```
int arr[] = {1, 2, 3, 4, 5};
printf("%d", arr[2]);
```

A. 1　　B. 2　　C. 3　　D. 4

4. 在 C 语言中，数组的大小必须是（　　）。

A. 常量　　B. 变量　　C. 负数　　D. 字符串

5. 如有数组定义语句 int arr[n]; 则（　　）选项可以正确地访问数组的最后一个元素。

A. arr[n]　　B. arr[n−1]　　C. arr[n+1]　　D. arr[length]

6.（　　）是一个有效的二维数组声明。

A. int arr[3][4];　　B. int arr(3, 4);　　C. int arr{3, 4};　　D. int arr[3, 4];

7. 使用 sizeof 运算符计算数组大小时，应该传递（　　）参数。

A. 数组名　　B. 数组的第一个元素

C. 数组的地址　　D. 数组的长度

8. 以下代码的输出是（　　）。

```
int arr[] = {1, 2, 3};
int *p = arr;
printf("%d", *(p + 1));
```

A. 1　　B. 2　　C. 3　　D. 编译错误

9. 数组名在表达式中通常表示（　　）。

A. 数组的长度　　B. 数组的最后一个元素

C. 数组的类型　　D. 数组的首地址

10.（　　）语句可以访问二维数组 arr 的第 2 行第 3 列元素。

A. arr[2][3]　　B. arr[3][2]　　C. arr[1][2]　　D. arr[2, 3]

11. 在 C 语言中，字符串是以（　　）结尾的。

A. '\0'　　B. '\n'　　C. '\r'　　D. '\a'

12. 如果想要连接两个字符串，应该使用（　　）函数。

A. strcpy　　B. strcat　　C. strlen　　D. strcmp

## 二、填空题

1. 在 C 语言中，数组的元素在内存中是 ______ 存储的。

2. 使用 sizeof 运算符计算一个包含 100 个 double 类型元素的数组的大小时，表达式为 sizeof(arr) / ______。

3. 在 C 语言中，字符串实际上是一个 ______ 类型的数组，并以 ______ 结尾。

4. 在 C 语言中，若要实现一个多维数组，声明方式为 int arr[______][______];，其中每个维度的大小必须是一个 ______。

5. 在 C 语言中的字符串函数 strcmp() 用于比较两个字符串，如果两个字符串相等，则返回 ______。

6. 在 C 语言中，字符串的长度可以通过 ______ 函数计算，返回值的类型是 ______。

7. 对于字符串 char str[] = "Hello"; 表达式 str[2] 的值是 ______。

8. 在 C 语言中，使用 strcat() 函数连接两个字符串时，目标字符串必须有足够的 ______ 来存储连接后的结果。

9. 在 C 语言中，使用 printf 语句输出字符串时，格式控制符是 ______。

10. 对于 int arr[5] = {1, 2, 3};，未初始化的元素将被自动赋值为 ______。

11. 要将字符转换为小写字母，可以使用 ______ 函数，该函数定义在 ______ 头文件中。

12. 如果要从标准输入读取一个字符并存储在变量 char c; 中，可以使用 ______ 函数。

## 三、程序阅读题

1. 下列程序的运行结果是__________。

```
#include<stdio.h>
void main()
{
    int i, j, t, a[5]={1,2,3,4,5};
    i=0; j=4;
    while(i<j)
    {
        t=a[i]; a[i]=a[j]; a[j]=t;
        i++;
        j--;
    }
    for(i=0;i<5;i++)
        printf("%d,", a[i]);
    printf("\n");
}
```

2. 下列程序的运行结果是__________。

```
#include<stdio.h>
void main()
{
    int i,a[12]={1,2,3,4,5,6,7,8,9,10};
    i=9;
    while(i>2)
    {
        a[i+1]=a[i];
        i--;
    }
    for(i=0;i<5;i++)
        printf("%d", a[i]);
    printf("\n");
}
```

3. 下列程序的运行结果是__________。

```
#include<stdio.h>
void main()
{
    int i, t, j, a[10]={1,2,3,4,5,6,7,8,9,10};
    for(i=0;i<9;i+=2)
        for(j=i+2;j<10;j+=2)
            if(a[i]<a[j]) {
                t=a[i];a[i]=a[j];a[j]=t;
            }
    for(i=0;i<10;i++)
        printf("%3d",a[i]);
    printf("\n");
}
```

4. 下列程序的运行结果是__________。

```
#include<stdio.h>
void main()
{
    int i, j, k=0,a[3][3]={1,2,3,4,5,6};
    for(i=0;i<3;i++)
        for(j=i;j<3;j++)
            k+=a[i][j];
    printf("%d\n", k);
}
```

5. 下列程序的运行结果是__________。

```
#include<stdio.h>
void main()
{
    int a[4][4]={{1,2,3,4},{5,6,7,8},{11,12,13,14},{15,16,17,18}};
    int i=0, j=0, s=0;
```

```
    while(i++<4)
    {
        if(i==2 || i==4)
            continue;
        j=0;
    }
    do{
        s+=a[i][j];
        j++;
    }while(j<4);
    printf("%d\n", s);
}
```

6. 下列程序的运行结果是＿＿＿＿＿＿＿＿。

```
#include<stdio.h>
int main ()
{
    int k, j, m, n, a[6][6], b[6];
    m=3, n=2;
    for (k=0; k<m; k++)
        for (j=0; j<n; j++)
        a[k][j] = k*n+j+1;
    for (k=0; k<m; k++) {
        b[k]=0;
        for(j=0; j<n; j++)
            b[k] += a[k][j];
    }
    for (k=0; k<m; k++)
        printf("%3d", b[k]);
    return 0;
}
```

7. 下列程序的运行结果是＿＿＿＿＿＿＿＿。

```
#include<stdio.h>
#include<string.h>
int main()
{
    char a[7]="a0\0a0\0";
    int i, j;
    i = sizeof(a);
    j = strlen(a);
    printf("%d %d", i , j);
    return 0;
}
```

8. 下列程序的运行结果是＿＿＿＿＿＿＿＿。

```
#include<stdio.h>
#include<string.h>
int main()
{
```

```
    char chr[2][4];
    strcpy(chr[0], "you");
    strcpy(chr[1], "me");
    chr[0][3]='&';
    printf ("%s\n", chr[0]);
    return 0;
}
```

## 四、编程题

1. 求一维数组的最大值并与第一个元素交换。

2. 有 $n$ 个整数（$n \leqslant 100$），已经按照从小到大的顺序排列好了，现给出另一整数 $x$，请将该 $x$ 插入到序列中，并使新的序列仍然从小到大排列。

3. 输入一个整数，判断其是否是回文数。

4. 移位密码是古典密码学中最早、最简单的一种加密、解密方法。一般将字母平移 3 位，也就是 a–>D，b–>E，c–>F……这种最早时平移 3 位的密码叫恺撒密码，写出凯撒密码的加密程序。（移位参考对照图如下所示）

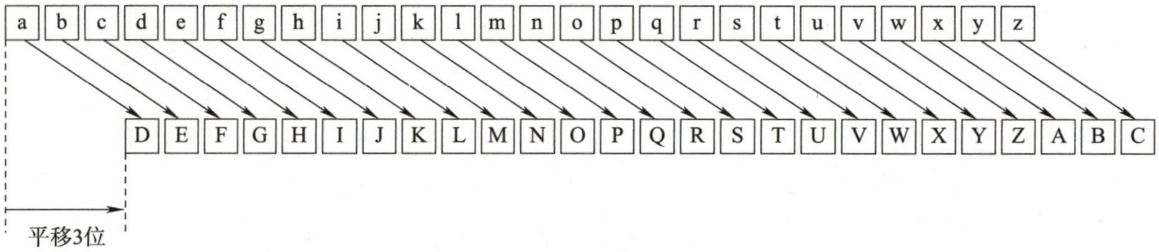


凯撒密码移位对照图

# 第6章 函　数

根据前面章的内容可以知道，C 源程序是由函数组成的。虽然在前面各章的程序中大都只有一个主函数 main()，但实用程序往往由多个函数组成。函数是 C 源程序的基本模块，通过对函数模块的调用实现特定的功能，C 语言中的函数相当于其他高级语言的子程序。C 语言不仅提供了极为丰富的库函数（如 Turbo C、MSC 都提供了三百多个库函数），还允许用户建立自己定义的函数。用户可把自己的算法编成一个个相对独立的函数模块，然后用调用的方法来使用函数。可以说 C 程序的全部工作都是由各式各样的函数完成的，所以也把 C 语言称为函数式语言。本章将为读者介绍函数的定义及使用。

**学习目标**

- 了解内置函数、库函数和用户自定义函数的区别。
- 掌握函数的定义、声明和调用的基本语法规则，以及函数的参数传递机制，掌握全局函数和局部函数的定义及其作用域规则。
- 具备编写和调试 C 语言函数的能力，具有将复杂问题分解为简单函数调用的能力，通过利用函数解决综合问题的练习，使学生具备团队合作精神及合作能力。

## 6.1 概　述

### 6.1.1 函数的分类

C 语言采用函数模块化结构进行程序设计，将不同的功能通用不同的函数模块来实现。这种模块化结构不仅使得程序结构清晰，也便于程序的编写、阅读、调试。在 C 语言中可从不同的角度对函数进行分类，分类方式有如下几种：

（1）从函数定义的角度看，函数可分为库函数和用户定义函数两种。

①库函数：由 C 语言编译系统提供，用户无须定义，也不必在程序中作类型说明，在引用这部分函数前，引入该函数原型的头文件即可在程序中直接调用。在前面各章的例题中反复用到

printf()、scanf()、getchar()、putchar()、gets()、puts()、strcat() 等函数均属此类。

②用户定义函数：由用户按程序需要写的函数。对于用户自定义函数，不仅要在程序中定义函数本身，而且在主调函数模块中还必须对该被调函数进行类型说明，然后才能使用。

（2）从返回值的角度看，可把函数分为有返回值函数和无返回值函数两种。

①有返回值函数：此类函数被调用执行完后将向调用者返回一个执行结果，称为函数返回值，如数学函数即属于此类函数。由用户定义的这种要返回函数值的函数，必须在函数定义和函数说明中明确返回值的类型。

②无返回值函数：此类函数用于完成某项特定的处理任务，执行完成后不向调用者返回函数值。由于函数无须返回值，用户在定义此类函数时可指定它的返回为“空类型”，空类型的说明符为“void”。

（3）从函数之间数据传送的角度看，又可分为无参函数和有参函数两种。

①无参函数：函数定义、函数说明及函数调用中均不带参数。主调函数和被调函数之间不进行参数传送。此类函数通常用来完成一组指定的功能，可以返回或不返回函数值。

②有参函数：也称为带参函数。在函数定义及函数说明时都有参数，称为形式参数（简称为形参）。在函数调用时也必须给出参数，称为实际参数（简称为实参）。进行函数调用时，主调函数将把实参的值传送给形参，供被调函数使用。

（4）C 语言提供了极为丰富的库函数，这些库函数又可从功能角度作以下分类：

①字符类型分类函数：用于对字符按 ASCII 码分类，可分为字母、数字、控制字符、分隔符、大小写字母等。

②转换函数：用于字符或字符串的转换；在字符量和各类数字量（整型，实型等）之间进行转换；在大、小写之间进行转换。

③目录路径函数：用于文件目录和路径操作。

④诊断函数：用于内部错误检测。

⑤图形函数：用于屏幕管理和各种图形功能。

⑥输入 / 输出函数：用于完成输入 / 输出功能。

⑦接口函数：用于与 DOS、BIOS 和硬件的接口。

⑧字符串函数：用于字符串操作和处理。

⑨内存管理函数：用于内存管理。

⑩数学函数：用于数学函数计算。

⑪日期和时间函数：用于日期、时间转换操作。

⑫进程控制函数：用于进程管理和控制。

⑬其他函数：用于其他各种功能。

以上各类库函数不仅数量多，而且有的还需要具备硬件知识才能使用，因此要想全部掌握则需要一个较长的学习过程。应首先掌握一些最基本、最常用的函数，再逐步深入。本书中只介绍了很少一部分库函数，其余部分读者可根据需要查阅有关手册。

在 C 语言中，所有的函数定义，包括主函数 main() 在内，都是平行的。也就是说，在一个函数的函数体内，不能再定义另一个函数，即不能嵌套定义。但是函数之间允许相互调用，也允许嵌套调用，函数还可以自己调用自己，称为递归调用，习惯上把调用者称为主调函数。

main() 函数是主函数，C 程序的执行总是从 main() 函数开始，完成对其他函数的调用后再返回到 main() 函数，最后由 main() 函数结束整个程序。一个 C 源程序有且只能有一个主函数 main()，它可以调用其他函数，而不允许被其他函数调用。

## 6.1.2　函数的定义

### 1. 无参函数的定义形式

```
类型标识符 函数名 ( )
{
    声明部分;
    语句;
}
```

类型标识符指明了本函数的类型，也是函数返回值的类型，该类型标识符与前面介绍的各种说明符相同。函数名是由用户定义的标识符，函数名后有一个空括号，其中无参数，但括号不可少。{ } 中的内容称为函数体，在函数体中一般包含声明部分和语句部分。声明部分是对函数体内部所用到的变量的类型进行说明，语句则用于对函数功能的实现。

在很多情况下都不要求无参函数有返回值，此时函数类型符可以写为 void。无参函数如下：

```
void Hello( )
{
    printf ("Hello, world \n");
}
```

这里 Hello() 函数是一个无参函数，当被其他函数调用时，输出 Hello world 字符串。

### 2. 有参函数定义的一般形式

```
类型标识符 函数名 ( 形式参数表列 )
{
    声明部分;
    语句;
}
```

有参函数相对无参函数多一个内容，即形式参数表列。在形参表中给出的参数称为形式参数，各个形式参数一般包含形参类型和形参变量，各形式参数之间用逗号间隔。形参列表中可以只给出形参的类型说明，形参名则可以省略。在进行函数调用时，主调函数将赋予这些形式参数实际的值。

定义一个函数，用于求两个数中的大数，函数如下；

```
int max(int a, int b)
{
    if (a>b)
        return a;
    else
```

```
6.          return b;
7.   }
```

第一行中函数类型标识符是 int，说明 max() 函数是一个整型函数，其返回的函数值是一个整数。形参列表中的形参类型是 int 型，形参变量 a、b 均为整型变量，形参名 a、b 的具体值是由主调函数在调用时传送过来的。在 max() 函数的函数体内，没有声明部分，除形参外没有使用其他变量，只有 return 语句。在 max() 函数体中，经过判断 a、b 的大小，由 return 语句是把 a（或 b）的值作为 max() 函数的值返回给主调函数。

在 C 程序中，一个函数的定义可以放在任意位置，既可放在主函数 main() 之前，也可放在 main() 之后。

**例 6.1** 比较两个数字的大小。

**解题思路：**将比较过程单独编写一个函数，用于比较两个数字的大小，返回比较的结果，由主程序进行调用。主程序主要进行输入 / 输出的控制以及对子函数的调用。

**程序编写：**

```
1.  #include<stdio.h>
2.  int max(int a,int b)
3.  {
4.       if(a>b)
5.           return a;
6.       else
7.           return b;
8.  }
9.  void main( )
10. {
11.      int x, y, z;
12.      printf("input two numbers:\n");
13.      scanf("%d%d", &x, &y);
14.      z=max(x, y);
15.      printf("maxnum=%d", z);
16.  }
```

**运行结果：**

```
input two numbers:
25 29
maxnum=29
```

**程序分析：**我们从函数定义、函数说明及函数调用的角度来分析整个程序，从中进一步了解函数的各种特点。

程序的第 2 行至第 8 行为 max() 函数定义。进入主函数后，程序第 14 行为调用 max 函数，并把 x、y 中的值传送给 max 的形参 a、b，程序转而执行 max() 函数，再由 max() 函数将执行的结果 (a 或 b) 将返回给主调函数，并将结果赋值给变量 z，最后由主函数输出 z 的值。

说明：

（1）C 语言规定：函数不允许嵌套定义。在 C 语言中，所有的函数（包括主函数 main() 函数）

都是平行的、相对独立的。一个函数的定义可以放在程序中的任何一个位置，可以在主函数 main() 函数之前或之后，但在一个函数的函数体内，不能再定义另外一个函数。

（2）函数的类型是指函数返回值的类型，可以是整型、实型、字符型、指针类型等数据类型，如果函数没有返回值，则函数类型为 void。

（3）函数名必须符合标识符的命名规则，函数名不能与变量名重名，也不能与关键字同名。

（4）函数体包含两部分：语句声明部分和执行语句部分。

（5）空函数既无参数，又无函数体，其一般形式为：

```
函数类型说明符 函数名( )
{
      ……
 }
```

空函数表示什么也不做，没有实际作用。编程时如果程序比较复杂，自定义函数较多，可以使用空函数暂时代替尚未编写好的函数，不影响整个程序的调试。程序调试通过以后，编程人员可以在适当的时候用能完成相应功能的其他自定义函数替换空函数。

### 6.1.3 函数与程序模块

程序员在设计一个比较复杂的应用程序时，一般是将整个程序分解成若干个功能较为单一、相对独立的程序模块分别实现，然后再将所有的程序模块像搭积木一样装配起来，形成一个完整的程序，这种程序设计策略称为模块化程序设计方法。

模块化程序设计的方法存在许多优点，包括程序编制高效、易于修改、方便调试、可由多人共同参与完成、缩短程序的设计时间，并能实现程序模块的标准化、规范化。

在 C 语言中，函数是程序的基本组成单位，程序设计人员可以很方便地用函数作为程序模块来实现程序的模块化，一个函数就是一个模块，独立完成一项功能。由不同模块构成的程序结构图如图 6.1 所示。

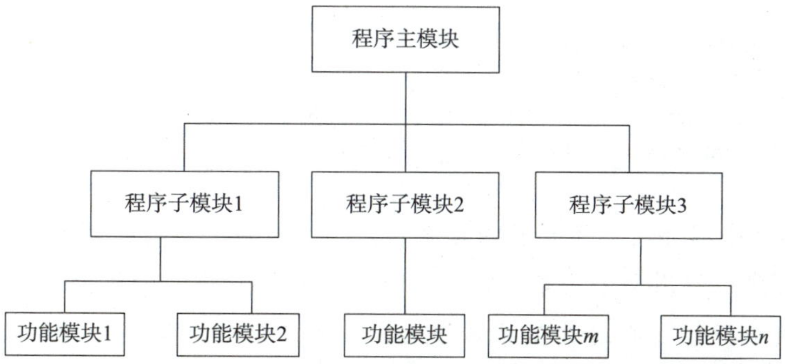


图 6.1　程序模块结构图

下面以求两个整数的最大值为例，使用普通的程序设计方法和使用结构化程序设计方法分别编程。

**例 6.2** 求两个整数的最大值。

**解题思路：**可以使用一个函数来进行功能的实现，也可以将功能进行分解，采用子程序的方式进行功能实现。

**程序编写：**

程序一，采用普通的程序设计方法，程序如下：

```
#include <stdio.h>
void main( )
{
    int a,b,max;
    printf(" 输入两个整数 :");
    scanf("%d%d",&a,&b);
    if(a>b)
        max=a;
    else
        max=b;
    printf("max=%d\n " ,max);
}
```

程序二，采用结构化程序设计方法，程序如下：

```
#include <stdio.h>
int max(int x, int y)
{
    int z;
    if (x>y)
        z=x;
    else
        z=y;
    return z;
}
void main( )
{
    int a, b, maxnum;
    printf(" 输入两个整数 :");
    scanf("%d%d",&a,&b);
    maxnum=max(a, b);
    printf("maxnum=%d\n" ,maxnum);
}
```

**程序分析：**上述两个程序实现了相同的程序功能，即求两个整数的最大值，程序一中使用一个函数完成该功能，程序二使用两个函数完成该功能。在程序二中，通过两个函数模块将问题分解，降低两个函数模块的复杂度。在进行复杂程序的设计时，这种结构化程序设计方法能提高程序的编写速度、可读性、可维护性和扩充性。

在模块化程序设计时应注重以下几个原则：

（1）模块相对独立。一个模块往往要求完成一个单独的功能，并与其他模块尽量保持一定的独立性，当修改这个模块时，不会引起整个程序的混乱。同时，在模块内部，尽量将数据局部化，便于保证数据在不同模块之间的正常传递。

（2）模块之间关系尽量简单。模块之间关系要尽量简单，且不互相干扰，做到模块之间只有在相互调用时才发生数据传递，除此之外，相互之间不直接发生联系。

（3）模块规模大小要适中。程序模块不宜过大，也不要过于复杂，大小要适中。模块过大，容易造成程序功能紊乱，可读性差，不好理解。模块过小，容易造成程序结构复杂，数据传递容易出错。

（4）模块尽量保持通用性。模块应尽量规范，保持一定的通用性，这样便于对模块进行修改和维护，快速实现对程序的扩充。

## 6.2 函数调用及参数传递

本小节主要介绍了函数如何进行声明、函数之间如何进行调用，函数间的参数如何进行传递，以及函数返回值的应用特点等。

### 6.2.1 函数调用

#### 1. 函数调用的一般形式

前面已经说过，在程序中是通过对函数的调用来执行函数体的，其过程与其他语言的子程序调用相似。

C 语言中，函数调用的一般形式为：

```
函数名 ( 实际参数表 )
```

对无参函数调用时则无实际参数表。实际参数表中的参数可以是常数，变量或其他构造类型数据及表达式。各实参之间用逗号分隔。

#### 2. 可以用以下几种方式调用函数

（1）函数表达式：函数作为表达式中的一项出现在表达式中，以函数返回值参与表达式的运算，这种方式要求函数是有返回值的。例如：

```
z=max(x, y)
```

是一个赋值表达式，把 max() 的返回值赋予变量 z。

（2）函数语句：函数调用的一般形式加上分号即构成函数语句。例如：

```
printf("%d", a);
scanf ("%d", &b);
```

都是以函数语句的方式调用函数。

（3）函数实参：函数作为另一个函数调用的实际参数出现。这种情况是把该函数的返回值作为实参进行传送，因此要求该函数必须是有返回值的。例如：

```
printf("%d",max(x, y));
```

即是把 max() 调用的返回值又作为 printf() 函数的实参来使用的。

在函数调用中还应该注意的一个问题是求值顺序的问题，不同的编译系统对于实参表中各量是自左至右使用还是自右至左使用不尽相同。

### 6.2.2 参数的传递

形参出现在函数定义中，在整个函数体内都可以使用，离开该函数则不能使用。实参出现在主调函数中，当程序进入被调函数后，实参变量则不能使用。形参和实参的功能是作数据传送，发生函数调用时，主调函数把实参的值传送给被调函数的形参，从而实现主调函数向被调函数的数据传送。

函数的形参和实参具有以下特点：

（1）形参变量只有在被调用时才分配内存单元，在调用结束时，即刻释放所分配的内存单元。因此，形参只有在函数内部有效。函数调用结束返回主调函数后则不能再使用该形参变量。

（2）实参可以是常量、变量、表达式、函数等，无论实参是何种类型的量，在进行函数调用时，它们都必须具有确定的值，以便把这些值传送给形参。因此应预先用赋值、输入等办法使实参获得确定值。

（3）实参和形参在数量上、类型上、顺序上应严格一致，否则会发生类型不匹配的错误。

（4）函数调用中发生的数据传送是单向的，即只能把实参的值传送给形参，而不能把形参的值反向地传送给实参。因此在函数调用过程中，形参的值发生改变，而实参中的值不会变化。在下列程序中说明该问题。

**例 6.3** 求实数 n 的累加和。

**解题思路：** 主函数输入实数 n，将输入实数算作形式参数传递到累加函数，通过累加函数进行求和并打印结果。

**程序编写：**

```
#include<stdio.h>
void main( )
{
    int n;
    printf("input number:\n") ;
    scanf("%d" , &n);
    s(n);
    printf("n=%d\n" ,n) ;
}
int s(int n)
{
    int i;
    for(i=n-1; i>=1; i- -)
        n=n+i ;
    printf("n=%d\n" , n) ;
}
```

**运行结果：**

```
input number:
100
```

```
n=5050
n=100
```

**程序分析：** 本程序中定义了一个函数 s()，该函数的功能是求 n 累加和的值。根据程序的运行可以看到两个 n 的输出，第一个 n 的输出是被调用函数中 n 值的输出，第二个 n 的输出是主调函数中 n 的输出。

从程序运行情况看，输入 n 值为 100，即实参 n 的值为 100。主控程序在执行过程到被调函数 s() 时，将实际参数 100 传递给 s() 函数的形式参数 n，此时 n 的值就是 100，经过程序的运行，最终形参 n 的值变为 5050，因此第一次输出的 n 值为 5050。返回主函数之后，输出实参 n 的值仍为 100，可见实参的值不随形参的变化而变化。

说明：参数传递分为变量传递与地址传递，变量传递不影响实参的值，地址传递情况下，实参的值会受到被调用函数的影响。

### 6.2.3 函数的返回值

函数的返回值是指函数被调用之后，执行函数体中的程序段所取得的并返回给主调函数的值。对函数的值（或称函数返回值）有以下一些说明：

（1）函数的值只能通过 return 语句返回主调函数。

return 语句的一般形式为：

```
return 表达式;
```

或者为：

```
return(表达式);
```

该语句的功能是计算表达式的值，并返回给主调函数。在函数中允许有多个 return 语句，但每次调用只能有一个 return 语句被执行，因此只能返回一个函数值。

（2）函数值的类型和函数定义中函数的类型应保持一致。如果两者不一致，则以函数类型为准，自动进行类型转换。

（3）如函数值为整型，在函数定义时可以省去类型说明。

（4）不返回函数值的函数，可以明确定义为“空类型”，类型说明符为“void”。

如果函数并不向主函数返函数值，可定义为：

```
void s(int n)
{
    ......
}
```

一旦函数被定义为空类型后，就不能在主调函数中使用被调函数的函数值了。例如，在定义 s() 为空类型后，在主函数中写下述语句：

```
sum=s(n);
```

就是错误的。

为了使程序有良好的可读性并减少出错，凡不要求返回值的函数都应定义为空类型。

### 6.2.4 函数声明

在主调函数中调用某函数之前应对该被调函数进行说明（声明），这与使用变量之前要先进行变量说明是一样的。在主调函数中对被调函数作说明的目的是使编译系统知道被调函数返回值的类型，以便在主调函数中按此种类型对返回值作相应的处理。

其一般形式为：

```
类型说明符 被调函数名（类型 形参，类型 形参 ...）;
```

或为：

```
类型说明符 被调函数名（类型，类型 ...）;
```

括号内给出了形参的类型和形参名，或只给出形参类型。这便于编译系统进行检错，以防止可能出现的错误。

例如 main() 函数中对 max() 函数的说明为：

```
int max(int a, int b);
```

或写为：

```
int max(int, int);
```

C 语言中又规定在以下几种情况时可以省去主调函数中对被调函数的函数说明：

（1）如果被调函数的返回值是整型或字符型时，可以不对被调函数作说明，而直接调用，这时系统将自动对被调函数返回值按整型处理。

（2）当被调函数的函数定义出现在主调函数之前时，在主调函数中也可以不对被调函数再作说明而直接调用。在例 6.2 中，函数 max() 的定义放在 main() 函数之前，因此可在 main() 函数中省去对 max() 函数的函数说明 int max(int a,int b)。

（3）如在所有函数定义之前，在函数外预先说明了各个函数的类型，则在以后的各主调函数中，可不再对被调函数作说明。例如：

```
char str(int a);
float f(float b);
void main( )
{
    ......
}
char str(int a)
{
    ......
}
float f(float b)
{
    ......
}
```

# 6.3　函数的嵌套调用与递归调用

本小节主要对函数的特殊调用进行说明，比如函数的嵌套调用与函数的递归调用，而且函数的这两种调用是程序编写的基本应用，需要重点掌握。

## 6.3.1　函数的嵌套调用

C 语言允许在一个函数的定义中出现对另一个函数的调用，这样就出现了函数的嵌套调用，即在被调函数中又调用其他函数，其关系如图 6.2 所示。

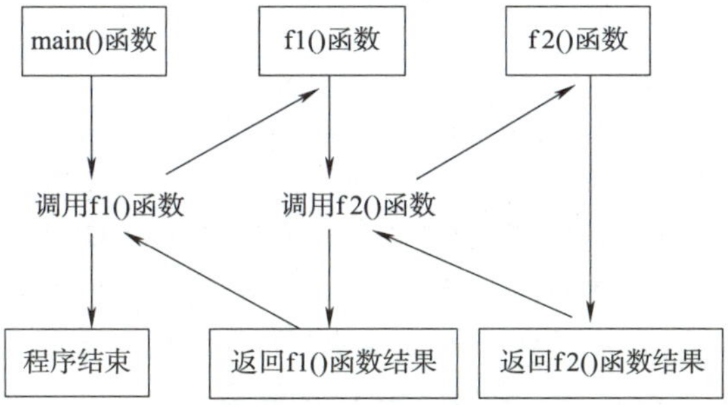


图 6.2　函数嵌套调用图

图中表示了两层嵌套的情形，其执行过程是：执行 main() 函数中调用 f1() 函数时，程序运行时立即转去执行 f1() 函数，在 f1() 函数运行过程中调用 f2() 函数时，程序又转去执行 f2() 函数，f2() 函数执行完毕返回 f1() 函数的断点继续执行，f1() 函数执行完毕返回 main() 函数的断点继续执行，直到 main() 函数执行完毕，程序嵌套调用过程如下例。

**例 6.4** 计算 $s=2^2!+3^2!$

**解题思路：** 本题可编写两个函数，一个是用来计算平方值的函数 f1()，另一个是用来计算阶乘值的函数 f2()。主函数先调 f1() 计算出平方值，再在 f1() 中以平方值为实参，调用 f2() 计算其阶乘值，然后返回 f1()，再返回主函数，在循环程序中计算累加和。

**程序编写：**

```
#include<stdio.h>
long f1(int p)
{
    int k;
    long r;
    long f2(int);
    k=p*p;
    r=f2(k);
    return r;
}
long f2(int q)
{
    long c=1;
```

```
    int i;
    for(i=1;i<=q;i++)
        c=c*i;
    return c;
}
void main( )
{
    int i;
    long s=0;
    for (i=2;i<=3;i++)
        s=s+f1(i);
    printf("\ns=%ld\n",s) ;
}
```

**运行结果：**

```
s=362904
```

**程序分析：**在主程序执行过程中，执行 for 循环第一次把 i 值作为实参调用函数 f1() 求 $i^2$ 值。程序转而执行函数 f1()，在执行函数 f1() 时又发生对函数 f2() 的调用，这时是把 $i^2$ 的值作为实参去调 f2()，程序转而执行函数 f2()，在函数 f2() 中完成 $i^2!$ 的计算。f2() 执行完毕把 c 值 ( 即 i2!) 返回给 f1()，再由 f1() 返回主函数实现累加，最终由函数的嵌套调用实现了题目的要求。由于数值很大，所以函数和一些变量的类型都说明为长整型，否则会造成计算错误。

### 6.3.2 函数的递归调用

一个函数在它的函数体内调用它自身称为递归调用，是一种特殊的嵌套调用，这种函数称为递归函数。在递归调用中，一个函数既是主调函数又是被调函数，执行递归函数将反复调用其自身，每调用一次就进入新的一层。

例如有函数 f() 如下：

```
int f(int x)
{
    int y;
    z=f(y);
    return z;
}
```

这个函数是一个递归函数，但是运行该函数将无休止地调用其自身，这当然是不正确的，为了防止递归调用无终止地进行，必须在函数内有终止递归调用的手段。常用的办法是加条件判断，满足某种条件后就不再作递归调用，然后逐层返回。

**例 6.5** 有一只猴子在玉米地里掰玉米，每次走到一个地方就掰一个玉米。

**解题思路：**编写掰玉米子函数，进行每一次的掰玉米过程计算与控制，由于存在反复的掰玉米过程，因此会递归调用掰玉米子函数。

**程序编写：**

```
#include<stdio.h>
```

```
void monkey(int corn, int place)
{
    if (corn == 0 || place == 0)
    {
        return;  // 如果玉米掰完了，或者猴子回到了第一个地方
    }
    printf("猴子在第 %d 个地方掰下一个玉米，还剩下 %d 个玉米。\n", place, corn-1);
    monkey (corn-1, place+1);  // 猴子走到下一个地方
}
int main( )
{
    int total = 10; // 假设总共有 10 个玉米
    monkey(total, 1); // 从第一个地方开始
    return 0;
}
```

**运行结果：**

```
猴子在第 1 个地方掰下一个玉米，还剩下 9 个玉米。
猴子在第 2 个地方掰下一个玉米，还剩下 8 个玉米。
猴子在第 3 个地方掰下一个玉米，还剩下 7 个玉米。
猴子在第 4 个地方掰下一个玉米，还剩下 6 个玉米。
猴子在第 5 个地方掰下一个玉米，还剩下 5 个玉米。
猴子在第 6 个地方掰下一个玉米，还剩下 4 个玉米。
猴子在第 7 个地方掰下一个玉米，还剩下 3 个玉米。
猴子在第 8 个地方掰下一个玉米，还剩下 2 个玉米。
猴子在第 9 个地方掰下一个玉米，还剩下 1 个玉米。
猴子在第 10 个地方掰下一个玉米，还剩下 0 个玉米。
```

**程序分析：**通过主函数 main() 将参数传递到子函数中，通过子函数进行掰玉米过程计算，同时在子函数中进行递归调用，反复进行掰玉米子程序调用，完成题目的要求。

## 6.4 数组作为函数参数

数组可以作为函数的参数使用，进行数据传送。数组用作函数参数有两种形式：一种是把数组元素（下标变量）作为实参使用；另一种是把数组名作为函数的形参和实参使用。

### 1. 数组元素作为函数实参

数组元素就是下标变量，它与普通变量并无区别。因此它作为函数实参使用与普通变量是完全相同的，在发生函数调用时，把作为实参的数组元素的值传送给形参，实现单向的值传送。

**例 6.6** 编写程序，判别一个整数数组中各元素的值，若大于 0 则输出该值，若小于等于 0 则输出 0 值。

**解题思路：**首先通过主程序进行数组的建立，通过将数组内容作为函数参数传递到子函数中，通过子函数对数组数值的大小进行比较，判断数组中数值大小。

**程序编写：**

```
#include<stdio.h>
```

```
void p(int v)
{
    if(v>0)
        printf("%d ", v);
    else
        printf("%d ", 0);
}
void main( )
{
    int a[5],i;
    printf("input 5 numbers\n") ;
    for(i=0;i<5;i++)
    {
        scanf("%d", &a[i]);
        p(a[i]);
    }
}
```

**运行结果：**

```
input 5 numbers
10 20 -5 12 -8
10 20 0 12 0
```

**程序分析：**本程序中首先定义一个无返回值函数 p()，并说明其形参 v 为整型变量，在函数体中根据 v 值输出相应的结果。在 main() 函数中用一个 for 语句输入数组各元素，每输入一个就以该元素作实参调用一次 p() 函数，即把 a[i] 的值传送给形参 v，供 p() 函数使用。

### 2. 数组名作为函数参数

用数组名作函数参数与用数组元素作实参有几点不同：

（1）用数组元素作实参时，只要数组类型和函数的形参变量的类型一致，那么作为下标变量的数组元素的类型也和函数形参变量的类型是一致的。因此，并不要求函数的形参也是下标变量，对数组元素的处理是按普通变量对待的。用数组名作函数参数时，则要求形参和相对应的实参都必须是类型相同的数组，都必须有明确的数组说明，如果形参和实参二者不一致，将会发生错误。

（2）在普通变量或下标变量作函数参数时，形参变量和实参变量是由编译系统分配的两个不同的内存单元，在函数调用时发生的值传送是把实参变量的值赋予形参变量。在用数组名作函数参数时，不是进行值的传送，即不是把实参数组的每一个元素的值都赋予形参数组的各个元素。因为实际上形参数组并不存在，编译系统不为形参数组分配内存。由于数组名就是数组的首地址，因此在数组名作函数参数时所进行的传送只是地址的传送，也就是说把实参数组的首地址赋予形参数组名，形参数组名取得该首地址之后，也就等于有了实在的数组。实际上是形参数组和实参数组为同一数组，共同拥有一段内存空间。

以图 6.3 为例说明，设 a 为实参数组，类型为整型，a 占有以 2000 为首地址的一块内存区。b 为形参数组名，类型为整型，形参数组没有内存单元分配。当发生函数调用时，进行地址传送，把实参数组 a 的首地址传送给形参数组名 b，于是 b 也取得该地址 2000，于是 a、b 两数组共同占有以 2000 为首地址的一段连续内存单元。从图中还可以看出 a 和 b 下标相同的元素实际上也占相同的两个内存单元（整型数组每个元素占二字节）。例如 a[0] 和 b[0] 都占用 2000 和 2001 单元，当然 a[0] 等于 b[0]。类推则有 a[i] 等于 b[i]。

| | | | | | | | | | | |
|---|---|---|---|---|---|---|---|---|---|---|
| | a[0] | a[1] | a[2] | a[3] | a[4] | a[5] | a[6] | a[7] | a[8] | a[9] |
| 起始地址 2000 | 2 | 4 | 6 | 8 | 10 | 12 | 14 | 16 | 18 | 20 |
| | b[0] | b[1] | b[2] | b[3] | b[4] | b[5] | b[6] | b[7] | a[8] | b[9] |

**图 6.3　形参数组与实参数组内存图**

（3）在变量作函数参数时，所进行的值传送是单向的，即只能从实参传向形参，不能从形参传回实参。形参的初值和实参相同，而形参的值发生改变后，实参并不变化，两者的终值是不同的。而当用数组名作函数参数时，由于实际上形参和实参为同一数组，因此当形参数组发生变化时，实参数组也随之变化。从实际情况来看，调用函数之后实参数组的值将由于形参数组值的变化而变化。

（4）用数组名作为函数参数时还应注意以下几点：

①形参数组和实参数组的类型必须一致，否则将引起错误。

②形参数组和实参数组的长度可以不相同，因为在调用时，只传送首地址而不检查形参数组的长度。当形参数组的长度与实参数组不一致时，虽不至于出现语法错误（编译能通过），但程序执行结果将与实际不符，这是应予以注意的。

③在函数形参表中，允许不给出形参数组的长度，或用一个变量来表示数组元素的个数。例如，可以写为：

```
void p(int a[])
```

或写为

```
void p(int a[], int n)
```

其中，形参数组 a 没有给出长度，而由 n 值动态地表示数组的长度，n 的值由主调函数的实参进行传送。

④多维数组也可以作为函数的参数。在函数定义时对形参数组可以指定每一维的长度，也可省去第一维的长度。例如，可以写为：

```
int ma(int a[3][10])
```

或

```
int ma(int a[][10])
```

## 6.5 局部变量与全局变量

在讨论函数的形参变量时曾经提到，形参变量只在被调用期间才分配内存单元，调用结束立即释放。这一点表明形参变量只有在函数内才是有效的，离开该函数就不能再使用了，这种变量有效性的范围称变量的作用域。不仅对于形参变量，C 语言中所有的量都有自己的作用域，变量说明的方式不同，其作用域也不同。C 语言中的变量，按作用域范围可分为两种，即局部变量和全局变量。

## 6.5.1 局部变量

局部变量也称为内部变量，局部变量是在函数内作定义说明的，其作用域仅限于函数内，离开该函数后再使用这种变量是非法的。

例如：

```
int f1(int a)            //函数 f1()
{
    int b, c;
    ......
}
a, b, c有效
int f2(int x)            //函数 f2()
{
    int y, z;
    ......
}
x, y, z 有效
void main()
{
    int m, n;
    ......
}
m, n 有效
```

在函数 f1() 内定义了三个变量，a 为形参，b、c 为一般变量。在 f1() 的范围内 a、b、c 有效，或者说 a、b、c 变量的作用域限于 f1() 内。同理，x、y、z 的作用域限于 f2() 内。m、n 的作用域限于 main() 函数内。

关于局部变量的作用域还要说明以下几点：

（1）主函数中定义的变量也只能在主函数中使用，不能在其他函数中使用，主函数中也不能使用其他函数中定义的变量，因为主函数与其他函数是平行关系。

（2）形参变量是属于被调函数的局部变量，实参变量是属于主调函数的局部变量。

（3）允许在不同的函数中使用相同的变量名，它们代表不同的对象，分配不同的单元，互不干扰，也不会发生混淆。

（4）在复合语句中也可定义变量，其作用域只在复合语句范围内。例如：

```
#include<stdio.h>
void main()
{
    int s, a;
    ......
    {
```

```
        int b;
        s=a+b;
        ······ //b 作用域
    }
    ······    //s, a 作用域
}
```

**例 6.7** 分析如下程序，给出运行结果。

```
#include<stdio.h>
void main( )
{
    int i=2,j=3, k;
    k=i+j;
    {
        int k=8;
        printf("%d\n", k);
    }
    printf("%d\n" ,k);
}
```

**运行结果:**

```
8
5
```

**程序分析:** 由于程序中存在相同的变量名称，但是变量的初始位置不同，需要根据变量的定义位置进行程序输出分析。本程序在 main() 中定义了 i、j、k 三个变量，其中 k 未赋初值。而在复合语句内又定义了一个变量 k，并赋初值为 8。这两个 k 不是同一个变量，在复合语句外由 main() 定义的 k 起作用，而在复合语句内则由在复合语句内定义的 k 起作用。因此 main() 函数中声明的 k 值应为 5，在复合语句内声明的 k 值为 8。在复合语句中输出的 k 值为 8，而在复合语句之外输出的 k 值应为 main() 所定义的 k，输出为 5。

### 6.5.2　全局变量

全局变量也称为外部变量，它是在函数外部定义的变量。它不属于哪一个函数，它属于一个源程序文件，其作用域是整个源程序。在函数中使用全局变量，一般应作全局变量说明，全局变量的说明符为 extern。如果全局变量在一个函数之前定义，则该函数内使用全局变量可不再加以说明。例如：

```
int a, b;       //外部变量
void f1( )      //函数 f1()
{
    ······
}
float x, y;     //外部变量，对 f1() 无效
int f2( )       //函数 f2()
{
    ······
```

```
}
void main( )          //主函数
{
    ……
}
```

从上例可以看出 a、b、x、y 都是在函数外部定义的外部变量，都是全局变量。但 x，y 定义在函数 f1() 之后，而在 f1() 内又无对 x，y 的说明，所以它们在 f1() 内无效。a，b 定义在源程序最前面，因此在 f1()，f2() 及 main() 内不加说明也可使用。

**例 6.8** 输入正方体的长宽高 l、w、h。求体积及三个面 x×y，x×z，y×z 的面积。

**解题思路：**由于正方体的长宽高是固定的，因此将其设置为全局变量，定义位置在所有函数的前面，将体积和三个面的面积计算由子函数完成。

**程序编写：**

```
#include<stdio.h>
int s1,s2,s3;
int vs( int a, int b, int c)
{
    int v;
    v=a*b*c;
    s1=a*b;
    s2=b*c;
    s3=a*c;
    return v;
}
void main( )
{
    int v,l, w, h;
    printf("\ninput length, width and height\n") ;
    scanf("%d%d%d",&l,&w,&h);
    v=vs(l, w, h);
    printf("\nv=%d,s1=%d,s2=%d,s3=%d\n", v, s1, s2, s3);
}
```

**运行结果：**

```
input length, width and height
10 20 30
v=6000,s1=200,s2=600,s3=300
```

**程序分析：**主函数控制数值的输入/输出与子函数的调用，子函数进行题目要求的功能实现，将全局变量的定义位置放在所有函数的外部。

**例 6.9** 外部变量与局部变量同名。

```
#include<stdio.h>
int a=3, b=5;              //a, b 为外部变量
int max(int a, int b)      //a, b 为内部变量
{
    int c;
```

```
    c=a>b ? a :b;
    return(c);
}
void main()
{
    int a=8;
    printf("%d\n" ,max(a, b));
}
```

**运行结果：**

```
8
```

**程序分析：**对于全局变量与局部变量同名的情况，由于全局变量与局部变量的使用范围不同，在局部变量的作用范围内由局部变量决定变量的值。如果同一个源文件中，外部变量与局部变量同名，则在局部变量的作用范围内，外部变量被“屏蔽”，即它不起作用。

## 6.6 变量的存储类别

### 6.6.1 变量的静态存储与动态存储

从变量的作用域（即从空间）角度来划分，可以分为全局变量和局部变量；从变量值存在的作时间（即生存期）角度来划分，可以分为静态存储方式和动态存储方式。

静态存储方式，是指在程序运行期间分配固定的存储空间的方式。动态存储方式，是在程序运行期间根据需要动态分配存储空间的方式。

用户存储空间可以分为三个部分，即程序区、静态存储区、动态存储区。

静态存储区用来存放全局变量，在程序开始执行时在静态存储区中给全局变量分配存储单元，在程序执行过程中全局变量占据固定的存储单元,程序执行完毕就释放。动态存储区存放以下数据：函数形式参数、自动变量（未加 static 声明的局部变量）、函数调用时的返回值。

以上这些数据，同函数生命周期相同，在函数开始调用时分配动态存储空间，函数结束时释放这些空间。每个变量和函数有两个属性：数据类型和数据的存储类别。

### 6.6.2 auto 变量

函数中的局部变量，默认都是动态地分配存储空间的，数据存储在动态存储区中。函数中的形参和在函数中定义的变量（包括在复合语句中定义的变量）都属此类，在调用该函数时系统会给它们分配存储空间，在函数调用结束时就自动释放这些存储空间。这类局部变量称为自动变量。自动变量用关键字 auto 作存储类别的声明。

例如：

```
int f(int a)            // 定义 f() 函数，a 为参数
{
    auto int b, c=3;    // 定义 b, c 自动变量
```

```
    ......
}
```

a是形参，b，c是自动变量，对c赋初值3。执行完f()函数后，自动释放a、b、c所占的存储单元。

关键字auto可以省略，auto不写则隐含定义为“自动存储类别”，属于动态存储方式。

### 6.6.3 static变量

有时希望函数中局部变量的值在函数调用结束后不消失而保留原值，这时就应该指定局部变量为“静态局部变量”，用关键字static进行声明。

**例 6.10** 考查静态局部变量的值。

**解题思路：**静态局部变量的特点是其存储位置在程序运行期间不变动，因此程序的输出结果需要重点观察静态局部变量的运算应用。

**程序编写：**

```
#include<stdio.h>
int f(int a)
{
    auto b=0;
    static c=3;
    b=b+1;
    c=c+1;
    return(a+b+c);
}
void main()
{
    int a=2, i;
    for(i=0; i<3;i++)
        printf("%d", f(a)) ;
}
```

**运行结果：**

```
789
```

**程序分析：**由于变量c定义为静态变量，其初始值为3，后续子函数调用时其不再进行初始化，因此变量c的值在调用过程中不断变化。

对静态局部变量的说明：

（1）静态局部变量属于静态存储类别，在静态存储区内分配存储单元，在程序整个运行期间都不释放。自动变量（即动态局部变量）属于动态存储类别，占动态存储空间，函数调用结束后即释放。

（2）静态局部变量在编译时赋初值，即只赋初值一次；而对自动变量赋初值是在函数调用时进行，每调用一次函数重新给一次初值，相当于执行一次赋值语句。

（3）静态局部变量在编译时自动赋初值0（对数值型变量）或空字符（对字符变量），而对自动变量来说，如果不赋初值则它的值是一个不确定的值。

**例 6.11**　打印 1~5 的阶乘值。

**解题思路：**静态局部变量的特点是其存储位置在程序运行期间不变动，因此程序的输出结果需要重点观察静态局部变量的运算应用。

**程序编写：**

```
#include<stdio.h>
int fac(int n)
{
    static int f=1;
    f=f*n;
    return(f);
}
void main()
{
    int i;
    for(i=1; i<=5;i++)
        printf(“%d!=%d\n”,i, fac(i));
}
```

**运行结果：**

```
1!=1
2!=2
3!=6
4!=24
5!=120
```

**程序分析：**由于变量 f 是静态变量，因此在调用时变量 f 不再初始化，其值自动累加。

## 6.6.4　register 变量

为了提高效率，C 语言允许将局部变量的值放在 CPU 中的寄存器中，这种变量叫“寄存器变量”，用关键字 register 作声明。

**例 6.12**　使用寄存器变量。

**解题思路：**寄存器变量的特点是其存储在 CPU 中，一般不针对寄存器设置变量。

**程序编写：**

```
#include<stdio.h>
int fac(int n)
{
    register int i, f=1;
    for(i=1; i<=n;i++)
        f=f*i;
    return(f) ;
}
void main()
{
    int i;
```

```
    for(i=0;i<=5;i++)
        printf("%d!=%d\n",i, fac(i)) ;
}
```

**运行结果：**

```
0!=1
1!=1
2!=2
3!=6
4!=24
5!=120
```

**程序分析：** 将部分变量设置为寄存器变量，只是表示其值存储在 CPU 寄存器中，不影响其应用属性。

说明：

（1）只有局部自动变量和形式参数可以作为寄存器变量。

（2）一个计算机系统中的寄存器数目有限，不能定义任意多个寄存器变量。

（3）局部静态变量不能定义为寄存器变量。

（4）目前编译器能够自行根据变量使用频率，将部分高频使用变量设置为寄存器变量。

### 6.6.5 extern 变量

外部变量（即全局变量）是在函数的外部定义的，它的作用域为从变量定义处开始，到本程序文件的末尾。如果外部变量不在文件的开头定义，其有效的作用范围只限于定义处到文件终了。在编写的函数中要引用文件中后续定义的变量，则需要在引用之前使用关键字 extern 对该变量作“外部变量声明”，表示该变量是一个已经定义的外部变量，可以从“声明”处起，合法地使用该外部变量。

**例 6.13** 用 extern 声明外部变量，扩展程序文件中的作用域。

**解题思路：** 部分变量的定义位置可能在文件或者函数外部，需要在函数中对外部函数进行说明才能引用。

**程序编写：**

```
#include<stdio.h>
int max(int x,int y)
{
    int z;
    z=x>y?x:y;
    return(z);
}
void main( )
{
    extern a, b;
    printf("%d\n", max(a,b));
}
int a=13,b=8;
```

**运行结果：**

```
13
```

**程序分析：**变量 a，b 在函数外部，因此需要将该函数进行引用说明后才能使用。

说明：在本程序文件的最后部分行定义了外部变量 a、b，但由于外部变量定义的位置在函数 main() 之后，因此我们在 main() 函数中用 extern 对 a 和 b 进行“外部变量声明”，就可以从“声明”处起，合法地使用该外部变量 a 和 b。

## 6.7 内部函数和外部函数

内部函数是指只能被本文件的其他函数所调用的函数，就是说一个内部函数不能够被其他文件中的任何函数调用。由于内部函数不能在不同程序文件之间相互调用，因此不同程序的内部函数可以同名，互不干扰。定义内部函数时，在函数名和类型名的前面加 static 显式说明，其具体定义格式如下：

```
static 类型说明符 函数名（形参表列）
```

例如：

```
static int f(int x,int y)
{
    ...
}
```

外部函数与内部函数相反，可以被其他文件中的函数所调用。C 语言程序中的外部函数通常用 extern 加以显式说明，其具体定义格式如下：

```
extern 类型说明符 函数名（形参表列）
```

例如：

```
extern int f(int x,int y)
{
    ...
}
```

说明：

（1）C 语言规定：如果在定义一个函数时省略了存储类别说明，系统将默认该函数为外部函数。

（2）如果在某个文件中调用外部函数，应用 extern 声明所用的函数为外部函数。

**例 *6.14*** 有一个字符串，内有多个字符，现输入一个字符，要求程序将字符串中的该字符删除。

**解题思路：**根据题意，将字符串的相关操作功能分为不同文件，每个文件中含有相关的子函数。对于部分函数的定义位置可能在文件或者主函数后面，需要在函数中对于外部函数进行说明，这样才能引用。

**程序编写：**

File1.c 文件：

```
#include<stdio.h>
void main ()
{
    extern void e_string(char str[80]);
    extern void d_string(char str[], char ch);
    extern void p_tring(char str[] );
    char c;
    char str[80];
    e_string(str);
    scanf("%c",&c);
    d_string(str,c);
    p_tring(str);
}
```

File2.c 文件：

```
void e_string(char str[80])
{
    gets(str);
}
```

File3.c 文件：

```
void d_string(char str[],char ch)
{
    int i, j;
    for(i=j=0;str[i]!='\0';i++)
    {
        if(str[i]!=ch)
        str[j++]=str[i];
    }
    str[j]='\0';
}
```

File4.c 文件：

```
void p_string(char str[])
{
    printf("%s",str);
}
```

**运行结果：**

```
abcdefgc
c
abdef g
```

**程序分析：**由于相关的子函数位于不同的文件里面，而且子函数的文件在主文件的外部，因此主函数需要进行声明，引用了外部函数。

## 6.8 程序举例

**例 6.15** 编写程序，实现两个分数相加运算，输入 4 个数，前两个数分别是一个分数的分子和分母，后两个数也是一个分数的分子和分母。按【Enter】键以后，将这两个分数相加的计算结果显示出来。

视 频

例6.15

**解题思路：** 根据题意，两个分数的相加，需要知道两数分母的公倍数，将两个分数调整为分母相同的分数。将两个分数相加后，对结果进行约分操作，进而求得最终的分数相加结果。

**程序编写：**

```
#include<stdio.h>
int gys(int x,int y)                    //定义求最大公约数函数
{
    return y?gys(y,x%y):x;               //递归调用gys( ),利用条件语句返回最大公约数
}
int gbs(int x, int y)                   //定义求最小公倍数函数
{
    return x/gys(x,y)*y;
}
void yuefen(int fz,int fm)              //定义约分函数
{
    int s=gys(fz,fm);
    fz/=s;
    fm/=s;
    printf("the result is %d/%d\n",fz,fm);
}
void add(int a,int b,int c,int d)       //定义加法函数
{
    int u1,u2,v,fz1,fm1;
    v=gbs(b,d);                          //调用函数求公倍数
    u1=v/b*a;
    u2=v/d*c;
    fz1=u1+u2;
    fm1=v;
    yuefen(fz1,fm1);                     //调用函数进行约分
}
void main( )
{
    int a,b,c,d;
    printf("请输入第一个数的分子和分母:");
    scanf("%ld,%ld" ,&a,&b);
    printf("请输入第二个数的分子和分母:");
    scanf("%ld,%ld" ,&c,&d);
    printf("\n");
    add(a,b,c,d);                        //调用加法函数
}
```

**程序分析：** 将最大公约数和最小公倍数的求解分别构造函数，定义加法函数和约分函数，分别完成分数相加的部分功能，最后由主函数完成输入与加法函数的调用。

**例 6.16** 假设有 5 个人坐在一起，问第五个人多少岁，他说比第四个人大 2 岁。问第四个人的岁数，他说比第三个人大 2 岁。问第三个人，又说比第二个人大 2 岁。问第二个人，说比第一个人大 2 岁。最后问第一个人，他说是 10 岁。编写程序，当输入第几个人时求出其对应年龄。

**解题思路：** 根据题意，相邻的两个人的岁数相差 2 岁，因此采用递归函数求解年龄。

**程序编写：**

```
#include<stdio.h>
int age(int n)                      // 自定义函数 age()
{
    int f;
    if(n==1)
        f=10;                       // 当 n 等于 1 时，f 等于 10
    else
        f=age(n-1)+2;               // 冲递归调用 age() 函数
    return f;                       // 将 f 值返回
}
void main( )
{
    int i,j;                        // 定义变量 i,j 为基本整型
    printf( "Do you want to know whose age ,please input:\n");
    scanf("%d",&i);                 // 产输入 i 的值
    j=age(i);                       // 调用函数 age() 求年龄
    printf("the age is %d",j);      // 将求出的年龄输出
}
```

**运行结果：**

```
Do you want to know whose age ,please input:
4
the age is 16
```

**程序分析：** 定义年龄函数，该函数采用递归调用方式求解不同人员的年龄，主函数负责输入与年龄函数的调用。

**例 6.17** 通过键盘输入 10 个数，计算相邻两个数的和。

**解题思路：** 根据题意，将相邻两个数的求和过程单独编写求和函数，同时采用循环结构调用求和函数，求出两个相邻数的和。

**程序编写：**

```
#include<stdio.h>
void add(int x,int y)       // 产自定义函数 add0, 计算两个数相加的结果
{
    int z;
    z=x+y;                  // 计算两个数相加
    printf("%5d",z);
}
void main( )
```

```
{
    int a[10],i;
    printf("please input 10 numbers:\n");
    for(i=0;i<10;i++)
        scanf("%d",&a[i]);          // 为一维数组中的元素赋初值
    printf("the result is:\n");
    for(i=0;i<9;i++)
    {
        add(a[i],a[i+1]);           // 调用 add() 函数
    }
    printf("\n");
}
```

**运行结果：**

```
please input 10 numbers:
15 13 9 1 25 18 20 10 7 5
the result is:
   28   22   10   26   43   38   30   17   12
```

**程序分析：**首先编写求和函数，将两个数字相加并输出。编写主函数输入十个数字，采用循环结构求相邻两个数字的和。

视频

例6.18

**例 6.18** 编写程序，求学生的平均身高。

**程序编写：**

```
#include<stdio.h>
float average(float array[ ],int n)  // 自定义求平均身高函数
{
    int i;
    float aver,sum=0;
    for(i=0;i<n;i++)
        sum+=array[i];      // 用 for 语句实现 sum 累加求和
    aver=sum/n;             // 总和除以人数求出平均值
    return(aver);           // 返回平均值
}
void main ( )
{
    float height[100],aver;
    int i,n;
    printf("please input the number of students:\n");
    scanf("%d",&n);             // 输入学生数量
    printf("please input student's height:\n");
    for(i=0;i<n;i++)
        scanf("%f",&height[i]);  // 逐个输入学生的身高
    printf("\n");
    aver=average(height,n); // 调用 average() 函数求出平均身高
    printf("average height is %6.2f\n",aver);// 将平均身高输出
}
```

**运行结果：**

```
please input the number of students:
5
please input student's height:
167
175
180
159
172

average height is 170.60
```

**程序分析：**首先编写求平均身高函数，主函数中定义数组结构记录学生身高与学生人数，主函数负责输入学生身高与人数，调用求平均身高函数算出学生的平均身高。

函数是程序的基础组成单位，C 程序的全部工作都是通过各种各样的函数来完成，程序通过对不同函数的调用来完成相应的功能。程序对函数的调用需要考虑函数参数的传递、函数之间的嵌套调用与递归调用等。

函数中变量的存储类型会影响到变量的作用范围，函数的存储类别会影响函数的作用范围，因此变量和函数的存储类型需要根据程序的设计结构进行灵活设置。

C 语言程序中的函数可以通过程序员编写，也可以调用库函数。C 语言提供了极为丰富的库函数（如 Turbo C、MSC 都提供了三百多个库函数），在编写程序时灵活使用库函数可以极大地提高编程效率。

## 小　结

（1）函数是 C 程序的基本模块，通过对函数模块的调用实现特定的功能。

（2）函数按有无参数可分为无参函数和有参函数，对于有参函数，调用时需要传递实参，而参数的传递往往是值传递，这种传递是单向的，函数中修改参数的值不影响实参的本身值，如果是地址传递需要用到指针（后面章节会讲到）。

（3）函数名代表函数的入口地址。

（4）函数的形参变量只有在被调用时才分配内存单元，在调用结束时，即刻释放所分配的内存单元，因此，形参只在函数内部有效。

（5）函数按有无返回值可分为有返回函数和无返回值函数，无返回值函数可以直接调用，有返回值的函数调用时要用变量接收返回值，或者直接输出。

（6）Return 语句有带回返回值的作用，还可以结束被调函数的执行，所以一个函数只能执行一个 return 语句。

（7）在一个函数中调用另外一个函数称为函数的嵌套调用，而函数调用自己本身称为函数的递归调用，有时候用递归调用可以用简洁的代码解决复杂的问题，但是递归调用对内存的开销比较大，所以使用时要权衡利弊。

# 习 题

## 一、选择题

1. (　　) 是 C 程序的基本单位。

A. 语句　　B. 函数　　C. 子程序　　D. 过程

2. 有如下函数调用语句 fun (a1, a1+a2, (a3,a4)) ; 该函数调用语句中实参的个数是 (　　)。

A. 3　　B. 4　　C. 5　　D. 语法错误

3. 以下说法正确的是 (　　)。

A. C 程序中 main() 函数必须放在程序的开始部分

B. C 程序中要调用的函数必须放在 main() 函数之前

C. C 程序总是从 main() 函数开始执行

D. C 程序总是从定义的第一个函数开始执行

4. 下列关于函数的说法正确的值是 (　　)。

A. 函数可以嵌套定义，不可以嵌套调用

B. 函数不可以嵌套定义，可以嵌套调用

C. 函数可以嵌套定义，也可以嵌套调用

D. 函数不可以嵌套定义，也不可以嵌套调用

5. C 语言中函数的返回值类型根据 (　　) 来决定。

A. 定义函数时所给出的函数类型　　B. 主调函数的函数类型

C. return 语句中表达式的类型　　D. 调用该函数时实参的数据类型

6. 以下关于函数的若干说法中，错误的是 (　　)。

A. 函数未被调用时，系统不为形参分配内存空间

B. 实参将地址或值传递给形参后就释放原先占用的存储单元

C. 值传递函数调用时，实参与其对应的形参在内存中占用不同的内存单元

D. 当数组名作为函数调用的实参时，传递给形参的是一个地址

7. 关于函数的声明，(　　) 正确。

A. float hello(float x,float y)　　B. float hello(float x; float y)

C. float hello(float x,float y);　　D. float hello(float x, y)

8. C 语言中，函数值的默认类型名是 (　　)。

A. void　　B. int　　C. float　　D. double

9. 当一个函数无返回值时，定义时函数的类型应该是 (　　)。

A. 任意　　B. void　　C. int　　D. 无

10. 函数说明时，不会出现的部分是 (　　)。

A. 函数名字　　B. 返回值表达式　　C. 函数类型　　D. 函数参数类型

## 二、填空题

1. 当_______语句被执行时，程序执行流程无条件从一个函数跳转到另一个函数。

2. 函数内部申明局部变量的存储类型，默认存储类型是_______。

3. 设函数中有整形变量 n，保证其在未赋值情况下初始值为 0，其存储类型应该为_______。

4. C 语言中，只有在使用时才占用内存单元的变量，其存储类型是_______。

5. C 语言的标准函数库中，平方根函数名是_______。

6. 下列程序的输出结果是_______。

```
int fun(int a, int b)
{
    If (b==0)
        return a;
    else
        return (fun (--a, --b));
}
void main( )
{
    printf("%d\n" ,fun(4,2));
}
```

7. 下列程序的输出结果是_______。

```
int fun(int x)
{
    static int t=0;
    return(t+=x);
}
void main( )
{
    int s ,i ;
    for(i=1;i<=5;i++)
        s=fun(i);
    printf("%d\n" ,s);
}
```

8. 下列程序的输出结果是_______。

```
int a=5;
void fun(int x)
{
    int a=10;
    a+=b;
    printf("%d" ,a);
}
void main( )
{
    int c=20 ;
    fun(c);
    a+=c;
```

```
    printf("%d\n" ,a);
}
```

9. 下列程序的输出结果是________。

```
int fun(int x)
{
    int p;
    if(x==5)
    return(3);
    p=x*f(x+1);
    return p;
}
void main( )
{
    printf("%d" ,f(2));
}
```

10. 以下函数调用的输出结果是________。

```
int fun(int x,int y)
{
    return x+y;
}
void main()
{
    int x=6,y=8,z=18,a;
    a=fun(fun(x,y),z);
    printf("%d",a);
}
```

## 三、编程题

1. 写出判断一个数是否为素数的函数，即当主程序中输入一个整数时，判断该整数是否是一个素数。

2. 求整数 $n!$。

# 第7章 指　针

指针是C语言的灵魂，C语言之所以成为目前运行效率最高的高级语言之一，主要得益于指针的强大功能，通过指针可以实现对物理内存的直接操作。正确而灵活地运用指针可以使程序简洁、紧凑和高效，同时，指针也是一个非常容易引起混淆的概念，使用不当会导致一些隐蔽而严重的程序问题。

**学习目标**

- 了解指针在C语言中的作用和重要性，理解指针是指向内存地址的变量，了解动态内存分配（如malloc()、calloc()、realloc()和free()函数）及其与指针的关系。
- 掌握指针变量的声明、初始化和使用方法。掌握指针的关系运算和逻辑运算。
- 学会使用指针遍历数组元素。掌握返回指针的函数写法及其应用场景。
- 具备将复杂问题分解为简单指针操作的能力，针对实际问题，能够运用指针进行内存管理和数据结构操作。使学生学会分享自己的编程经验和技巧，具备团队协作能力。

## 7.1 指针与指针变量

### 7.1.1 地址和指针

我们知道，计算机的内存由很多存储单元组成，这些存储单元是以字节为单位的一个连续存储空间。为了正确访问这些存储单元，必须为每个存储单元编号，这样一来，根据每个存储单元的编号，就找到了这个存储单元，这个编号类似于现实世界中的地址，在C语言中，地址又被称为指针。

一般来说，C系统为整型变量分配4个字节，如果在程序中有这样一条语句：int i=3;，则在编译的时候，系统分配编号为1000~1003的四个存储单元给变量i。如图7.1所示。

对变量i的存取就是通过它的地址进行的，如printf("%d",i)。这条语句在计算机内部是这样执行的：根据编译的时候分配给i的地址1000，首先找到1000这个编号的存储单元，然后从1000

开始的 4 个字节中读出数据并输出。像这种对变量的存取方式，称为直接访问。

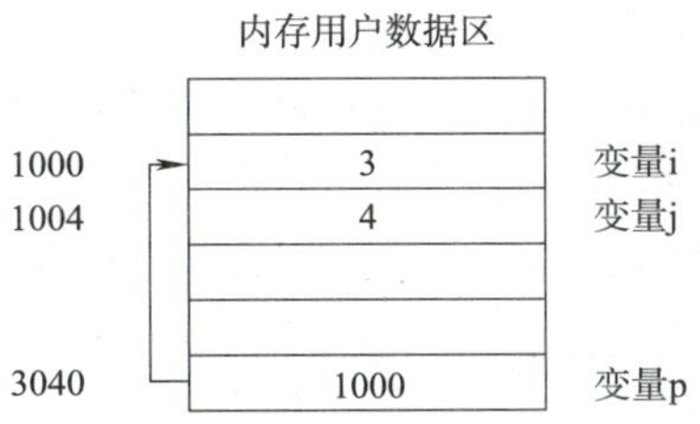


图 7.1 变量存储单元分配图

还可以采用另一种称为间接访问的方式，即将变量 i 的地址放在另一个变量 a 中，然后通过该变量 a 来找到变量 i 的地址，从而实现访问 i 变量。由于变量 a 存放的是另一变量的地址，称这种变量为指针变量。此时，该 C 语句为 a=&i；

## 7.1.2 直接访问和间接访问

（1）直接访问：根据变量名直接向变量赋值，如 i=3，如图 7.2（a）所示；

（2）间接访问，先找到存放变量的地址的变量，从其中得到变量 i 的地址，从而找到变量 i 的存储单元，再对它赋值，如 *a=3，如图 7.2（b）所示；

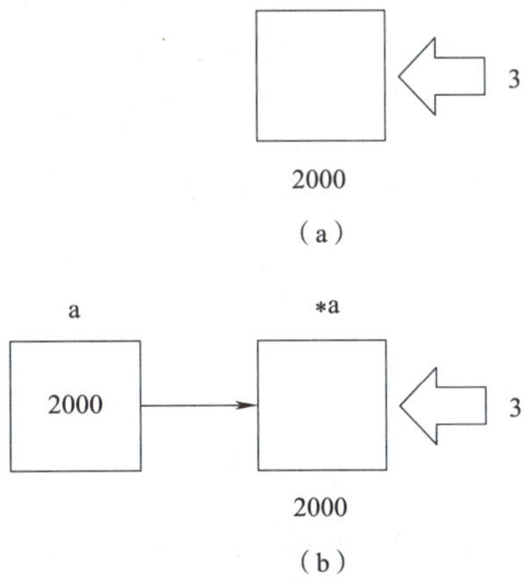


图 7.2 变量访问方式

可以说 i 的指针是 2000，而不能说 i 的指针变量是 2000，指针是一个地址，而指针变量是存放地址的变量。

## 7.1.3 指针变量

定义指针变量的一般形式为：

```
类型名 * 指针变量名；
```

如 float * ptr;，左端的 float 是在定义指针变量时必须指定的“基类型”。指针变量的基类型是指此指针可以指向的变量的类型，因此指针变量是基本数据类型派生出来的类型，不能脱离基本类型而独立存在。可以在定义指针变量的同时对它进行初始化，例如：

```
int a; int *ptr1=&a;
```

在使用指针变量时，要注意以下几点：

（1）定义指针变量时，变量名前面的"*"表示该变量是指针型变量，指针变量名是 ptr，而不是 *ptr。对其赋值时，不应写成 *ptr=&a;。

（2）指针变量所赋的值必须与它所指向的基类型保持一致，否则会出错，例如：

```
int a=10;
float *pa;
pa=&a;
```

错误原因：变量 a 为 int 类型，指针 pa 为 float* 型，赋值语句"pa=&a"中，赋值号右侧为整型变量的地址，而赋值号左侧为指向实型变量的指针，两侧不匹配。

（3）指针变量必须先赋值才能使用。未经赋值的指针称为悬空指针，不能使用，否则会造成系统数据丢失甚至死机。例如：

```
int a=10,b,*p;
int *pt
*p=a;
b=*p;
scanf( "%d",pt);
```

错误原因：因为以上程序段指针变量 p 和 pt 都没有赋值，是悬空指针，故 *p 引用无效的内存单元，导致程序运行出错，scanf( "%d",pt) 语句输入的数据将无处存放。

（4）指针变量只能赋值地址，而不能赋值数值例如：

```
int *pt;pt=100;
```

错误原因：在程序中是不能用一个数值代表地址的，地址只能用取地址运算符"&"得到并赋给一个指针变量，如 ptr=&num。

### 7.1.4 指针变量作为函数参数

函数参数的类型既可以是整型、浮点型和字符型，也可以是指针类型，使用指针变量可以得到多个变化了的值，而不使用指针变量，采用函数调用，则只能得到一个返回值。

**例 7.1** 输入 num1 和 num2 两个整数，按先大后小的顺序输出 num1 和 num2。

**解题思路：** 可以定义一个函数 exchange()，它含有两个指向整型变量的形参 ptr1 和 ptr2，在 exchange() 函数内部利用指针实现两个数据的交换。

**程序编写：**

```
#include<stdio.h>
int main()
{
    void exchange(int *ptr1,int *ptr2);
    int a,b;
    int *pointer_1,*pointer_2;
    printf("please enter num1 and num2:");
```

```
    scanf("%d,%d",&a,&b);
    pointer_1=&a;
    pointer_2=&b;
    if(a<b) exchange(pointer_1, pointer_2);
    printf("max=%d,min=%d\n",a,b);
    return 0;
}
void exchange(int *ptr1,int *ptr2)
{
    int num;
    num=*ptr1;
    *ptr1=*ptr2;
    *ptr2=num;
}
```

**运行结果：**

```
please enter a and b:34,67
max=67,min=34
```

**程序分析：**程序运行时，首先执行 main() 函数，输入 a 和 b 的值，然后将 &a 和 &b 分别赋给变量 pointer_1 和 pointer_2，从而使 pointer_1 指向 a，pointer_1 指向 b，当执行到 if 语句时，由于控制台输入的是 34，67，故调用了 exchange() 函数，将实参变量的值传递给形参，虚实结合后形参 ptr1 的值为 &a，形参 ptr2 的值为 &b，也即 ptr1 和 pointer_1 都指向变量 a，ptr2 和 pointer_2 都指向变量 b. 在执行 exchange() 函数内部语句后，*ptr1 和 *ptr2 的值进行了互换，也就是使 a 和 b 的值进行互换。函数调用结束后，变量 ptr1 和 ptr2 释放了，但是 a 和 b 的值已经互换了，所以最后在 main() 函数中输出的 a 和 b 的值是交换后的值，如图 7.3 所示。

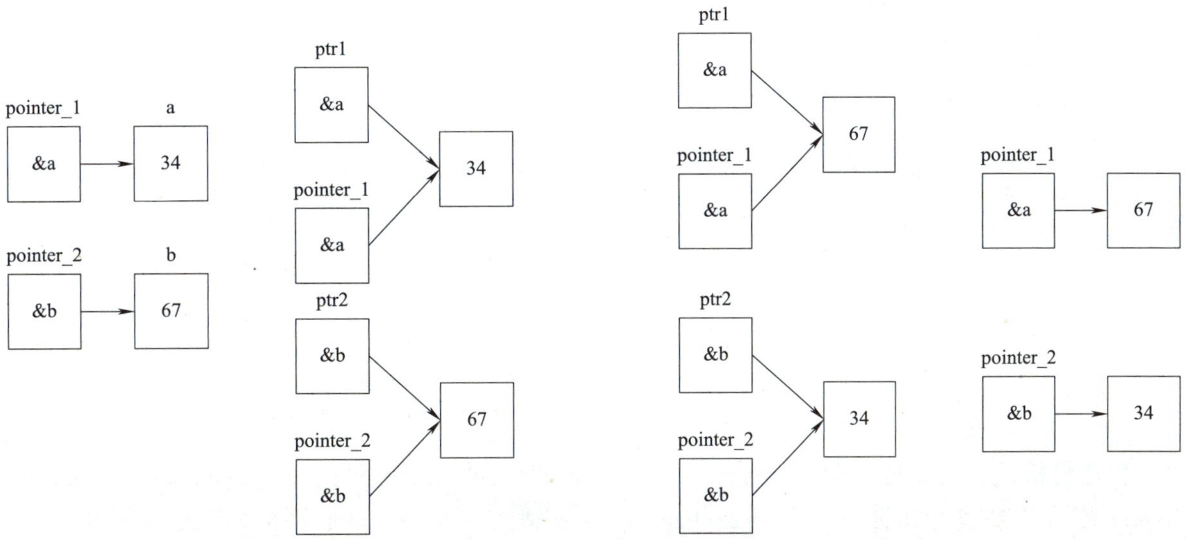


图 7.3　指针变量作为函数参数

上述程序说明：如果想利用函数调用得到 n 个要改变的值，不能采取把要改变值的变量作为函数参数的办法，而应该用指针变量作为函数参数，在函数执行过程中使指针变量所指向的变量值发生变化，这样，在函数调用结束后，虽然形参释放掉了，但是指针变量所指向的变量值的变化依然保留下来了。具体方法是：

（1）在主调函数中设 n 个变量，同时定义 n 个指针变量一一指向它们。

（2）定义一个函数，有 n 个指针形参。

（3）在主调函数中调用这个自定义函数，在调用的时候，将定义的 n 个指针变量作实参，进行虚实结合。

（4）在被调函数中，通过形参指针变量，改变它们所指向的 n 个变量的值。

（5）主调函数中可以使用这些被改变了值的变量。

请注意，指针变量作形参，同样遵循单向传递的原则，即实参传值给形参，反过来形参不能传值给实参。

**例 7.2** 题目要求如例 7.1，重写程序如下：

**编写程序：**

```
#include<stdio.h>
int main()
{
    void exchange(int *ptr1,int *ptr2);
    int a,b;
    int *pointer_1,*pointer_2;
    printf("please enter num1 and num2:");
    scanf("%d,%d",&a,&b);
    pointer_1=&a;
    pointer_2=&b;
    if(a<b) exchange(pointer_1, pointer_2);
    printf("max=%d,min=%d\n",a,b);
    return 0;
}
void exchange(int *ptr1,int *ptr2)
{
    int *p;
    p=ptr1;
    ptr1=ptr2;
    ptr2=p;
}
```

**运行结果：**

```
please enter a and b:34,67
max=34,min=67
```

**程序分析：**该运行结果没有达到题目要求，错误发生在如下一步：在 exchange() 函数中，ptr1 与 ptr2 的值已经发生了互换。但是 exchange() 函数调用完毕后，ptr1 和 ptr2 已经释放掉了，形参 ptr1 与 ptr2 不能将它们已被改变的值（此时 ptr1=&b,ptr2=&a）重新传回给实参 pointer_1 和 pointer_2。这说明，不可能通过执行调用函数来改变实参指针变量的值，但是可以改变实参指针变量所指变量的值。

# 7.2 指针变量与数组

## 7.2.1 指向一维数组的指针

一个变量有地址，而数组是由若干元素组成的，每一个元素都在内存中占有一段存储单元，因此，每个元素也都有一个地址，数组元素的地址即数组元素的指针。而数组名代表数组首元素的地址。

定义数组元素指针的方法如下：

```
int a[10];
int *p;
p=&a[0];
```

上述代码表示将数组元素 a[0] 的地址赋给指针变量 p，此时 p 指向数组 a 中的 a[0] 元素，又因为数组名是数组首元素的地址，所以 p=&a[0] 也可以写成 p=a;。

如果有定义：

```
int a=3,list[5]={1,2,3,4,5},*p1,*p2
```

那么如下赋值运算都是正确的：

```
p1=&list[2];
p1=list;
p2=p1;
*p1=1;
```

在引用数组元素时指针的运算：

（1）如果指针变量 p 已指向数组中的一个元素，则 p+1 指向同一数组中的下一个元素，p−1 指向同一数组中的上一个元素。注意：执行 p+1 时并不是将 p 的值简单地加 1，而是加上一个数组元素所占用的字节数。

但是，系统怎么知道要把这个 1 转换成一个数组元素所占用的字节数。然后与 p 的值相加呢？这是因为定义指针变量时要指定基类型，例如：int *p，现在 p 指向 int 型的数组元素，在执行 ++p 时，系统会根据 p 的基类型为 int 型而将其值加 4，这样 p 就指向 int 型数组的下一个元素。如果 p 原来指向 a[0]，执行后 p 的值改变了，在 p 的原值基础上加 4，这样 p 就指向了数组的下一个元素 a[1]。

（2）如果 p 的初值为 &a[0]，则：p+i 和 a+i 就是 a[i] 的地址，它们的计算方法和 p+1 相同，即它的实际地址为 a+i*d（其中 d 为一个数组元素所占的字节数）

（3）*（p+i）或 *（a+i）是 p+i 或 a+i 所指的数组元素，即 a[i]。例如 *（p+5）或 *（a+5）就是 a[5]，即 *（p+5）= *（a+5）=a[5]。实际上，在编译时，对数组元素 a[i] 就是处理成 *（a+i）的，即按数组首地址加上相对偏移量 i*d 得到要找的元素的地址，然后找出该单元中的内容。

（4）如果指针变量 p1 和 p2 都指向同一数组中的元素，如执行 p2−p1，结果是 p2−p1 的值（两个地址之差）除以数组元素的长度。假设 p2 指向实型数组元素 a[5]，p2 的值为 2020；p1 指向 a[3]，其值为 2012，则 p2-p1 的结果是（2020-2012）/4=2。这个结果是有意义的，表示 p2 所指的元素与 p1 所指的元素之间差 2 个元素。这样，我们就可以不必知道 p1 和 p2 的值，然后再去计算它们的相对位置，而是直接用 p2-p1 就可以知道它们所指元素的相对距离。

**例 7.3** 通过指针变量输出整型数组 a 的 10 个元素。

**解题思路：** 定义一个指向整型变量的指针，将数组的首元素地址传给它，然后逐一移动指针指向数组的下一个元素，从而输出数组中所有元素。

**编写程序：**

```
#include<stdio.h>
int main()
{
    int *p,i,a[10];
    p=a;
    printf("please enter 10 integer numbers:");
    for(i=0;i<10;i++)
        scanf("%d",p++);
    p=a;
    for(i=0;i<10;i++,p++)
        printf("%d",*p);
    printf("\n");
    return 0;
}
```

**运行结果：**

```
please enter 10 integer numbers:0 1 2 3 4 5 6 7 8 9
0 1 2 3 4 5 6 7 8 9
```

**程序分析：** 为什么必须要加上 p=a 这个赋值语句呢？请仔细分析 p 的值的变化过程。指针变量 p 的初始值为 a 数组第一个元素的地址，经过第一个 for 循环读入数据后，p 已经指向 a 数组的末尾了。因此，如果没有 p=a 这个赋值语句，进入第二个 for 循环后，p 的起始值已经是 a+10 了。因此 p 指向的是 a 数组下面的 10 个存储单元，而这些存储单元的值不可预料。

## 7.2.2 用数组名作函数参数

一维数组名作实参，是将数组的首地址进行传递，使得子函数内的形参指针指向数组的首元素，所以，形参指针必须与数组同类型。

若有如下的代码：

```
int main()
{
    int a[5]={10,20,30,40,50};
    …
    fun(a);
}
```

以上代码中 "fun(a)" 是函数调用语句，实参为一维数组名，对应的形参为 int * 型的指针变量。

C 语言提供了形参的两种等价形式：

```
fun(int *p)
fun(int p[])
```

**例 7.4** 在主函数中定义一个大小为 10 的整型一维数组，并初始化数组元素。定义 output() 函数输出数组元素，再定义 sort() 函数对数组元素进行降序排序。

**解题思路：** 在 output() 函数中利用指针法逐一输出数组元素。在 sort() 函数中利用冒泡排序进行排序。

**编写程序：**

```
#include<stdio.h>
void output(int *p);
void sort(int p[]);
int main()
{
     int a[10]={2,4,9,1,5,8,10,7,6,3};
     printf("该数组的初始值为:\n");
     output(a);
     sort(a);
     printf("\n降序排序后该数组的元素:\n");
     output(a);
     return 0;
}
void output(int *p)
{
     int i;
     for(i=0;i<10;i++)
     {
          printf("%d\t",*(p+i));
     }
}
void sort(int p[])
{
  int i,j,t;
     for(i=0;i<9;i++)
     {
          for(j=0;j<9-i;j++)
          {
          if(p[j]<p[j+1])
          {
               t=p[j];
               p[j]=p[j+1];
               p[j+1]=t;
          }
      }
  }
}
```

**运行结果：**

```
该数组的初始值为:
2    4    9    1    5    8    10    7    6    3
降序排序后该数组的元素:
10   9    8    7    6    5    4     3    2    1
```

**程序分析：**

（1）程序第 14 行 void output(int *p) 和第 22 行 void sort(int p[]) 是形参的两种不同写法，形参 p 都是指针变量。

（2）程序第 19 行 “printf("%d\t",*(p+i));”，是指针法引用数组元素，条件表达式第 29 行 if(p[j]<p[j+1]) 是下标法引用数组元素。

## 7.2.3 指向二维数组的指针

### 1. 行指针和列指针

与一维数组一样，二维数组名是数组首元素的地址，但是因为二维数组是“数组的数组”，也即二维数组是由若干个一维数组组成的，所以，二维数组名代表首行的起始地址。即若有“int a[3][4];”语句，则 a 代表首行的起始地址，a+1 代表序号为 1 的行的起始地址。假设二维数组首行的起始地址为 2000，则 a+1 的值为 2000+4×4=2016，同理 a+2 的值为 2000+8×4=2032，即 a+i 为行指针。

对于二维数组 a[3][4] 而言，a[0],a[1],a[2] 既然是一维数组名，而不是一般的数组元素，从前面已知，数组名代表数组首元素的地址，因此，a[0] 代表一维数组 a[0] 中的第 0 列元素的地址，即 &a[0][0]，同理，a[1] 的值为 &a[1][0]，a[2] 的值是 &a[2][0]，a[0]+1 就是数组元素 a[0][1] 的地址，依此类推，任意数组元素 a[i][j] 的地址为 a[i]+j，所以称 a[i] 为列指针。

二维数组 a 的行指针、列指针和数值的关系见表 7.1。

**表 7.1 行、列指针对应数值表**

| 行指针 | 列指针 | 数值 | | | |
|---|---|---|---|---|---|
| a | a[0] | a[0][0] | a[0][1] | a[0][2] | a[0][3] |
| a+1 | a[1] | a[1][0] | a[1][1] | a[1][2] | a[1][3] |
| a+2 | a[2] | a[2][0] | a[2][1] | a[2][2] | a[2][3] |

二维数组元素的地址表示形式较多，每种地址形式都有对应的数组元素引用方法，如数组元素地址：

```
&a[i][j], a[i]+j, *(a+i)+j
```

对应的数组元素为：

```
a[i][j],*(a[i] +j),*(*(a+i)+j)
```

### 2. 指向二维数组元素的指针变量

**例 7.5** 有一个 4×5 的二维数组，要求用指向元素的指针变量输出二维数组各元素的值。

**解题思路：** 定义一个整型指针变量，让它指向二维数组的第一行的第一个元素，随着指针的移动，依次输出 p 指向的每一个元素。

**编写程序：**

```
#include<stdio.h>
int main()
{
    int num[4][5]={1,2,3,4,5,6,7,8,9,10,11,12,13,14,15,16,17,18,19,20};
    int *p;
    for(p=a[0];p<a[0]+20;p++)
    {
        if((p-a[0])%5==0)  printf("\n");
        printf("%4d",*p);
    }
    printf("\n");
}
```

**运行结果：**

```
1  2  3   4   5
6  7  8   9   10
```

**程序分析：** 上述程序中定义了一个整型指针变量 p，让它指向二维数组的第一行的第一个元素，由于数组在内存中是连续存放的，故可以通过循环 p++，让 p 指向下一个元素，同时输出 p 指向的每一个元素，通过判断条件“(p-a[0])%5==0”实现每输出 5 个元素进行换行显示。

### 3. 指向由 *m* 个元素组成的一维数组的指针变量

语法结构：

```
数据类型名  (*指针变量名) [行元素个数]
```

如：int (*a)[4] 表示定义 a 为一个指针变量，它指向包含 4 个整型元素的一维数组。*a 两侧的括号不可少，因为若写成 int *a[4]，根据 C 语言的优先级，[ ] 的运算级别高于 *，故 a 先与 [4] 结合，显然这是定义数组，然后再与 int * 结合。这就是我们后面要学的指针数组了。

**例 7.6** 有一个 4×5 的二维数组，要求用指向一维数组的指针变量输出二维数组任一行任一列的元素的值。

**解题思路：** 定义一个行指针，然后让它指向该二维数组的首地址，利用指针的移动原理，输出指定行列的元素。

**编写程序：**

```
#include<stdio.h>
int main()
{
    int a[4][5]={{1,2,3,4,5},{6,7,8,9,10},{11,12,13,14,15},{16,17,18,19,20}};
    int (*p)[5],i,j;
    p=a;
     printf("please enter row and column:");
     scanf("%d,%d",&i,&j);
     printf("a[%d,%d]=%d\n",i,j,*(*(p+i)+j));
```

```
10.     return 0;
11. }
```

**运行结果：**

```
please enter row and column:1,2
a[1,2]=8
```

**程序分析：**程序第 5 行 int(*p)[5] 表示一个行指针，它指向包含 4 个整型元素的一维数组，从键盘上输入指定行列的位置，通过指针的移动，即“*(*(p+i)+j)”，使指针指向第 i 行第 j 列的元素，将其输出。

## 7.3 指针数组

若一个数组的元素均为指针类型的数据，则这个数组就称为指针数组，也即该数组的每一个元素均存放一个地址，指针数组的定义如下：

```
int *p[4];
```

根据 C 语言的优先级，[ ] 的优先级大于 *，故上述语句可写为 (int *)p[4]，就是说，p 先与 [4] 相结合，说明 p 是数组，该数组的元素类型为 (int *)，说明此数组的每个元素都指向一个整型变量，显然该数组是指针类型的数组。

使用指针数组，可以使字符串的处理更加方便和灵活，方法是定义一些字符串，然后用指针数组中的元素分别指向各字符串，例如，汉口学院图书馆有若干本编程的书，可以定义一个指针数组 book，让 book[0] 中存放字符串“Java EE program”的首字符的地址，让 book[1] 中存放字符串“Java Web”的首字符的地址……

现在我们要对这些字符串进行排序，则不需要将整个字符串进行移动，只需要改变指针数组中各元素的值，也即改变指针数组中各元素的指向即可，显然，移动指针变量的值要比整体移动字符串的位置要快得多。

**例 7.7** 将若干字符串按字母顺序（由小到大）输出。

**解题思路：**可以使用选择法排序，按照前面的分析，定义一个指针数组 string，每个数组元素指向一个字符串，通过对比数组元素所指向的字符串的大小，交换指针指向，使得 string[0] 指向的字符串的值最小、string[4] 指向的字符串的值最大。

**编写程序：**

```
#include<stdio.h>
#include<string.h>
int main()
{
    void sort(char *string[],int n);
    void print(char *string[],int n);
    char *string[]={"javaweb", "hadoop", "vue", "node.js", "mysql"};
    int n=5;
    sort(string,n);
```

```
    print(string,n);
    return 0;
}
void sort(char *string[],int n)
{
    char *temp;
    int i,j k;
    for( i=0;i<n-1;i++)
    {
        k=i;
        for(j=i+1;j<n;j++)
            if(strcmp(string[k],string[j])>0)
                k=j;
        if(k!=i)
        {
            temp=string[i];
            string[i]=string[k];
            string[k]=temp;
        }
    }
}
void print(char *string[],int n)
{
    int i;
    for(i=0;i<n;i++)
        printf("%s\n",string[i]);
}
```

**运行结果：**

```
hadoop
javaweb
mysql
node.js
vue
```

**程序分析：**在 main() 函数中定义指针数组 string，它含有 5 个元素，其初值分别是“javaweb”“javaee”“vue”“node.js”“mysql”这五个字符串的首地址，显然，这些字符串是不等长的。

sort() 函数的作用是对字符串排序。用选择法对字符串排序，strcmp() 是系统提供的字符串比较函数，string[k] 和 string[j] 是第 k 个和第 j 个字符串首字符的地址。

strcmp(string[k],string[j]) 的值为：若 string[k] 所指的字符串大于 string[j] 所指的字符串，则此函数值为正值；若相等，则函数值为 0；若小于，则函数值为负值。if 语句的作用是将两个串中较小的那个串的序号（k 或者是 j）放在变量 k 中，执行完内循环 for 语句后，从第 i 串到第 n 串这些字符串中，第 k 串最小。如果 k 与 i 不相等，说明最小的串不是第 i 串，因此要将 string[i] 和 string[k] 对换，也就是将指向第 i 个字符串的数组元素的值与指向第 k 个字符串的数组元素的值对换，表示在图 7.4 上，即是将他们的指向互换，执行完毕后指针数组的情况如图 7.4 所示。

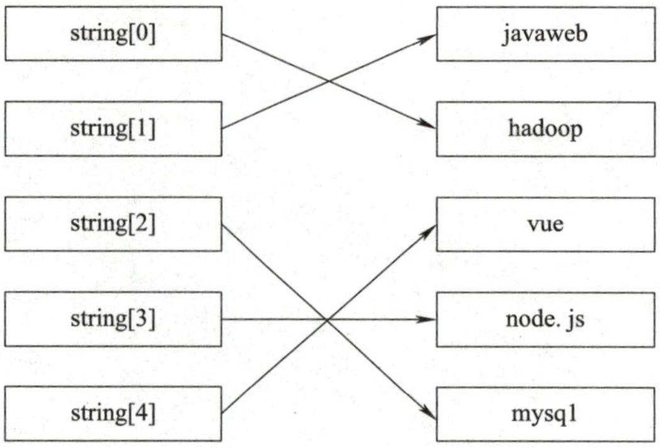


图 7.4 指针数组排序图

print() 函数的作用是输出各字符串。string[0]~string[4] 分别是按从小到大顺序排好序的各字符串的首字符地址，用 %s 格式符就可以输出这些字符串。

**例 7.8** 输入 1~7 中的一个整数，输出其对应的星期几的英文单词。

**解题思路：** 此题目可定义一个指针数组，然后用指针数组中的元素分别指向各字符串，进而输出某个指针数组元素对应的字符串内容。

**编写程序：**

```
#include<stdio.h>
int main()
{
    char *week[7]={"monday", "tuesday", "wednesday", "thursday", "friday",
    "saturday", "sunday"};
    int day;
    printf("请输入 1~7 中的一个整数 :");
    scanf("%d",&day);
    if(day>=1&&day<=7)
    {
        printf("星期 %d 的英文单词是 :%s\n",day,week[day-1]);
    }
    else
    {
        printf("无效的数值 \n");
    }
    return 0;
}
```

**运行结果：**

```
请输入 1~7 中的一个整数 :3
星期 3 的英文单词是 :wednesdaynode.js
```

**程序分析：** 上述程序定义了一个指针数组 *week[7]，数组元素分别指向了周一至周日 7 个字符串。由于数组下标从 0 开始，而题目要求周一至周日与 1~7 相对应，所以，输出某个日期时，要用该数字减 1，即“week[day−1]”。

# 7.4 指针变量与字符串

## 7.4.1　字符串的引用

在之前章节的学习过程中，已经知道字符串是存放在字符数组中的，可以通过字符数组来新建一个字符串，也可以通过 printf( “%s”, 数组名 ) 来输出整个字符串。

**例 7.9** 用字符数组来存放和输出字符串 “Hankou University”

**编写程序：**

```
#include<stdio.h>
int main()
{
    char school [ ]="Hankou University";
    printf("%s\n", school);
    return 0;
}
```

**运行结果：**

```
Hankou University
```

我们学习了指针变量之后，就可以利用字符指针变量来指向一个字符串常量，从而来引用该字符串。

使用指针变量来改写上述程序：

```
#include<stdio.h>
int main()
{
    char *school="Hankou University";
    printf("%s\n", school);
    return 0;
}
```

**运行结果：**

```
Hankou University
```

**程序分析：** 上述程序的原理是，定义了一个 char * 类型的指针变量，用字符串 “Hankou University” 对它初始化，实际上是把字符串第一个元素的地址，即存放字符 'H' 的地址赋给了指针变量 school，而并不是把整个字符串都赋给 school，因为指针变量中只能存放地址，其示意图如图 7.5 所示。

```
char *school="Hankou University";
```

这行代码等价于下面两行代码：

```
char *school;
school="Hankou University";
```

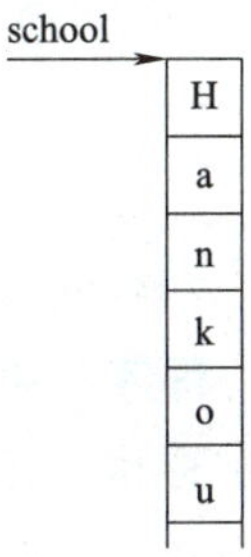


图 7.5　指针指向字符串

那么，为什么可以通过字符指针变量输出整个字符串呢？因为输出表列中给出了字符指针变量名，则系统在运行时，会输出 school 所指向的字符串第 1 个字符，然后自动使 school 加 1，这样 school 就指向了下一个字符，再输出第 2 个字符……如此，直到遇到字符串结束标志 '\0' 为止。

## 7.4.2 字符指针变量作函数形参

利用字符指针变量作形参，可以将一个字符串从一个函数“传递”到另一个函数，在被调用的函数中可以改变字符串的内容，在主调函数中可以引用改变后的字符串。

**例 7.10** 用字符指针变量作实参，通过函数调用实现字符串复制。

**解题思路：** 定义两个指针分别指向两个字符串，再将两个指针作为实参来调用函数，被调函数中通过指针的移动实现字符串的复制。

**编写程序：**

```
#include<stdio.h>
int main()
{
    void copy_zifucuhan(char from[],char to[]);
    char source[]="computer major!";
    char destination[]="internet of things major!";
    char *a=source,*b=destination;
    printf("string source=%s\nstring destination=%s\n",source,destination);
    printf("copy string source to string destination:\n");
    copy_zifucuhan(a,b);
    printf("string source=%s\nstring destination=%s\n",source,destination);
    return 0;
}
void copy_zifucuhan(char from[],char to[])
{
    int i=0;
    while(from[i]!='0')
    {
        to[i]=from[i];
        i++;
    }
    to[i]='\0';
}
```

**运行结果：**

```
string source=computer major!
string destination=internet of things major!
copy string source to string destination:
string destination=computer major!
```

**程序分析：** 上述程序中定义了两个字符型指针变量 a、b，分别指向两个字符串，以这两个指针变量作为函数的实参来调用函数“copy_zifucuhan()”，该函数中利用 "from[i]!='0'" 做判断，该条件成立时，随着指针的移动进行复制，即 "to[i]=from[i]"，当 "from[i]!='0'" 不成立时，说明已复制完成，在其末尾添加字符串结束标志 "\0"。

### 7.4.3 使用字符指针变量和字符数组的比较

#### 1. 在内容上

字符数组是数组，它存放的是一系列字符元素；而字符指针变量中存放的是地址，该地址是字符串首元素的地址。

#### 2. 在赋值方式上

字符指针变量是变量，因此可以对它进行赋值和多次再赋值，而字符数组名是常量，故不能进行赋值，只能对其中的某一个元素赋值。如：

```
char students[20];
students[2]='b';      //对字符数组其中的某一个元素赋值，合法
students="abcdefg"    //对字符数组名赋值，非法
```

#### 3. 在初始化上

字符指针变量可以先定义，后赋值；而对数组的初始化，只能在定义时对各元素赋初值，而不能定义后再用赋值语句对字符数组中全部元素整体赋值。如：

```
char *spring;
spring="I live in wuhan";                //合法
char string[20]= "I live in wuhan";      //定义时赋初值，合法
char string[20];
string[20]="I live in wuhan";            //将字符串赋给数组中各元素，非法
```

## 7.5 指针与函数

### 7.5.1 指向函数的指针

如果在程序中定义了一个函数，在编译时，系统为函数代码分配一段存储空间，这段存储空间和数组一样，也有一个起始地址，函数名就代表该函数的起始地址，也称为这个函数的指针，因此，若定义一个指针变量，它用来存放一个函数的入口地址，则这个指针变量就称为指向函数的指针变量。其格式如下：

```
int (*pointer)(int,int)
```

上式中，定义 pointer 是一个指向函数的指针变量，它指向的函数是有两个整型参数，且返回值为整型的函数。

#### 1. 定义和使用指向函数的指针变量

定义指向函数的指针变量的语法格式如下：

```
函数返回值类型名 (* 指针变量名) (函数参数表列)
```

如下例所示：

```
int (*pointer)(int,int)
```

怎么判断指针变量是指向函数的指针变量呢？首先看变量名的前面有无“*”，若有，肯定是指针变量而不是普通变量。其次，看变量名的后面有无圆括号，且其内有类型。如有，就是指向函数的指针变量，这对圆括号是函数的特征。显然 (*pointer) 整体代表函数名，从而说明 pointer 这个指针是指向有两个整型参数，且返回值为整型的函数。

**例 7.11** 通过指针变量调用它所指向的函数。

```
#include<stdio.h>
int main()
{
    int max(int ,int);
    int(*pointer)(int,int);
    int a,b,c;
    pointer=max;
    printf("please input two numbers:");
    scanf("%d,%d",&a,&b);
    c=(*pointer)(a,b);
    printf("a=%d\nb=%d\nmax=%d\n",a,b,c);
    return 0;
}
int max(int a,int b)
{
    int c;
    if(a>b)
        c=a;
    else
        c=b;
    return c;
}
```

**运行结果：**

```
please input two numbers:23,35
a=23
b=35
max=35
```

**程序分析：** int(*pointer)(int,int); 是用来定义一个指向有两个整型形参并且返回值是整型的函数，初学者切记 *pointer 两侧的括号不能省略，若省略之后，就变成了 int *pointer(int,int), 就成为了声明一个 pointer 函数了（该函数的返回值是一个指向整型变量的指针）。

赋值语句“pointer=max”的作用是将函数 max() 的入口地址赋给指针变量 pointer，因为函数名代表该函数的入口地址。这样 pointer 就是指向函数 max() 的指针变量，此时 pointer 和 max 都指向该函数的开头，如图 7.6 所示。所以，调用 *pointer 就是调用 max() 函数。由于 pointer 只能指向函数的入口处而不可能指向函数中间的某一条指令，故不能用 *(pointer) 来表示函数的下一条指令，这是指向函数的指针和指向数组的指针的重要区别。

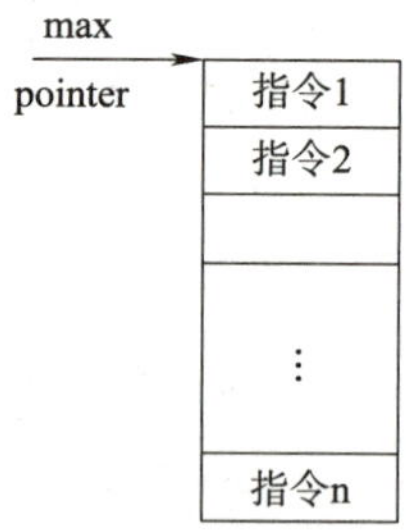


**图 7.6 函数入口地址赋给指针变量 pointer**

main() 函数中的一个赋值语句：c=(*pointer)(a,b); 实际上就是 c=max(a,b)。

它实现了利用指针进行函数的调用。

### 2. 用指向函数的指针作函数实参

指向函数的指针可作为函数参数，把函数的入口地址传递给形参，这样就可以实现函数的嵌套调用了。其原理如下：有一个函数 function()，它有两个形参 c1 和 c2，其中 c1 和 c2 都是指向函数的指针变量。程序调用函数 function() 时，实参为两个函数名 fun1() 和 fun2()，这样在函数 function() 中就可以调用 fun1() 和 fun2() 函数了。

程序如下：

```
void function (int (*c1)(int),int(*c2)(int,int))
{
    int num1,num2,a=3,b=5;
    num1=(*c1)(a);
    num2=(*c2)(a,b);
}
```

在 function() 函数中，声明了两个形参 c1 和 c2，它们都是指向函数的指针变量，其中 c1 指向的函数有一个整型形参，返回值是整型；c2 指向的函数有两个整型形参，返回值也是整型。function() 函数的形参 c1 和 c2 在函数 function() 未被调用时，不占用内存单元，当然也就不指向任何函数。当主函数调用 function() 函数时，将 fun1() 和 fun2() 函数的入口地址传给形参变量 c1 和 c2，这样一来，c1 和 c2 就指向了 fun1() 和 fun2()，此时，在函数 function() 中，(*c1)(a) 就等价于 fun1(a),(*c2)(a,b) 就等价于 fun2(a,b)。

**例 7.12** 有两个实数 num1 和 nmu2，由用户输入 1、2 和 3。如输入 1，程序就给出 num1 和 num2 中的最大值，输入 2，则给出 num1 和 num2 中的最小值，输入 3，则求 num1 与 num2 之差。

**编写程序：**

```
#include<stdio.h>
int main()
{
    void fun(double x,double y,double(*p)(double,double));
    double max(double,double);
    double min(double,double);
    double subtract(double,double);
    double a=3.4,b=2.1;
    int n;
    printf("please choose 1,2 or 3:");
    scanf("%d",&n);
    if(n==1)
        fun(a,b,max);
    else if(n==2)
            fun(a,b,min);
        else if(n==3)
                fun(a,b,subtract);
    return 0;
}
void fun(double x,double y,double(*p)(double,double))
```

```
{
    double result;
    result=(*p)(x,y);
    printf("%f\n",result);
}
double max(double x,double y)
{
    double z;
    if(x>y)
        z=x;
    else
        z=y;
    printf("max=");
    return z;
}
double min(double x,double y)
{
    double z;
    if(x<y)
        z=x;
    else
        z=y;
    printf("min=");
    return z;
}
double subtract(double x,double y)
{
    double z;
    z=x-y;
    printf("difference=");
    return z;
}
```

**运行结果：**

（1）选择 1，调用的是 max() 函数。

```
please choose 1,2 or 3:1
max=3.400000
```

（2）选择 2，调用的是 min() 函数。

```
please choose 1,2 or 3:2
min=2.100000
```

（3）选择 3，调用的是 subtract() 函数。

```
please choose 1,2 or 3:3
min=1.300000
```

**程序分析：** 函数 fun() 的首部用 float(*p)(float,float) 声明了形参 p 是指向一个返回值为浮点型，且有两个浮点型形参的函数。max()，min() 和 subtract() 是已定义的 3 个函数，分别用来完成求最大值、最小值和求两数之差的功能。

具体来说，当输入 1 时，调用 fun() 函数，实参分别是 a,b, 和函数名 max, 分别传递给形参 x,y 和 p。此时 fun() 函数中的语句 (*p)(x,y) 就相当于 max(x,y)，fun() 函数调用了 max(x,y)，从而输出 a 和 b 中的大者。

当输入 2 时，调用 fun() 函数，实参分别是 a,b 和函数名 min，分别传递给形参 x,y 和 p。此时 fun() 函数中的语句 (*p)(x,y) 就相当于 min(x,y)，fun() 函数调用了 min(x,y)，从而输出 a 和 b 中的小者。

当输入 3 时，情况类似。

上述的三种情况如图 7.7 所示。

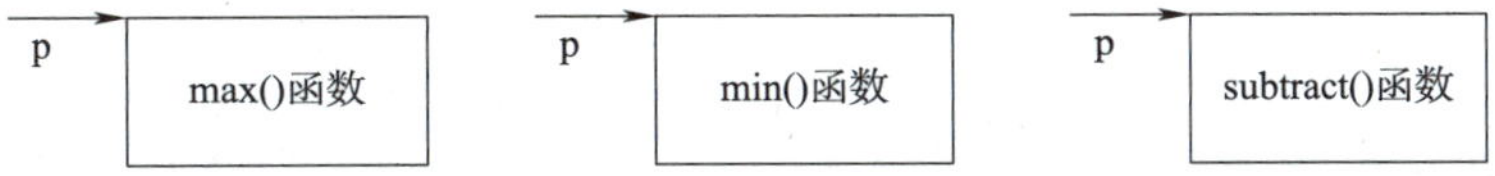


图 7.7　通过函数指针变量调用不同的函数

## 7.5.2　返回指针值的函数

如果一个函数的返回值是地址，我们就说它是返回指针值的函数，因为地址就是指针。

定义一个返回指针值的函数的形式为：

```
类型名 * 函数名（参数表列）
```

例如：

```
int *a(int x , int y)
```

根据 C 语言的优先级，在标识符 a 的左右两侧分别是 * 和 () 这两种运算符。因为 () 的优先级高于 *，所以这是一个函数的形式，其返回值为 int * 类型，即该函数为返回指针型的函数。

**例 7.13** 某科技兴趣小组有 3 名学生，每个学生有 4 门选修课程的成绩，现在要求输入学生学号后，输出对应学生的全部成绩，要求用返回指针值的函数来实现。

**解题思路：** 首先定义一个二维数组 grade，用来存放学生的成绩，定义一个输出一名学生的全部成绩的函数 search()，该 search() 函数的返回值为指针，其形参有两个，分别是指向一维数组的指针变量和整型变量。主函数调用 search() 函数，将数组名 grade 和要找的学生学号 i 传递给形参。该 search() 函数的返回值为 &grade[i][0]，主函数得到这个地址后，再输出该生的全部成绩。

**编写程序：**

```
#include<stdio.h>
int main()
{
    float grade[][4]={{70,67,80,96},{56,79,93,59},{30,89,61,89}};
    float *search(float (*pointer)[4],int n);
    float *p;
    int i,k;
    printf(" 请输入要查找的学生的学号 ");
    scanf("%d",&k);
```

```
        printf("the grades of No.%d are:\n",k);
        p=search(grade,k);
        for(i=0;i<4;i++)
            printf("%5.2f\t",*(p+i));
        printf("\n");
        return 0;
    }
    float *search(float(*pointer)[4],int n)
    {
        float *q;
        q=*(pointer+n);
        return q;
    }
```

**运行结果：**

```
请输入要查找的学生的学号 2
the grades of No.2 are:
30.00   89.00   61.00   89.00
```

**程序分析：** 由于 search() 函数被定义为指针型函数，它的形参 pointer 为指向包含 4 个元素的一维数组的指针变量，main() 函数调用 search() 函数，将 grade 数组的首行首地址给了 pointer，所以 pointer+k 指向 grade 数组序号为 k 的行，加了 * 后，*(pointer+k) 指向 k 行 0 列元素，也即 *(pointer+k)=&grade[k][0]，然后 p 被赋值为这个地址，最后再利用 for 循环，将此学生的 4 门课程成绩依次输出。

**例 7.14** 某科技兴趣小组有 3 名学生，每个学生有 4 门选修课程的成绩，现在要求找出其中的有不及格的课程的学生及其学生号。

**解题思路：** 可以在例 7.13 的基础上进行修改，main() 函数先后调用 3 次 search() 函数，在 search() 函数中检查 3 个学生有无不及格的课程，若有，就返回该学生的 0 号课程的地址 &grade[i][0]，否则返回 NULL。在 main() 函数中检查返回值，输出有不及格学生的 4 门课的成绩。

**编写程序：**

```
#include<stdio.h>
int main()
{
    float grade[][4]= {{70,67,80,96},{56,79,93,59},{30,89,61,89}};
    float *search(float(*pointer)[4]);
    float *p;
    int i,j;
    for(i=0;i<3;i++)
    {
        p=search(grade+i);
        if( p==*(grade+i))
        {
            printf("No.%d score:",i);
            for(j=0;j<4;j++)
                printf("%5.2f",*(p+j));
            printf("\n");
```

```
        }
    }
    return 0;
}
float *search(float(*pointer)[4])
{
    int i=0;
    float *pt;
    pt=NULL;
    for(;i<4;i++)
        if(*(*pointer+i)<60) pt=*pointer;
    return pt;
}
```

**运行结果：**

```
No.1 score: 56.00  79.00  93.00  59.00
No.2 score:30.00  89.00  61.00  89.00
```

**程序分析：** 函数 search() 的作用是检查一个学生有无不及格的课程。在 search() 函数中的 pointer 是指向有四个元素组成的一维数组的指针变量，pt 为指向 float 型变量的指针变量。程序运行中，从实参传给形参 pointer 的是 grade+i，代表 grade 第 i 行的首地址。在函数 search() 中，先使 pt=NULL，若检查 4 门课中有不及格的，就使 pt 指向本行 0 列元素，即 pt=&grade[i][0]，如果没有不及格，则使 pt 的值保持为 NULL，然后将 pt 返回 main() 函数中，赋给 p，用 if 语句判断 p 与 *(score+i) 是否相等，若相等，则表示所查的学生有不及格的课程，就输出该学生的 4 门成绩。

## 7.6 程序举例

**例 7.15** 请编写程序实现数组元素值的逆置功能。

**编写程序：**

```
#include<stdio.h>
void f(int *x,int *y);
void main()
{
    int a[8]={1,2,3,4,5,6,7,8};
    int i,*p,*q;
    printf("原数组:\n");
    for(i=0;i<8;i++)
        printf("%4d",a[i]);
    printf("\n");
    p=a;
    q=&a[7];
    while(p<q)
    {
        f(p,q);
        p++;
        q--;
```

```
    }
    printf("逆序后数组:\n");
    for(i=0;i<8;i++)
        printf("%4d",a[i]);
}
void f(int *x,int *y)
{
    int t;
    t=*x;*x=*y;*y=t;
}
```

**运行结果：**

```
原数组:
   1   2   3   4   5   6   7   8
逆序后数组:
   8   7   6   5   4   3   2   1
```

**程序分析：**程序开始时，p 指向数组 a 的第一个元素，而 q 指向数组 a 的最后一个元素，再调用函数 f() 将 p 的指针传给形参 x，将 q 的指针值传给形参 y，然后交换 x 和 y 所指数组元素的值。交换后，p 和 q 的指向都是向数组 a 的中间位置移动，当 p>q 时，循环就终止了，因此程序最终的输出结果是 87654321，实现了逆序。

用另一种方法实现数组元素逆序排列。

```
#include<stdio.h>
#include<string.h>
void f(char *s,char *t)
{
    char k;
    k=*s;*s=*t;*t=k;
    s++;t--;
    if(*s)
    f(s,t);
}
void main()
{
    char str[]="abcdefg",*p;
    printf("原数组:%s\n",str);
    p=str+strlen(str)/2+1;
    f(p,p-2);
    printf("逆序后数组:%s\n",str);
}
```

**运行结果：**

```
原数组:abcdefg
逆序后数组:gfedcba
```

**程序分析：**str 是字符数组 str 的起始位置，而 strlen(str) 的值是字符数组 str 中所存放字符串的字符个数，其值为 7，执行 p=str+strlen(str/2+1)；语句后，p 定位在 str+4 的位置，执行函数调用语句，

f(p,p-2)，当实参传递给形参后，s 定位在 str[4]，而 t 定位在 str[2]。在函数 f() 的执行过程中，语句“k=*s;*s=*t;*t=k;”完成了 s 与 t 所指字符的交换。交换后，s 的指针值后移一个字符位置（即“s++;”），而 t 的指针值前移一个字符位置（即“t--;”）。接下来执行条件语句“if(*s)f(s,t);”，即先判断当前 s 所指的位置中的字符是否为 0（字符 '\0'），若为 0 则相当于执行一个空语句；若不为 0 则递归调用“f(s,t)”，继续交换指针变量所指的字符，然后再改变指针变量的指向。这个递归调用持续到 s 所指字符为 '\0' 时为止。

视频

例7.16

**例 7.16** 编写程序，要求使用指针，交换两个一维数组中的最大值。

**编写程序：**

```
#include<stdio.h>
#define N 5
int *findMax(int *p1);
void swap(int *pa_max,int *pb_max);
void output(int *pa,int *pb);
int main()
{
    int a[N]={3,5,2,9,7},b[N]={4,8,6,10,1};
    int *max_a,*max_b;
    printf("交换前\n");
    output(a,b);
    max_a=findMax(a);
    max_b=findMax(b);
    swap(max_a,max_b);
    printf("\n交换后\n");
    output(a,b);
    return 0;
}
int *findMax(int *p1)
{
    int *max ,*p2;
    max=p1;
    for(p2=p1+1;p2<p1+N;p2++)
    {
        if(*p2>*max)
        {
            max=p2;
        }
    }
    return max;
}
void swap(int *pa_max,int *pb_max)
{
    int t;
    t=*pa_max;*pa_max=*pb_max;*pb_max=t;
}
void output(int *pa,int *pb)
{
    int i;
```

```
    printf("数组a:");
    for(i=0;i<N;i++)
    {
        printf("%-6d",pa[i]);
    }
    printf("数组b:");
    for(i=0;i<N;i++)
    {
        printf("%-6d",pb[i]);
    }
}
```

**运行结果：**

```
交换前
数组a:3     5     2     9     7     数组b:4     8     6     10    1
交换后
数组a:3     5     2     10    7     数组b:4     8     6     9     1
```

**程序分析：**该程序由四个函数组成，即main()函数、findMax()函数、swap()函数和output()函数，其中swap()函数是交换两个一维数组的最大值，利用指针接收两个最大值的地址，在swap()函数里实现交换。output()函数里实现了输出数组a和数组b中的全部元素，将a和b的首地址赋给output()函数的形参，利用下标法输出各自的全部元素。findMax()函数最复杂，它的形参是指向一维数组的首元素，返回值是返回一维数组最大值的地址，在findMax()函数里，首先执行语句“max=p1”，默认第一个数最大，然后利用for循环，遍历数组，再利用if语句查找最大值。

**例 7.17** 编写程序，要求用函数实现寻找一个二维数组的鞍点，即该元素在该行上值最大且在该列上值最小。

**编写程序：**

```
#include <stdio.h>
int findSaddlePoint(int (*matrix)[3], int rows, int cols, int *saddleRow, int *saddleCol);
int main()
{
    int matrix[3][3] = {
        {9, 8, 7},
        {5, 3, 2},
        {6, 6, 7}
    };
    int saddleRow, saddleCol;
    int isFound = findSaddlePoint(matrix, 3, 3, &saddleRow, &saddleCol);
    if (isFound) {
        printf("鞍点位于位置(%d,%d),值为%d\n",saddleRow+1,saddleCol + 1, matrix[saddleRow][saddleCol]);
    }
    else {
        printf("没有找到鞍点\n");
    }
    return 0;
```

```
}
int findSaddlePoint(int (*matrix)[3], int rows, int cols, int *saddleRow, int *saddleCol)
{
    int i , j, k;
    for (i = 0; i < rows; ++i)
    {
        int maxInRow =0;
        int colIndex = -1;
        for (int j = 0; j < cols; ++j)
        {
            if (*(matrix[i]+j) > maxInRow)
            {
                maxInRow = *(matrix[i]+j);
                colIndex = j;
            }
        }
        int isMinInCol = 1;
        for (int k = 0; k < rows; ++k)
        {
                if (*(matrix[k]+colIndex)<maxInRow)
                {
                    isMinInCol = 0;
                    break;
                }
        }
        if (isMinInCol)
        {
            *saddleRow = i;
            *saddleCol = colIndex;
            return 1;
        }
    }
    return 0;
}
```

**运行结果：**

```
鞍点位于位置（2,1），值为 5
```

**程序分析：**在这个程序中，findSaddlePoint() 函数接收一个指向二维数组首元素的指针 matrix、行数 rows 和列数 cols，以及两个整型指针 saddleRow 和 saddleCol 用于存储鞍点的位置。使用 *(matrix[i]+j) 的方式通过指针计算出矩阵中特定位置的元素值。在主函数 main() 中，创建了一个矩阵，并调用了 findSaddlePoint() 函数来查找鞍点。如果找到了鞍点函数返回 1，并设置 saddleRow 和 saddleCol 为鞍点所在的行和列；如果没有找到，则返回 0。

视频

例7.18

**例 7.18** 编写一个函数，要求不用字符串函数实现子串的搜索，若找到子串则返回子串在主串的开始位置，否则返回 -1。此外，参数传递要求采用指针方式。

编写程序：

```
#include <stdio.h>
int findSubstring(const char *mainStr, const char *subStr);
int main()
{
    const char mainStr[] = "This is a simple example";
    const char subStr[] = "simple";

    int position = findSubstring(mainStr, subStr);

    if (position != -1) {
        printf("子串 '%s' 在主串中的起始位置是：%d\n", subStr, position);
    } else {
        printf("未找到子串 '%s'\n", subStr);
    }
    return 0;
}
int findSubstring(const char *mainStr, const char *subStr)
{
    const char *pMain = mainStr;
    while (*pMain) pMain++;
    int mainLen = pMain - mainStr;
    const char *pSub = subStr;
    while (*pSub) pSub++;
    int subLen = pSub - subStr;
    if (subLen > mainLen) {
        return -1;
    }
    const char *p;
    for (p = mainStr; *p; ++p)
    {
        if (*p == *subStr)
        {
            const char *q = p + 1;
            const char *r = subStr + 1;
            while (*r && *q == *r)
            {
                q++;
                r++;
            }
            if (*r == '\0') {
                return p - mainStr;
            }
        }
    }
    return -1;
}
```

**运行结果：**

```
子串 'simple' 在主串中的起始位置是：10
```

**程序分析：**在这个程序中，findSubstring() 函数接收两个指向字符数组的指针：mainStr 和 subStr。首先计算主串和子串的长度。这里通过遍历字符串直到遇到空字符 \0 来计算长度。如果子串长度大于主串长度，直接返回 -1，因为不可能在主串中找到一个比它还长的子串。使用一个循环遍历主串，寻找与子串第一个字符匹配的位置。一旦找到匹配的第一个字符，使用嵌套的循环检查后续字符是否也匹配。如果所有字符都匹配，则返回当前位置。如果遍历完主串后仍未找到匹配的子串，返回 -1。

## 小　结

（1）C 语言将变量的地址称为指针，而存储指针的变量称为指针变量。访问变量时可以通过变量名直接访问，也可以通过变量的地址间接访问。

（2）指针变量必须先赋值再使用，未赋值的指针称为野指针，使用野指针可能有意想不到的问题，比如它所指向的空间是受保护的，或者此空间的数据是有用的数据、不宜修改等问题。

（3）指针变量作为函数参数时，由于传递的是变量的地址，所以在函数内部修改变量的值，原变量也会改变。

（4）编译器不检查数组的下标，是因为下标引用的数组元素实际编译时是按照地址进行编译的，比如长度是 5 的数组 a，其第三个元素 a[2] 在编译时是按照 *（a+2）进行编译的。

（5）指针加减一个整数得到的仍然是一个地址。

（6）由于数组名代表的是一个地址，所以用数组名作为函数参数时，实际上是地址传递，情况与（3）相同。

（7）指向一维数组的指针实际上是一个列指针，指针的移动是列下标的移动，而指向二维数组的指针是行指针，指针的移动是在数组的行下标上移动，也就是指针移动一位，数组移动一行。

（8）指针数组中每一个数组元素都是一个指针变量。

（9）由于函数名代表的是函数的入口地址，所以函数名也称为函数指针，而指向函数入口地址的指针变量称为函数指针变量。

（10）如果一个函数的返回值是地址，就说它是返回指针值的函数，调用此函数时需要用一个指针变量接收函数返回值。

## 习　题

### 一、选择题

1. 已知“char s[10],*p=s;”，则下列语句中错误的是（　　）。

A. p=s+5;　　B. s=p+s;　　C. s[2]=p[4]　　D. *p=s[0]

2. 已知“int a,*b,b=&a;”，则下列运算错误的是（　　）。

A. *&a　　B. &*a　　C. *&b　　D. &*b

3. 已知“char s[20]="programming",*ps=s;”，则不能引用字母 o 的表达式是（　　）。

A. ps+2　　B. s[2]　　C. ps[2]　　D. ps+=2,*ps

4. 现有如下定义语句：

```
int *p,s[20],i;
p=s;
```

则表示数组元素 s[i] 的表达式不正确的是（　　）。

A. *(s+i)　　B. *(p+i)　　C. *(s=s+i)　　D. *(p=p+i)

5. 已知“char *p,*q;”，则下面语句正确的是（　　）。

A. p*=3;　　B. p/=q;　　C. p+=3;　　D. p+=q;

6. 已知“int*p,n;”，则通过语句 scanf 能够正确读入数据 n 的程序段是（　　）。

A. p=&n;scanf("%d",&p);　　B. p=&n;scanf("%d",*p);

C. scanf("%d",n);　　D. p=&n;scanf("%d",p);

7. 若有定义“int x,*pb”则以下表达式正确的是（　　）。

A. pb=&x　　B. pb=x　　C. *pb=&x　　D. *pb=*x

8. 以下程序的输出结果是（　　）。

```
#include<stdio.h>
void main()
{
    printf("%d\n",NULL);
}
```

A. 因变量无定义输出不定值　　B. 0

C. −1　　D. 1

9. 若有语句“int *point,a=4;”和“point=&a;”，则下面均代表地址的一组选项是（　　）。

A. a,point,*&a　　B. &*a,&a,*point　　C. *&point,*point,&a　　D. &a,&*point,point

10. 若有下面的程序段：

```
char s[]="China" ;char *p;p=s;
```

则下列叙述正确的是（　　）。

A. s 和 p 完全相同

B. 数组 s 中的内容和指针变量 p 中的内容相等

C. 数组 s 的长度和 p 所指向的字符串长度相等

D. *p 与 s[0] 相等

11. 已定义以下函数：

```
fun(char *p2,char *p1)
{
```

```
    while((*p2=*p1)!='\0')
    {
        p1++;
        p2++;
    }
}
```

则此函数的功能是（　　）。

A. 将 p1 所指字符串复制到 p2 所指内存空间

B. 将 p1 所指字符串的地址赋给指针 p2

C. 对 p1 和 p2 两个指针所指字符串进行比较

D. 检查 p1 和 p2 两个指针所指字符串中是否有 '\0'

12. 下面程序段中，输出“*”的个数是（　　）。

```
char *s="\ta\018bc";
for(;*s!='\0';s++)printf("*");
```

A. 9　　B. 5　　C. 6　　D. 7

13. 下列程序执行后的结果为（　　）。

```
#include<stdio.h>
int main()
{
    int c[][4]={1,2,3,4,5,6,7,34,213,56,62,3,23,12,34,56};
    printf("%x,%x\n",c[2][2],*(*(c+1)+1));
    return 0;
}
```

A. 3e,6　　B. 62,5　　C. 56,5　　D. 3E,6

## 二、填空题

1. “&”在指针部分代表______运算符，“*”代表______运算符。

2. 已知“int a[]={1,2,3,4},y,*p=&a[1];”，则执行语句“y=(*--p)++;”后，变量 y 的值为______。

3. 已知“char s1[10],*s2="ab\0cdef ";”，则执行语句“strcpy(s1,s2);”后，变量 s1 的内容为______。

4. 设有以下定义和语句，则 *(*(p+2)+1) 的值为______。

```
int a[3][2]={10,20,30,40,50,60},(*p)[2];
p=a;
```

5. 以下程序的运行结果是______________。

```
#include<stdio.h>
void sub(int x,int y,int z)
{
    *z=y-x;
}
int main()
{
```

```
    int a,b,c;
    sub(10,5,&a);
    sub(7,a,&b);
    sub(a,b,&c);
    printf("%d,%d,%d\n",a,b,c);
    return 0;
}
```

6. 以下程序的运行结果是______________。

```
#include<stdio.h>
int main()
{
    int k=2,m=4,n=6;
    int *pk=&k,*pm=&m,*p;
    *(p=&n)=*pk*(*pm);
    printf("%d\n",n);
    return 0;
}
```

7. 以下程序的运行结果是______________。

```
#include<stdio.h>
void prtv(int *x)
{
    printf("%d\n",++*x);
}
int main()
{
    int a=25;
    prtv(&a);
    return 0;
}
```

8. 以下程序的运行结果是______________。

```
#include<stdio.h>
ss(char *s)
{
    char *p=s;
    while(*p)
        p++;
    return(p-s);
}
int main()
{
    int k=2,m=4,n=6;
    int i;
    i=ss(a)
    printf( “%d\n”,i);
    return 0;
}
```

9. 以下程序的运行结果是______________。

```
#include<stdio.h>
int main()
{
    char b[]="ABCD";
    char *chp;
    for(chp=b;*chp;chp+=2)
    printf("%s\n",chp);
    return 0;
}
```

10. 以下程序的运行结果是______________。

```
#include<stdio.h>
void ss(char *s,char t)
{
    while(*s)
    {
        if(*s==t)
            *s=t-'a'+'A';
        s++;
    }
}
int main()
{
    char str1[100]="abcddfefdbd",c='d';
    ss(str1,c);
    printf("%s\n",str1);
    return 0;
}
```

## 四、编程题

1. 利用程序来判断一个字符串是否为另一个字符串的字串。

2. 已有一个按降序排好序的数组，现输入一个数，要求仍按降序的规律将它插入到数组中。

3. 用指针和函数实现将一维数组的元素循环左移 *m* 位。

4. 编写一个函数 fun()，其功能是删除字符串中的数字字符。例如，若输入字符串“01China2010”，则输出字符串“China”。此外，参数传递要求采用指针方式。

# 第 8 章
# 结 构 体

前面章节已经对C语言的各种基本数据类型进行了介绍，包括数组和指针类型。然而基本数据类型只能处理单个数据，或者同一类型的多个数据，无法处理复杂的多种数据类型的数据结构。而在实际应用过程中，经常要处理一些彼此关系密切，而数据类型又不相同的数据结构，比如处理学生的信息（包括姓名、年龄、分数等）。为此C语言为广大用户提供了一种处理多个不相同数据类型的数据结构，这就是结构体。本章将以前介绍的基本数据类型为基础，进一步介绍结构体数据类型的定义，包括结构体变量、结构体数组、结构体指针的定义，以及使用typedef进行类型的定义和结构体的应用——链表。

**学习目标**

- 了解结构体在C语言程序设计中的重要性，了解结构体成员的访问和修改方法，以及如何在程序中正确使用结构体。
- 掌握结构体类型的定义及结构体变量的初始化等，理解结构体数组和结构体指针的概念，掌握如何声明和使用它们，以及如何通过指针访问结构体成员。
- 具备根据实际问题需求设计合理的结构体类型，并通过结构体变量来存储和处理数据、解决实际问题的能力。通过运用结构体解决实际编程问题，培养学生的逻辑思维能力和问题解决能力，使学生具备独立思考和解决问题的能力。

## 8.1 结构体类型的定义与结构体变量

### 8.1.1 结构体类型的定义

结构体类型与数组相似，都属于构造数据类型，区别在于数组是由相同数据类型的多个数据（又称为数组元素）组成的数据集合。而结构体则是由不同数据类型的数据组成，每一个数据称为结构体的一个成员。由于结构体类型是一种构造类型，而且不是C语言的基本数据类型，没有事先定义好，因此在使用结构体类型前需由用户自行构造和定义，进而用定义好的结构体类型来定义结构体变量。

结构体类型定义的一般形式：

```
struct 结构体名
{
    数据类型 结构体成员 1;
    数据类型 结构体成员 2;
    ……
    数据类型 结构体成员 n;
};
```

其中 struct 是关键字，是结构体定义的标识符，“struct 结构体名”构成了一个新的结构体类型名。{} 内是结构体成员，可以有若干个，每个成员都需要进行类型说明，值得注意的是 {} 后有 ;。

这里以学生登记信息为例，其结构体类型定义如下：

```
struct student
{
    char no[20];            // 学号
    char name[10];          // 姓名
    char sex;               // 性别
    int score;              // 成绩
};
```

这里定义了一个 struct student 的结构体类型，其使用方法同 int、char、float 等 C 语言的基本数据类型一样，该结构体类型有四个成员，分别是 no、name、sex、score，每个成员都需要有数据类型。

需要做以下几点说明：

（1）struct 是关键字，student 是结构体名，它们组合在一起构成了结构体类型 struct student。

{} 括号内是结构体成员，每个成员由该成员的数据类型和成员名组成，成员的数据类型可以是 C 语言提供的基本数据类型，也可以是用户自定义结构体类型。

举例说明：

```
struct date                     // 生日
{
    int year;
    int mouth;
    int day;
};
struct student
{
    char name[10];              // 姓名
    char sex;                   // 性别
    int  age;                   // 年龄
    struct date birthday;       // 生日
};
```

这里 struct student 这种结构体类型中有一名为 birthday 的成员，其数据类型是另外一种 struct date 结构体类型，当然 C 语言还允许嵌套定义，下面举例说明：

```
struct student
{
    char name[10];                  //姓名
    char sex;                       //性别
    int  age;                       //年龄
    struct date                     //生日
    {
      int year;
      int mouth;
      int day;
    } birthday;
};
```

上例中，是在 struct student 这种结构体类型的内部定义了另外一种结构体类型 struct date，并用其定义了一个变量 birthday。C 语言允许嵌套定义，但是不允许递归定义（指针变量除外），例如，下面的定义方式就是不正确的：

```
struct student
{
    char no[20];
    char name[10];
    struct student a;
};
```

这种定义方式是不正确的，因为在创建变量 struct student a; 时，struct student 这种结构体类型还未定义完成，所以不能创建该种结构体类型的变量，但是可以在结构体类型的定义中，用该结构体类型来定义一个指向该结构体类型变量的指针变量，例如：

```
struct student
{
    char no[20];
    char name[10];
    struct student *next;
};
```

在结构体类型 struct student 的定义过程中，用此种结构体类型定义了一个指针变量 next，表示 next 指向了一个 struct student 结构体类型的变量，这种定义方式的一个重要的应用就是链表，将在本章后面单独一节中进行讲解。

（2）同一个结构体中各个成员名不能相同，而在嵌套定义中，不同层的结构体类型中的变量名可以相同。

（3）整个结构体类型的定义也是用“;”作为结束标识。

（4）结构体的定义可在函数内部，也可以在函数外部。它们的区别在于作用域不同，函数内部定义的结构体类型，只在函数内部起作用，而在函数外定义的结构体类型，其有效范围是从定义之处开始，到它所在的源文件结束。

（5）结构体类型是用户自定义类型，如上面例子只是对结构体类型 struct student 进行定义，编译时系统并不为其分配存储空间，只有用它定义变量的时候，才会分配相应的存储空间。

## 8.1.2　结构体变量的定义

如前一小节所述，结构体定义之后，就可以用它定义变量了，只有用此种结构体类型定义了变量，系统才会分配相应的存储空间。使用结构体类型定义变量有以下 3 种方式：

（1）先定义结构体类型，再定义结构体变量，定义格式如下：

```
struct 结构体名
{
    数据类型 结构体成员 1;
    数据类型 结构体成员 2;
    ……
    数据类型 结构体成员 n;
};
结构体类型 结构体变量名列表;
```

举例说明：

```
struct student
{
    char no[20];            // 学号
    char name[10];          // 姓名
    char sex;               // 性别
    int score;              // 成绩
};
struct student stu1,stu2;
```

其中，struct student 是一个整体，代表一个结构体类型，而 stu1、stu2 则是这个结构体类型的两个变量，就如同 int a,b; 中的 int 是数据类型，a、b 是此种类型的变量一样。

（2）定义结构体类型的同时定义结构体变量，定义格式如下：

```
struct 结构体名
{
    数据类型 结构体成员 1;
    数据类型 结构体成员 2;
    ……
    数据类型 结构体成员 n;
}结构体类型 结构体变量名列表；
```

举例说明：

```
struct student
{
    char no[20];            // 学号
    char name[10];          // 姓名
    char sex;               // 性别
    int score;              // 成绩
} struct student stu1,stu2;
```

这里，在定义 struct student 这种结构体类型的同时定义结构体变量 stu1、stu2，这种定义方式与前一种并无本质上的区别。

（3）直接定义无结构体类型名的结构体变量，定义格式如下：

```
struct
{
    数据类型 结构体成员 1;
    数据类型 结构体成员 2;
    ……
    数据类型 结构体成员 n;
} 结构体变量名列表 ;
```

举例说明：

```
struct
{
    char no[10];          // 学号
    char name[10];        // 姓名
    char sex;             // 性别
    int score;            // 成绩
} stu1,stu2;
```

这种定义方式省略了结构体名 student，定义的效果与前两种方式完全相同。区别在于，不能在后面程序中的其他地方再定义这种结构体类型的变量。

结构体变量所占的存储空间不会像普通变量（如 int a;）那样是固定，stu1 占多少存储空间取决于它的结构体类型中成员的类型及成员个数。

上一节结构体类型的定义中讲过，结构体可以嵌套定义，那么当结构体成员中有另外一个结构体类型变量时，是如何分配存储空间的？如前所述，采用下面方式定义结构体变量时：

```
struct date
{
    int year;
    int mouth;
    int day;
};
struct student
{
    char name[10];
    char sex;
    int  age;
    struct date birthday;
};
struct student stu1;
```

或者：

```
struct student
{
    char name[10];
    char sex;
    int  age;
```

```
        struct date
        {
          int year;
          int mouth;
          int day;
        } birthday;
    };
    struct student stu1;
```

### 8.1.3 结构体变量的赋值

#### 1. 结构体变量的初始化

结构体变量初始化，即是在结构体变量定义的同时给结构体变量中的各成员变量赋值，初始化时数据类型必须与对应的成员类型相一致，且个数不能超过成员个数，初始化数据个数少于成员个数，则与数组赋值类似，未被赋值的初始化为 0。

结构体变量初始化有以下两种形式：

（1）先定义结构体类型，再定义结构体变量并进行初始化。

```
struct student
{
    char no[20];
    char name[10];
    char sex;
    int score;
};
struct student stu1={"202321001" , "Li ming" , 'M' ,90 };
```

（2）在定义结构体类型的同时定义结构体变量并进行初始化。

```
struct student
{
    char no[20];
    char name[10];
    char sex;
    int score;
} stu1={"202321001" , "Li ming" , 'M' ,90 };
```

结构体变量赋值时要按顺序赋值，不能跳过前面的成员变量而给后面的成员变量赋值，否则容易出现编译错误。

#### 2. 结构体变量的整体赋值

结构体变量也可以定义之后再赋值，这里只讲述结构体变量的整体赋值，引用结构体的某个变量进行赋值将在下一小节讲述。

```
struct student
{
    char no[10];
    char name[10];
    char sex;
```

```
    int score;
} stu1={"202321001" , "Li ming" , 'M' ,90 },stu2;
stu2=stu1;
```

上例中定义了两个结构体变量 stu1 和 stu2，并对 stu1 进行了初始化，后再整体将 stu2 进行赋值。

### 8.1.4 结构体变量的引用

结构体变量是由不同类型的若干个成员组成的一个集合体，C 语言允许对结构体变量进行整体赋值，但是除赋值外，一般不对结构体变量进行整体引用。

结构体变量是通过结构体中的各成员进行引用的，结构体变量各成员的引用格式如下所示：

```
结构体变量名 . 成员名
```

结构体变量名与结构体成员名之间的符号为“.”，是 C 语言的一种运算符，称为成员运算符，对应的运算称为访问成员运算。成员运算符的优先级最高，结合性为从左向右。

**例 8.1** 结构体变量的赋值及输出。

**解题思路：** 本题可通过运算符“.”给结构体变量成员逐一赋值，再将此结构体变量整体赋值给另一个此结构体类型的变量，再进行输出。

```
#include<stdio.h>
void main()
{
    struct student
    {
        int num;
        char name[10];
        float score;
    }stu1,stu2;
    printf("Input num, name, score:\n");
    scanf("%d%s%f",&stu1.num, stu1.name, &stu1.score);
    stu2=stu1;
    printf(" 学号:%d\n",stu2.num);
    printf(" 姓名:%s\n",stu2.name);
    printf(" 分数:%f\n",stu2.score);
}
```

**运行结果：**

```
Input num,name,score:
61001 zhang 88.5
学号: 61001
姓名:zhang
分数: 88.50
```

**程序分析：** 先定义一个结构体类型，其成员即为学生的信息，定义结构体类型的同时创建两个结构体变量，通过 scanf() 函数给变量 stu1 的各成员赋值，并将变量 stu1 整体赋值给 stu2，最后输出 stu2 中的各成员信息。本例中用到了成员运算符“.”给结构体变量成员赋值，以及结构体变量的整体赋值这两种赋值方法。

**例 8.2** 输入两个学生的学号、姓名和成绩，输出成绩较高的学生学号、姓名和成绩。

**解题思路：** 由于两个学生的信息相同，故可以定义一个含有学号、姓名和成绩的结构体类型，再去创建此结构体类型的两个变量，通过运算符“.”给结构体变量成员逐一赋值，再将每个变量中的分数进行比较，最后输出分数高的那个结构体变量的学号。

```
#include<stdio.h>
struct student
{
    int num;
    char name[10];
    int score;
};
void main()
{
    struct student stu1,stu2;
    printf("请输入第一个学生数据信息:\n");
    scanf("%d%s%d",&stu1.num,stu1.name,&stu1.score);
    printf("请输入第二个学生数据信息:\n");
    scanf("%d%s%d",&stu2.num,stu2.name,&stu2.score);
    printf("The higher score is:\n");
    if(stu1.score==stu2.score)
    {
        printf("%10d%s%3d\n",stu1.num,stu1.name, stu1.score);
        printf("%10d%s%3d\n",stu2.num,stu2.name, stu2.score);
    }
    else if(stu1.score>stu2.score)
            printf("%10d%s%3d\n",stu1.num,stu1.name, stu1.score);
        else
            printf("%10d%s%3d\n",stu2.num,stu2.name, stu2.score);
}
```

**运行结果：**

```
请输入第一个学生信息:
2361001 zhang 90
请输入第二个学生信息:
2361002 wang 95
The higher score is:
2361002  wang 95
```

**程序分析：**

（1）定义两个 struct student 类型的变量 stu1 和 stu2，每个变量中分别有三个成员，用以存放学号、姓名和分数三个信息。

（2）分别输入两个学生的信息，在使用 scanf() 函数时注意，成员 stu2.num 与 stu2.score 前面要加 &，而成员 stu2.name 是数组，所以前面不需要加 &，每个成员的输入以空格键“.”或者【Enter】键为结束标志。

（3）通过比较两个学生的分数，即 stu1.score 和 stu2.score 的大小，来确定输出的内容，因为一个学生信息都存放在一个结构体变量中，所以当确定了分数大小之后，输出就很容易了。

**例 8.3** 阅读下列程序，给出运行结果。

```
#include<stdio.h>
struct NUM
{
    int n;
    int a[10];
};
void fun(int n ,int *a);
void main()
{
    int i;
    struct NUM num={10,{1,2,3,4,5,6,7,8,9,10}};
    fun(num.n, num.a);
    for(i=0;i<num.n;i++)
    printf("%d,",num.a[i]);
}
void fun(int n ,int *a)
{
    int i;
    for(i=0;i<n;i++)
    a[i]=a[i]+i;
}
```

**运行结果：**

```
1,3,5,7,9,11,13,15,17,19,
```

**程序分析：**主函数在调用 fun() 函数时，将结构体变量 num 中的成员 n 的值传给形参 n，将成员数组 a 的首地址传给了形参指针变量 a（即指针变量 a 指向数组 a 的起始地址），fun() 函数的功能是对形参 a 所指向的数组元素 a[i] 自增 i，执行完 fun() 函数之后再对数组 a 进行输出，所以输出结果为：1，3，5，7，9，11，13，15，17，19。

## 8.1.5 用 typedef 定义类型

### 1. 用 typedef 声明新类型名

由于结构体类型是自定义类型，由关键字 struct+ 结构体名所构成，所以结构体类型的名称比较长，用户在定义结构体变量时代码较长，也容易出错，对此，C 语言提供了一种方法，通过类型定义符 typedef 定义新类型，以取代已有的类型名。

typedef 类型定义语句如下：

```
typedef  原类型名  新类型名;
```

其中，typedef 是类型定义语句的关键字，其功能是为已定义的结构体类型重新取一个类型名。

使用 typedef 时应注意以下两点：

（1）typedef 只能为已有的类型增加一个新类型名，而不能创造新类型。

（2）typedef 只能用来定义类型名，不能用来定义变量。

用 typedef 语句可简化结构体定义，其方法有如下两种方式：

（1）先定义结构体类型，再用 typedef 定义新类型名：

```
struct student                      /* 定义结构体类型 */
{
    char no[20];
    char name[10];
    char sex;
    int score;
};
typedef struct student STU;         /* 为 struct student 定义新名体 STU */
STU stu1,stu2;                      /* 用 STU 定义变量 */
```

（2）在定义结构体类型的同时直接给其定义一个新类型名：

```
typedef struct student              /* 用 typedef 定义结构体类型 */
{
    char no[20];
    char name[10];
    char sex;
    int score;
} STU;                              /* 为其定义新名体 STU */
STU stu1,stu2;                      /* 用 STU 定义变量 */
```

值得注意的是，在使用此种方式定义时，要与（8.1.2 中）定义结构体类型的同时定义结构体变量的这种形式区分开。

**例 8.4** 下列四种结构体的定义有何不同？请加以说明。

```
(1) struct student                  (2) typedef struct
    {                                   {
        char no[20];                        char no[20];
        char name[10];                      char name[10];
        int score;                          int score;
    }stu1;                              }stu1;
(3) struct                          (4) typedef struct student
    {                                   {
        char no[20];                        char no[20];
        char name[10];                      char name[10];
        int score;                          int score;
    }stu1;                              }stu1;
```

**程序分析：**

（1）和（3）的定义相同，都是定义了一个结构体变量 stu1，其中（3）中的结构体类型无结构体名，所以后面程序中不能再用此结构体类型定义变量。

（2）和（4）的定义相同，结构体类型后面的 stu1 是结构体类型名，并不是结构体变量。

### 2. typedef 与 #define 的使用区别

也可以用宏定义 #define 使用一个符号常量来表示一个结构体类型，例如：

```
#define STU struct student
{
    char no[20];
    char name[10];
    int score;
};
STU stu1,stu2;
```

从定义形式上看，typedef 与 #define 很相似，但是两者是有区别的，主要体现在以下两方面：

（1）宏定义 #define 只是将字符串“struct student”与“STU”做了简单的替换，不管其含义是什么，即“struct student”可以是一个常量名、变量名、类型标识符等，都可以，而 typedef 的功能仅是给已存在的类型标识符取一个新名称。

（2）宏定义 #define 是由预处理完成的，而 typedef 是在编译时完成的，所以 typedef 更为灵活方便。

**例 8.5** 下列结构体类型及结构体变量定义中错误的是（　　）。

```
A.struct STU
  {
      char no[20];
      char name[10];
      int score;
  };
  STU t1,t2;
B.typedef struct
  {
      char no[20];
      char name[10];
      int score;
  }STU;
  STU t1,t2;
C.struct
  {
      char no[20];
      char name[10];
      int score;
  }STU;
  STU t1,t2;
D.typedef struct STU
  {
      char no[20];
      char name[10];
      int score;
  }t1,t2;
```

**程序分析：**

A 选项错误，结构体类型名为 struct STU，故定义结构体变量时不能省略 struct，所以 A 选项错误。

B 选项正确，用 typedef 为结构体类型定义一个新名字 STU，并用 STU 定义两个结构体变量 t1 和 t2。

C 选项错误，此代码中 STU 应是结构体变量，并非结构体类型名，不能用其定义变量。

D 选项错误，此代码是想定义两个结构体变量 t1、t2，由于前面有 typedef，所以“}”后面应该是结构体类型的新名字，所以 D 选项错误。

# 8.2 结构体数组

## 8.2.1 结构体数组的定义

通过前面的学习已经知道，可以通过结构体变量来描述一个学生的信息表，那么，如果是要记录一个班级的学生信息呢？由于每个学生的信息种类是相同的，因此可以采用数组的方式，每个数组元素都是结构体类型的，所以整个数组也是结构体类型。

定义结构体数组的方法与结构体变量类似，只需要说明它是数组类型即可，结构体形式有 3 种。

（1）先定义结构体类型，再定义结构体数组。

```
struct student
{
    char no[20];
    char name[10];
    char sex;
    int score;
};
struct student s[5];
```

（2）定义结构体类型的同时定义结构体数组。

```
struct student
{
    char no[20];
    char name[10];
    char sex;
    int score;
} s[5];
```

（3）省略结构体名，定义结构体数组。

```
struct
{
    char no[20];
    char name[10];
    char sex;
    int score;
} s[5];
```

上述结构体数组中有 5 个数组元素，分别为是 s[0]~s[4]，每个数组元素都是一个 struct student 结构体类型的变量。定义了结构体数组以后，系统就为其开辟一个连续的存储空间，结构体数组名就是这片存储空间起始地址。

## 8.2.2 结构体数组的初始化和引用

对于上节中定义的结构体数组可进行初始化赋值，其形式类似于多维数组赋值，如下所示：

```
struct student s[5]={
    {"202361001","王平", 'M',90},
    {"202361001","张丽", 'M',92},
    {"202361001","李明", 'F',89},
    {"202361001","向宇", 'F',93},
    {"202361001","李航", 'F',88},
};
```

对结构体数组中元素的赋值操作与普通数组元素类似。

（1）将一个数组元素赋给另一个数组元素，进而实现结构体变量之间的整体赋值：

```
s[1]=s[2];
```

（2）在结构体数组中，将一个数组元素中的某个成员赋值给另一个数组元素中同一类型的成员：

```
s[1].sex=s[2].sex;
```

**例 8.6** 统计 5 个学生中不及格的人数。

**解题思路：** 定义一个结构体类型，并创建此类型的结构体数组，通过 for 循环给结构体变量（既学生）的成员赋值，同时统计小于 60 分的结构体变量（即学生）的个数。

```
#include<stdio.h>
struct STU
{
    int no;
    char name[10];
    int score;
};
void main()
{
    int i,c=0;
    struct STU s[5];
    for(i=0;i<5;i++)
    {
        printf("Input name and score:\n");
        scanf("%s%d",s[i].name,&s[i].score);
        if(s[i].score<60)
            c++;
    }
    printf("不及格人数:%d人",c);
}
```

**运行结果：**

```
Input name and score:
 wang 88
Input name and score:
 zahng 70
Input name and score:
 li 78
```

```
Input name and score:
 zhao 58
Input name and score:
 liu 66
不及格人数：1 人
```

**程序分析：**先定义一个结构体类型 STU，定义该类型的结构体变量用于存储学生信息，利用 for 循环输入 5 名学生的姓名和成绩，分别存放在 s[i].name 和 s[i].score 中，scanf() 函数中由于 s[i].name 是数组，所以前面不需要加 &，利用分支结构 if 语句统计小于 60 分的人数。最后将结果输出。

**例 8.7** 有 3 个候选人，10 个选民，每个选民只能投票选一人，要求编一个统计选票的程序，先后输入被选人的名字，最后输出每个候选人的得票情况。

**解题思路：**定义一个结构体类型，成员为候选人姓名和得票数，创建此类型的结构体数组，用于存放候选人的相关信息，用 for 循环统计每位候选人得票数。10 个选民要循环 10 次，每次循环中使用字符串比较函数 strcmp() 去判断投票给哪位候选人。

```
#include<string.h>
#include<stdio.h>
struct candidate
{
    int count;
    char name[10];
}leader[3]={0,"zhang",0,"liu",0,"wang"};
void main()
{
    int i,j;
    char leader_name[10];
    for(i=0;i<10;i++)
    {
        scanf("%s",leader_name);
    for(j=0;j<3;j++)
            if(strcmp(leader_name,leader[j].name)==0)
                leader[j].count++;
    }
    printf("\nResult:\n");
    for(i=0;i<3;i++ )
        printf("%5s: %d\n" ,leader[i].name ,leader[i].count);
  }
```

**运行结果：**

```
zhang zhang wang liu liu
wang zhang zhang liu wang
Result:
zhang: 4
  liu: 3
 wang: 3
```

**程序分析：**定义一个结构体类型的数组 leader，它有 3 个数组元素，用以存放三个候选人的信息，每个数组元素存放候选人的姓名 name 和得票数 count。在 mian() 函数中定义一个数组 leader_name 用来存放选民输入的被选人，用双重 for 循环嵌套统计候选人得票数，外层循环控制投票次数，循环体用于输入候选人姓名，内层循环是将选民输入的候选人姓名与三位候选人循环比较，将与输入姓名相同的候选人的得票数 count++，最后输出三位候选人的姓名和相应的得票数。

## 8.3 结构体指针

### 8.3.1 结构体指针变量的定义和引用

当定义了结构体变量后，系统会给该变量分配一段连续的存储空间，如果这个指针变量中存放的是结构体变量的首地址，则称它为结构体指针变量，简称“结构体指针”。

定义指向结构体变量的指针变量的一般形式如下：

```
struct 结构体名 *指针变量名
```

示例如下：

```
struct student
{
    int no;
    char name[10];
    char sex;
    int score;
}stu1;
struct student *p;
p=&stu1;
```

上例中，定义了一个结构体变量 stu1，又定义了一个指向结构体变量的指针变量 p，并且让 p 指向了 stu1，此后就可以通过指针来访问结构体变量中的各个成员了。

值得注意的是，指向结构体变量的指针变量必须赋值以后才能使用（这是所有指针的共性）。此外，指向结构体变量的指针变量只能指向一个结构体变量而不能指向该结构体变量中的某个成员。例如，下面的写法是错误的：

```
p=&stu1.score;
```

通过指针来访问结构体变量中的某个成员的一般形式为：

```
(*指针变量名).成员名;
```

例如：

```
(*p).score;
```

或者：

```
指针变量名->成员名;
```

例如：

```
p->score;
```

两者完全等价。需要注意的是，由于成员运算符“.”的优先级高于“*”，所以“( *p )”两端的“( )”不能少，若去掉圆括号，而写成“*p.score”，就相当于“*(p.score)”，这是错误的。运算符“->”称为指向成员运算符，它的优先级为第一级，结合性为左结合。

至此，我们访问结构体变量中的成员有 3 种方法：一是通过结构体变量本身来访问，即“结构体变量名 . 成员名”；二是通过指向该结构体变量的指针变量来访问，即“( * 指针变量名 ) . 成员名”；或者“指针变量名 -> 成员名”。

**例 8.8** 阅读下列程序，分析运行结果。

```
#include<stdio.h>
struct S
{
    int n;
    int a[10];
};
void fun(struct S *p);
void main()
{
    int i;
    struct S m={10,{8,2,1,0,4,9,3,7,5,6}};
    fun(&m);
    for(i=0;i<m.n;i++)
        printf("%d,",m.a[i]);
}
void fun(struct S *p)
{
    int i,j,t;
    for(i=0;i<p->n-1;i++ )
        for(j=i+1;j< p->n;j++)
            if(p->a[i] > p->a[j])
            {
                t=p->a[i];p->a[i]=p->a[j];p->a[j]=t;
            }
}
```

**运行结果：**

```
0 1 2 3 4 5 6 7 8 9
```

**程序分析：**此程序在主函数中定义了一个结构体变量 m，调用 fun() 函数，并将 m 的起始地址赋给形参 p，由于 p 是一个指向结构体变量的指针，此时 p 指向了变量 m。for 循环中通过指针 p 来访问结构体成员 a[i]，双重 for 循环利用冒泡排序法，将数组 a 按从小到大排序，最后在主函数中将排序好的数组输出，所以输出的结果为：0 1 2 3 4 5 6 7 8 9。

## 8.3.2　指向结构体数组的指针变量

结构体指针变量也可以指向一个结构体数组，这时结构体指针变量里存放的数据是整个结构体数组的首地址。

**例 8.9** 编写程序，实现从键盘上将 3 名学生的学号、姓名、分数信息输入，并输出。

**解题思路：** 定义一个结构体类型，创建一个此结构体的数组，用于存放 3 名学生信息，并逐个输入，将数组的首地址赋给指针变量，利用指针进行输出。

```
#include<stdio.h>
struct student
{
    int no; char name[10]; int score;
};
void main()
{
    int i;
     struct student *p,stu[3];
    printf("Input no, name and score:\n");
    for(i=0;i<3;i++)
        scanf("%d%s%d",&stu[i].no,stu[i].name,&stu[i].score);
    printf(" 学号   姓名    分数 \n");
     for(p=stu;p<stu+3;p++)
        printf("%-10d%-10s%-3d\n",p->no,p->name,p->score);
}
```

**运行结果：**

```
Input no,name and score:
202361001 王平 90
202361002 张华 88
202361003 李明 95
学号       姓名     分数
202361001 王平      90
202361002 张华      88
202361003 李明      95
```

**程序分析：** 定义一个结构体数组 stu，以及一个指向结构体变量的指针变量 p，通过一个 for 循环，分别输入三名学生的学号、姓名、分数信息。将结构体数组的首地址赋给指针 p，通过 p++ 来移动指针，循环输出每一个结构体数组的信息。

前面章节介绍过自增和自减运算符，我们已经知道可以将“i++”中的“++”运算看成级别最低的运算，而将“++i”中的“++”运算看成级别最高的运算，当这种运算运用到指向结构体变量的指针变量 p 上时应该注意，指针操作运算符“->”的优先级更高，所以当“++”与“->”同时出现时，先执行“->”，下面分情况举例说明：

（1）p->n++，先引用 p 指向的结构体变量中成员 n 的值，再将 n 增加 1。

（2）(p++)->n，先引用 p 指向的结构体变量中成员 n 的值，再将 p 增加 1。

（3）++p->n，将 p 指向的结构体变量中成员 n 的值加 1，再引用 n 的值。

（4）(++p)->n，先将 p 增加 1，再引用 p 指向的结构体变量中成员 n 的值。

例 8.10 阅读程序，分析运行结果。

```
#include<stdio.h>
struct S
{
    int a;
    int *b;
};
void main()
{
    int c[3]={1,2,3};
    struct S *p,t[3]={50,&c[0],60,&c[1],70,&c[2]};
    p=t;
    printf("%d,%d\n",++(p->a),*++p->b);
}
```

**程序分析：**

（1）由于 printf() 函数中的输出表达式是从右向左计算的，然后将计算结果从左到右进行输出。

（2）先计算表达式“*++p->b”，++p->b 是将 p 指向的成员，即指针变量 b 加 1（b 开始是指向 c[0]，运算后指向了 c[1]），再执行取值运算“*”，因此“*++p->b”的值是 2。

（3）再计算表达式“++（p->a）”，由于指针 p 并没有移动，因此 p 仍指向 t[0]，那么“p->a”是引用 p 所指向的结构体变量的成员 a 的值 50，因此“++（p->a）”的值是 51。

综上分析，输出的结果为：51，2。

# 8.4 链　　表

## 8.4.1 链表的概念

如果在结构体变量中除了存储数据信息的成员以外，还有一个成员是一个指针变量，用来指向下一个同类型的结构体变量，这样一直连下去，就像一条链一样，我们形象地称其为链表。

链表是一种常见且非常重要的数据结构，它是一种动态分配存储空间的结构，链表中的每一个成员称为一个节点。图 8.1 所示为一个简单的链表（单向链表）的结构图。

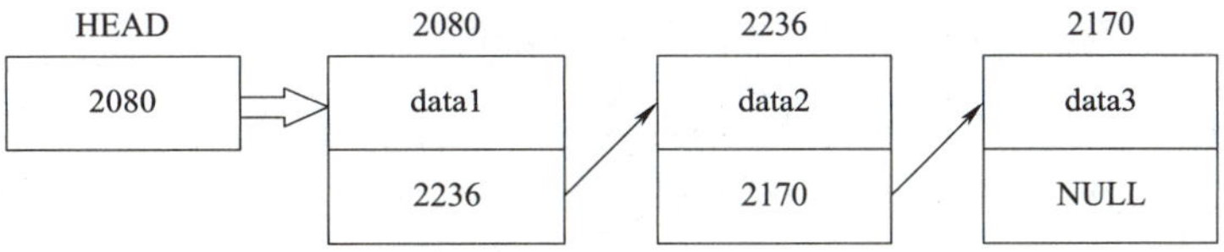


图 8.1　单向链表结构图

**例 8.11** 阅读程序，分析运行结果。

```
#include<stdio.h>
struct node
{
    int a;
    struct node *b;
};
void main()
{
    int i;
    struct node *p,t[4]={20,t+1,30,t+2,40,t+3,50, '\0' };
    p=t;
    for(i=1;i<=4;i++)
    {
        printf("%4d",p->a);
        p=p->b;
    }
    printf("\n");
}
```

**运行结果：**

```
20  30  40  50
```

**程序分析：**结构体数组 t 的存储如图 8.2 所示。

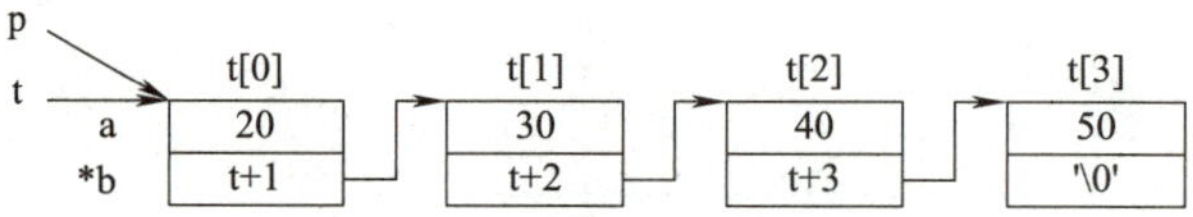


**图 8.2 结构体数组 t 的存储**

程序在执行的过程中，先通过“p=t”，使指针 p 指向链表的第一个节点（也是数组 t 的第一个元素）t[0]，当执行 printf() 函数时，此时输出“p->a”的值为 20，再执行“p=p->b”语句，访问 t[0] 中的成员 b，而 b 也是一个指针，指向的是下一个节点元素 t[1]，所以此时 p 又指向了 t[1]，因此再次执行 printf() 函数时，输出“p->a”的值是 t[1] 中的 a，即 30，依此类推，直至数组 t 中最后一个元素中的 a 值输出为止。

由存储结构图可知，一个链表必须具备以下几个特点：

（1）存在一个用于指向第一个节点的头指针变量。

（2）每个链表节点的成员中都要有一个指向后继链表节点的指针成员，即除头尾以外，每个链表节点都有一个前驱节点和一个后继节点。

（3）最后一个链表节点要有表示链表结束的标志。

## 8.4.2 创建静态链表

链表节点的类型可定义为：

```
struct node
{
    int data;
    struct student *next;
};
```

例如，下面代码为建立一个存储学生信息的链表节点，如图 8.3 所示。

```
struct student
{
    int num;
    float score;
    struct student *next;
};
```

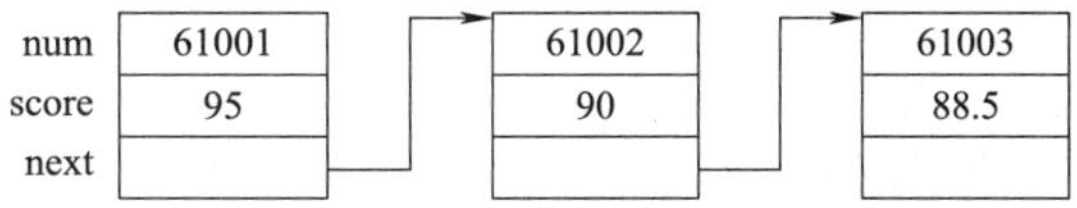


**图 8.3 建立单向链表**

**例 *8.12*** 建立一个图 8.3 所示的链表结构图，由 3 个学生数据节点组成，并输出各节点数据。

**解题思路：** 可定义 3 个节点变量，将后一个节点的首地址赋给前一个节点中的指针（*next），这样即形成一个链表，定义两个指向结构体变量的指针变量，一个作为头指针，一个作为移动指针，通过指针的移动循环输出链表内容。

```
#include<stdio.h>
struct student
{
    int num;
    float score;
    struct student *next;
};
void main()
{
    struct student a,b,c;
     struct student *p,*head;
    head=&a;
    a.num=61001;a.score=95;
    b.num=61002;b.score=90;
    c.num=61003;c.score=88.5;
    a.next=&b;
    b.next=&c;
    c.next=NULL;
    for(p=head;p!=NULL;p=p->next)
        printf("%4d%5.1f\n",p->num, p->score);
}
```

**运行结果：**

```
61001   95.0
61002   90.0
61003   88.5
```

**程序分析：**创建链表，首先定义 3 个链表节点变量 a、b、c，再定义两个指向结构体变量的指针变量 p 和 head，其中 head 作为头指针，p 作为移动的指针，将每个节点进行赋值，让 a.next 指向 b，b.next 指向 c，c.next 的值置为“NULL”，至此，一个链表建立完成，再通过 for 循环输出。

## 8.4.3 创建动态链表

### 1. 创建与输出链表

动态链表是指在执行过程中从无到有地创建一个链表，也就是一个一个地动态生成链表节点，那么，如何动态地创建和回收一个链表节点呢？C 语言为用户提供了以下两种库函数：

（1）Malloc() 函数的一般使用形式：

```
(类型标识符 *) malloc(size)
```

malloc() 函数是分配内存空间函数，调用时会在存储空间分配一个长度为 size 大小的连续存储空间，并将这个空间的起始地址返回，赋给一个指针变量，并且此指针所指的数据类型必须与“( 类型标识符 * ) malloc(size)”中的类型标识符相同。例如：

```
int *p;
p=(int*)malloc(sizeof(int));
```

表示用 malloc() 函数申请一个 4 字节（int 型变量）的存储空间，并将这个空间的起始地址返回赋给指针 p。

（2）free() 函数的一般使用形式：

```
free(void *p)
```

free 函数是回收内存空间函数，其功能是释放并回收指针 p 所指向的存储空间。

例如：

```
int *p;
p=(int*)malloc(sizeof(int));
free(p);
```

执行 free() 函数以后，会将 p 所指向的存储空间（即 malloc() 函数分配的 4 字节存储空间）回收。

还以上一小节中学生信息节点为例来创建一个动态链表。通常一个动态链表的创建需要 3 个指针来完成，一个头指针 head，一个尾指针 q，还有一个用于创建节点的指针 p。链表建立过程如下：

（1）创建表头（见图 8.4）。

```
p=(struct student*)malloc(sizeof(struct student));
scanf ("%d%f",&p->num, &p->score)
p->next=NULL;
```

```
head=p;
q=p;
```

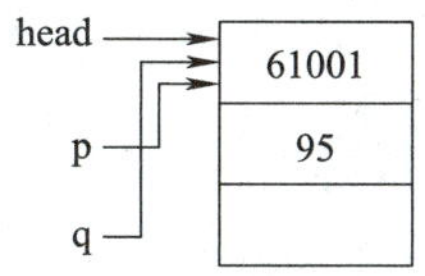


图 8.4　创建表头节点

（2）创建链表其他节点。

```
p=(struct student*)malloc(sizeof(struct student));
scanf ("%d%f",&p->num, &p->score)
p->next=NULL;
q->next=p;
q=p;
```

如此创建中间节点（见图 8.5）和创建尾节点（见图 8.6）。

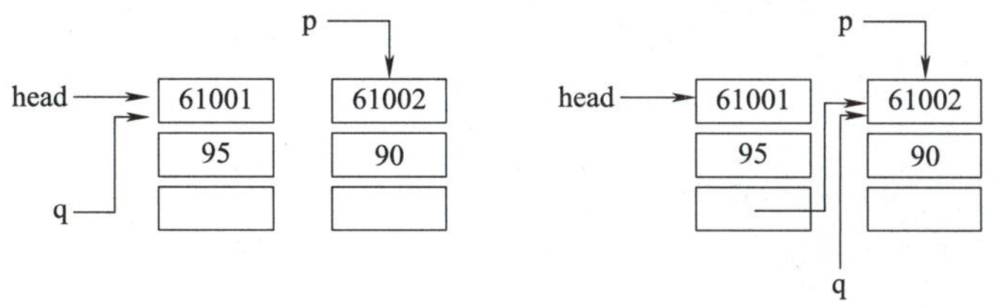


图 8.5　建立中间节点

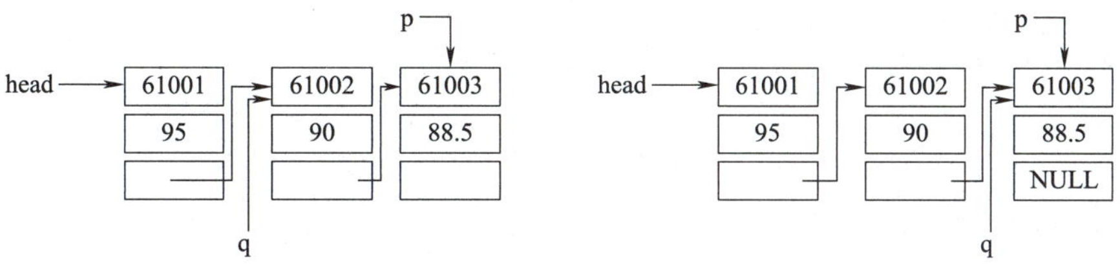


图 8.6　建立尾节点

至此，整个链表建立完成。

**例 8.13** 编写程序，建立一个包含 3 个学生信息的动态链表，并将学生信息输出。

**解题思路：** 创建 3 个指向结构体变量的指针，利用 malloc() 函数来分配空间，并返回此空间的起始地址给其中一个指针，移动该指针并循环赋值。

```
#include<stdio.h>
#include<stdlib.h>
struct student
{
    int num;
    float score;
    struct student *next;
};
```

```
void main()
{
    struct student *p,*head,*q;
    p=(struct student*)malloc(sizeof(struct student));
    printf("Input num and score:\n ");
    scanf ("%d%f",&p->num, &p->score);
    p->next=NULL;
    head=p;
    q=p;
    int i;
    for(i=1;i<3;i++)
    {
        p=(struct student*)malloc(sizeof(struct student));
        scanf ("%d%f",&p->num, &p->score);
        p->next=NULL;
        q->next=p;
        q=p;
    }
    printf("Output num and score:\n");
    p=head;
    while(p!=NULL)
    {
        printf("%-8d%.1f",p->num, p->score);
        p=p->next;
    }
}
```

**运行结果：**

```
Input num and score:
61001 85.6
61002 90.2
61003 88.5
Output num and score:
61001   85.6
61002   90.2
61003   88.5
```

**程序分析：**先定义一个包含学生信息的结构体类型，并定义此结构体类型的指针，分别为头指针 *head、尾指针 *q、用于创建节点的指针 *p，用 malloc() 函数开辟一个连续的空间用于储存创建的节点，用 for 循环完成整个链表的建立，最后将链表信息进行输出，直至 struct student *next 的值为 NULL。

### 2. 查找与插入链表节点

由于链表是通过指针连接的，想要在某个链表中插入一个节点，首先要查找插入的位置，然后将插入节点指向下一节点，再将上一节点指向新插入的节点。

例如在链表节点 *p 之后插入节点 *q，需要两步改变节点指针的指向，如图 8.7 所示。

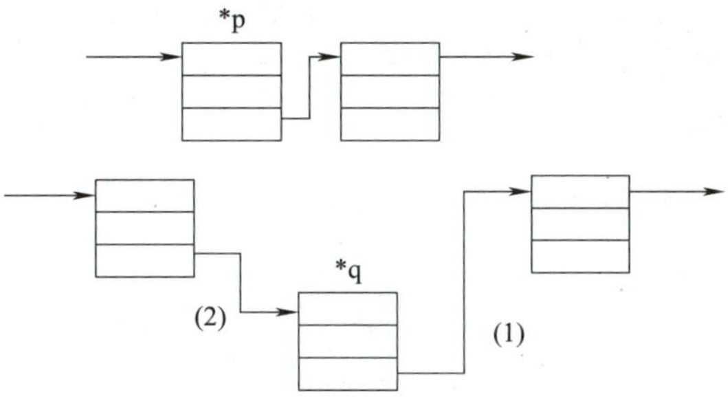


图 8.7 在节点 *p 之后插入节点 *q

操作如下：

```
(1) q->next=p->next;      //将插入节点 *q 指针指向节点 *p 的后继节点
(2) p->next=q;            //将节点 *p 指向插入的节点 *q
```

注意：上述插入链表节点过程的两个操作顺序不能颠倒，如果先执行（2）操作，那么原 *p 节点的指向将 *p 节点地址覆盖，即链表会在节点 *q 处断开，后面的链表节点将丢失。

**例 8.14** 建立一个字符串链表，并在节点数据为 ch 的节点处插入一个新节点，并将链表数据输出。

```
#include<stdio.h>
#include<stdlib.h>
struct node
{
    char c;
    struct node *next;
};
void printNode ( struct node *p)
{
    while(p!=NULL)
    {
        printf("%2c",p->c);
        p=p->next;
    }
    printf("\n");
}
void main()
{
    struct node *head,*p,*q;
    char ch,x;
    printf("Input string:\n");  //创建列表
    p=(struct node*)malloc(sizeof(struct node));
    scanf("%c",&p->c);
    p->next=NULL;
    head=p;
    q=p;
    scanf("%c",&x);
    while(x!='\n')
```

```
    {
        p=(struct node*)malloc(sizeof(struct node));
        p->c=x;
        p->next=NULL;
        q->next=p;
        q=p;
        scanf("%c",&x);
    }
    printf("Output string:\n");
    printNode(head);
    printf("Insert ch, x:\n");  // 插入节点
    scanf("%c,%c",&ch,&x);
    p=head;
    while(p->c!=ch && p!=NULL)
        p=p->next;
    if(p==NULL)
        printf("Insert error!\n");
    else
    {
        q=(struct node*)malloc(sizeof(struct node));
        q->c=x;
        q->next=p->next;
        p->next=q;
    }
    printf("After insert:\n");
    printNode(head);
}
```

**运行结果：**

```
Input string:
abcde
Output string:
 a b c d e
Insert ch, x:
d,f
After insert:
 a b c d f e
```

**程序分析：**上述程序中，先创建一个链表，通过键盘输入字符串，程序会将第一个字符作为链表头节点，直至按【Enter】键，字符链表创建结束，接下来需要在 d 节点后面插入字符 f，通过语句“p=head;”将指针移至头节点，查找从头节点开始，找到 d 节点后按照前面所讲步骤，将待插入节点 f 指向节点 d 的后继节点，既语句“q->next=p->next;”，再将节点 d 指向节点 f，既语句“p->next=q;”，注意步骤不要写反。

### 3. 删除链表节点

要删除链表中的某个节点，则必须知道它的前趋节点，只要将要删除节点的前趋节点指向要删除节点的后继节点即可，如要删除节点 *p 的后面一个节点，如图 8.8 所示，程序语句如下：

```
p->next=p->next->next;
```

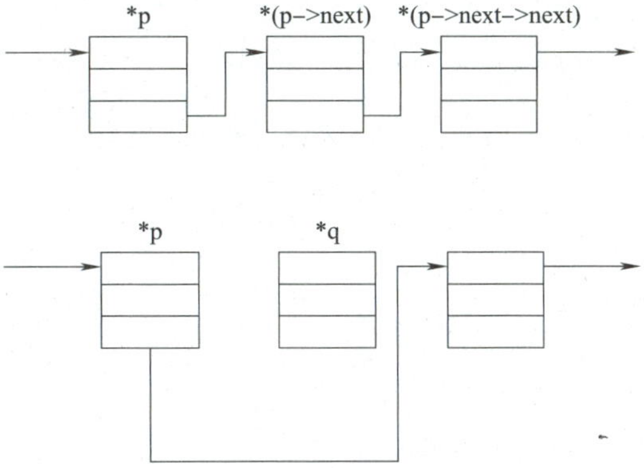


图 8.8 删除节点 *p 之后节点 *q

删除链表中节点分两种情况：如果待删除节点 *q 是头节点，那么直接将 *q 的后继节点做为头节点；如果待删除节点 *q 不是头节点，则需要找到它的前趋节点 *p，越过节点 *q 直接指向节点 *q 的后继节点，程序代码如下所示：

```
if(q==head)                     // 判断待删节点是否为头节点
    head=q->next;               // 删除头节点
else
{
    p=head;
    while(p->next!=q)           // 从头节点开始，查找待删节点 *q 的前趋节点
    p=p->next;
    p->next=q->next;            // 删除节点 *q
}
free(q);                        // 释放并回收删除节点
```

**例 8.15** 删除例 8.14 中插入的节点。

```
#include<stdio.h>
#include<stdlib.h>
struct node
{
    char c;
    struct node *next;
};
void printNode ( struct node *p)
{
    while(p!=NULL)
    {
        printf("%2c",p->c);
        p=p->next;
    }
    printf("\n");
}
void main()
```

```
{
    struct node *head,*p,*q;
    char ch,x,y;
    printf("Input any string:\n"); //创建列表，程序代码见例 8-14，此处省略
    …………
    printf("Insert ch, x:\n"); //插入节点，程序代码见例 8-14，此处省略
    …………
    printf("After insert:\n");
    printNode(head);
    printf("Delete node y:\n");
    getchar( );
    scanf("%c",&y);
    if(head->c==y)
    {
        q=head;
        head=q->next;
        free(q);
    }
    else
    {
        p=head;
        while(p->next->c!=y && p->next!=NULL)
            p=p->next;
        if(p->next==NULL)
            printf("error!\n");
        else
        {
            q=p->next;
            p->next=q->next;
        }
        free(q);
    }
    printf("After delete:\n");
    printNode(head);
}
```

运行结果：

```
Input any string:
abcde
Output string:
 a b c d e
Insert ch, x:
d,f
After insert:
 a b c d f e
Delete node:
c
After delete:
 a b d f e
```

**程序分析：** 删除链表中的节点，首先通过 if 语句来判断要删除的节点是否为头节点，如果是，会借助指针 *q 将头节点 head 的后继节点置为头节点，如果不是，则从头节点的后继结点开始查找，如果查找整个链表都没有找到待删除节点，即 “p->next==NULL”，那么输入是错误的，如果找到了待删节点，那么让该节点的前趋节点指向它的后继节点即可，最后释放并回收删除节点。

## 8.5 共用体类型

### 8.5.1 创建共用体类型

有时需要用同一段内存单元存储不同类型的变量，例如把一个短整型变量、一个字符型变量、一个实型变量放在同一个地址开始的内存单元中（见图 8.9）。这三个变量虽然开始存储地址相同，但是所占的字节数不同，也就是它们共用了一段存储空间，称这种共享同一段内存的结构为 “共用体” 类型的结构。

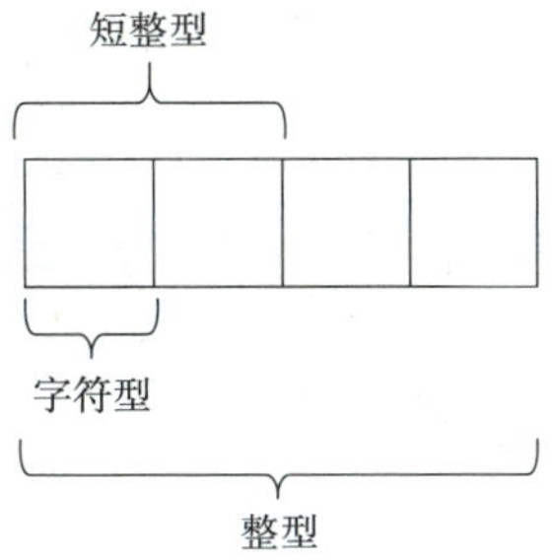


图 8.9　共用体存储

共用体类型定义的一般形式为：

```
union 共用体名
{
    共用体成员 1;
    共用体成员 2;
    ……;
    共用体成员 n;
};
```

其中 union 是关键字，称为共用体定义标识符。

例如：

```
union data
{
    int i;
    char ch;
    float f;
};
```

定义了一个共用体类型，共用体名为 union data，此共用体类型有 3 个成员，分别为整型成员变量 i，字符型成员变量 ch，实型成员变量 f。

有了共用体类型之后就可以定义共用体变量了，共用体变量的定义方式同结构体变量类似，有三种方式：

（1）先定义共用体类型再定义共用体变量。

```
union data
{
    int i;
    char ch;
    float f;
};
union data a, b;
```

（2）定义共用体类型的同时定义共用体变量。

```
union data
{
    int i;
    char ch;
    float f;
} a, b;
```

（3）省略共用体名，定义共用体类型的同时定义共用体变量。

```
union
{
    int i;
    char ch;
    float f;
} a, b;
```

共用体类型变量 a、b 所占字节数应为共用体类型中各成员中存储长度最大的那个，成员中 int 型和 float 型的成员占 4 字节，char 类型成员占 1 字节，所以变量 a、b 所占的存储空间长度应为 4 字节。

## 8.5.2 引用共用体变量

定义了共用体变量就可以引用变量中的各成员了，共用体变量的引用与结构体变量的引用相同，其一般形式为：

```
共用体变量名．成员名
```

例如，上一节中定义的共用体变量 a，可通过下列方式引用共用体变量的各个成员：

```
a.i 或 a.ch 或 a.f;
```

值得注意的是，一个共用体变量每次只能存放一个成员，也就是只能给一个成员赋值，这是与结构体变量很大的一个区别。

同样，也可以通过指针变量来引用共用体变量中的成员。

```
union data *p, a;
p = &a;
p -> ch;
```

共用体变量不能整体引用，例如下面的引用是错误的：

```
printf("%d", a);
```

**例 8.16** 判断下列共用体的定义是否正确。

```
(1) union data
    {
        int i;
        char ch;
        float f;
    }a={1, 'c',7.5};

(2) union data
    {
        int i;
        char ch;
        float f;
    };
    union data a={1};

(3) union data
    {
        int i;
        char ch;
        float f;
    }a;
    a=1;
```

**程序分析：**

（1）中的定义是错误的，共用体变量不能进行初始化，只能给一个成员赋值。

（2）中的定义也是错误的，虽然（2）中的定义是只给一个成员赋值，但是不能初始化赋值，这样不知道“1”是赋给哪个成员的。

（3）中的定义仍然是错误的，共用体变量不能整体赋值。

C 语言使用共用体结构体类型主要是受到 Fortran 的影响，因为在当时的环境下，内存容量很小，价格也很昂贵，所以共用内存区域是一个很好的选择，但是随着技术的发展，现如今的内存已增长数万倍，并且由于“共用”会带来一系列的问题，可能造成程序出错，所以，现在共用体类型使用得也越来越少了。

# 8.6 枚　　举

枚举类型是一类有限离散的符号数据量的集合，所表示的数据个数是有限的，如交通信号灯只有红、黄、绿三种颜色，人的性别只有男女两种，枚举是指变量的值可以一一列举出来，而实型不同，实型数据是连续的，无法穷举。从使用的角度可将枚举归为构造类型，因为枚举类型并不是直接使用关键字定义变量的，而是像结构体一样，先构造一个新类型，再用这个类型去定义变量。

## 8.6.1 枚举类型的定义

定义枚举类型需要使用关键字 enum，其一般形式如下：

```
enum 枚举类型名
{
    枚举成员列表
};
```

其中，枚举值列表中可包含多个标识符，各标识符用逗号隔开，一般形式如下：

```
标识符 1，标识符 2，……标识符 n
```

例如：

```
enum color
{
    red,yellow,blue,green
};
```

这些标识符不能重名，它们表示的是枚举类型定义中所有可能出现的枚举值，因此是枚举常量。

枚举变量与结构体、共用体变量的定义一样，也有 3 种形式：

形式一，先定义枚举类型，再定义枚举变量。例如：

```
enum color
{
    red,yellow,blue,green
};
enum color c1,c2,c3;
```

形式二，定义枚举类型的同时定义枚举变量。例如：

```
enum color
{
    red,yellow,blue,green
} c1,c2,c3;
```

形式三，省略枚举类型名，直接定义枚举变量。例如：

```
enum
{
```

```
    red,yellow,blue,green
} c1,c2,c3;
```

说明：

（1）枚举变量的取值范围是枚举类型定义时的成员列表，例如：a=red，则 a 的值为 0。

（2）枚举类型中，枚举成员是有值的，第一个枚举成员默认值为 0，后面的成员依次加 1，如上述枚举类型 enum color 中，枚举成员 red、yellow、blue、green 的值依次为 0、1、2、3。

（3）枚举成员是常量，不能对它们赋值，例如“red=10;”是错误的，但是枚举成员的值可以在定义的时给定，如上述枚举类型可写为：

```
enum color{red=10,yellow=5,blue,green};
```

枚举成员 red，yellow，blue，green 的值依次为 10，5，6，7。

（4）同一个程序中不能定义同名的枚举类型，不同的枚举类型中的枚举成员也不能相同。

（5）如要将整数值赋给枚举变量，则必须进行强制类型转换，例如：

```
a=(enum color)1;
```

则表示将枚举类型 enum color 中的值为 1 的成员赋给 a，即 a=yellow。

（6）由于枚举常量本身有值，因此枚举常量可以比较大小，可作为循环控制变量。

### 8.6.2 枚举变量的使用

枚举变量的值只能通过赋值语句获得，不能使用 scanf() 函数直接读入，由于枚举变量是离散的，通常可使用 swith 语句给枚举变量赋值及输出。例如：

```
enum color
{
    red,yellow,blue,green
} c1;
scanf( “%d”,&n);
switch(n)
{
    case 0:c1=red;break;
    case 1:c1= yellow;break;
    case 2:c1= blue;break;
    case 3:c1= green;
}
```

**例 8.17** 从键盘输入一个整数，比较它和某个枚举成员的大小。

**解题思路：** 同一枚举类型可进行关系运算，所以需要将从键盘上输入的数强制进行转换。

**编写程序：**

```
#include<stdio.h>
enum weekday
{
    sun,mon,tue,wed,thu,fri,sat
};
```

```
void main()
{
    enum weekday x;
    int n;
    printf("Input n=(0~5):");
    scanf("%d",&n);
    x=(enum weekday)n;
    if(x==mon)
        printf("x=%d,mon=%d,x==mon\n",x,mon);
    else if(x>mon)
            printf("x=%d,mon=%d,x>mon\n",x,mon);
        else if(x<mon)
                printf("x=%d,mon=%d,x<mon\n",x,mon);
}
```

**运行结果：**

```
Input n=(0~5):3
x=3,mon=1,x>mon
```

**程序分析：**上述程序中通过语句“x=(enum weekday)n;”将整数 n 强制类型转换后赋给枚举类型变量 x，再将 x 与指定枚举成员进行比较，其实是它们的值进行比较。

## 8.7 程序举例

**例 8.18** 利用结构体类型编写程序，实现如下功能：

（1）输入一个学生的期中和期末成绩。

（2）计算学生总评成绩（总评成绩 = 期中成绩 ×0.4+ 期末成绩 ×0.6）。

（3）将该学生的成绩信息进行输出。

**解题思路：**本题可分四步进行设计，具体如下。

（1）定义一个结构体类型，包含学生的姓名期中成绩、期末成绩和总评成绩。

（2）定义一个该结构体类型的变量，前三个成员信息从键盘输入，总评成绩按题目所给公式计算。

（3）最后输出学生的成绩信息。

**编写程序：**

```
#include<stdio.h>
struct student
{
    char name[10];
    int score1,score2;
    float zcj;
};
void main()
{
```

```
    struct student stu1;
    int i ;
    printf(" 请输入学生的姓名、期中成绩、期末成绩 \n");
    scanf("%s%d%d",stu1.name,&stu1.score1,&stu1.score2);
    stu1.zcj=stu1.score1*0.4+stu1.score2*0.6;
    printf(" 该学生的成绩为:\n");
    printf("%s\t%d\t%d\t%.1f\n",stu1.name,stu1.score1,
        stu1.score2,stu1.zcj);
}
```

**运行结果：**

```
请输入学生的姓名、期中成绩、期末成绩
王平 85 90
该学生的成绩为:
王平      85        90        88.0
```

**程序分析：**上述程序中由于学生的姓名，分数的数据类型不同，所以定义一个结构体类型，以存储该学生的信息。从键盘上进行数据输入时注意引用数组成员时前面不加 &，输入时，以空格键分隔每个数据，全部信息输入完成以【Enter】键结束。

**例 8.19** 某公司有 5 名员工，试编写程序要求输出该 5 名员工的信息，具体信息见表 8.1，编程要求如下：

（1）按工资由高到低进行排序并输出。

（2）将工资最高和最低的员工姓名进行输出。

**表 8.1　公司员工信息表**

| 工　号 | 姓　名 | 性　别 | 工资（元） |
|---|---|---|---|
| 2023011 | 王力 | 男 | 6 650 |
| 2023012 | 张平 | 男 | 7 500 |
| 2023013 | 赵敏 | 女 | 6 805 |
| 2023014 | 李小明 | 男 | 6 565 |
| 2023015 | 赵丽丽 | 女 | 7 060 |

**解题思路：**本题可用结构体数组来实现，具体步骤如下。

（1）定义一个结构体类型，包含题目中表格的信息。

（2）定义一个长度为 5 的上述结构体类型的数组，并赋初值。

（3）输出原始表格数据。

（4）利用冒泡排序法按员工工资从高到低进行排序。

（5）输出排序后的员工信息表。

（6）输出表的第一条与最后一条信息。

**编写程序：**

```
#include<stdio.h>
struct YG
```

```
{
    char num[10], name[10], sex[4];
    int salary;
};
void main()
{
    struct YG yg1 [5]={{"2023011","王力","男",6650}, {"2023012","张
    平","男",7500},{"2023013","赵敏","女",6805},{"2023014","李小
    明", "男",6565},{"2023015","赵丽丽","女",7060}};
    struct YG t;
    int i, j;
    printf("排序前的职工信息表为:\n");
    for(i=0; i<5; i++)
        printf("%s\t\t%s\t%s\t%d\n",yg1[i].num,yg1[i].name,
                yg1[i].sex, yg1[i].salary);
    for(i=0; i<4; i++)
        for(j=i+1; j<5; j++)
            if(yg1[i].salary < yg1[j].salary){
                t= yg1[i]; yg1[i]= yg1[j]; yg1[j]=t;
            }
    printf("排序后的职工信息表为:\n");
    for(i=0; i<5; i++)
        printf("%s\t\t%s\t%s\t%d\n",yg1[i].num,yg1[i].name,
                yg1[i].sex, yg1[i].salary);
    printf("最高工资员工信息为:\n");
        printf("%s\t\t%s\t%s\t%d\n",yg1[0].num,yg1[0].name,
                yg1[0].sex, yg1[0].salary);
    printf("最低工资员工信息为:\n");
        printf("%s\t\t%s\t%s\t%d\n",yg1[4].num,yg1[4].name,
                yg1[4].sex, yg1[4].salary);
}
```

**运行结果:**

```
排序前的职工信息表为:
2023011         王力    男      6650
2023012         张平    男      7500
2023013         赵敏    女      6805
2023014         李小明  男      6565
2023015         赵丽丽  女      7060
排序后的职工信息表为:
2023012         张平    男      7500
2023015         赵丽丽  女      7060
2023013         赵敏    女      6805
2023011         王力    男      6650
2023014         李小明  男      6565
最高工资员工信息为:
2023012         张平    男      7500
最低工资员工信息为:
2023014         李小明  男      6565
```

**程序分析：** 上述程序中，根据题目给出表格内容，定义一个结构体类型“YG”，定义此结构体类型的数组“yg1”，用于存储每一位员工的信息，利用冒泡排序法两两比较员工的对应工资“yg1[i].salary”，最后按工资从高到低的顺序将员工进行排列，并输出排列后的员工信息表，且将最高工资与最低工资进行输出。

**例 8.20** 输入一个字符串，为每个字符都建立一个链表节点，进而形成字符串链表，最后输出链表中每个节点的字符。

视频

例8.20

**解题思路：** 按照题目的要求，需要将字符串进行输出，故可用动态链表来实现，具体步骤如下。

（1）定义一个结构体类型，包含一个字符类型的成员变量和一个指向该结构体类型变量的指针。

（2）定义链表的头指针、尾指针和用于移动创建节点的指针。

（3）通过对输入的字符与“\n”进行比较，来决定是否结束链表节点的创建。

（4）循环输出链表节点内容。

**编写程序：**

```
#include<stdio.h>
#include<stdlib.h>
struct node
{
    char data;
    struct node *next;
};
void main()
{
    struct node *head,*p,*q;
    char c;
    printf("请输入字符串:\n");
    p=(struct node *)malloc(sizeof(struct node));
    scanf("%c",&p->data);
    p->next=NULL;
    head=p;
    q=p;
    scanf("%c",&c);
    while(c!= ‘\n’)
    {
        p=(struct node *)malloc(sizeof(struct node));
        p->data=c;
        p->next=NULL;
        q->next=p;
        q=p;
        scanf("%c",&c);
    }
    printf("输出字符串:\n");
    p=head;
    while(p!=NULL)
```

```
    {
        printf("%2c",p->data);
        p=p->next;
    }
    printf("\n");
}
```

**运行结果：**

```
请输入字符串：
acde
输出字符串：
 a c d e
```

**程序分析：** 上述程序中，是利用循环建立链表节点，需要通过 scanf 语句从键盘上读入字符数据赋给变量 c，然后去判断 c 的值是否等于 \n，如果不等于，则建立一个新的链表节点，否则将结束链表节点的创建，即整个链表创建完成，所以给新节点成员 p->data 赋值时，无须再通过 scanf 语句输入，其值即为变量 c 的值。

**例 8.21** 根据输入的年、月、日输出这一天是该年的第几天。

视 频

例8.21

**解题思路：** 按照题目的要求，可以定义函数，通过累计求和的方式计算求得，其中数据的读取可借助结构体类型变量来实现，具体步骤如下。

（1）定义一个数组，将每个月份所包含天数存入数组中。

（2）定义一个函数，实现通过累加月份所含天数求和，并将结果返回。

（3）从键盘读取年、月、日。

（4）调用函数，将年、月、日作为实参，返回结果。

（5）输出计算结果。

**编写程序：**

```
#include<stdio.h>
int dayTable[][12]={{31,28,31,30,31,30,31,31,30,31,30,31},
                    {31,29,31,30,31,30,31,31,30,31,30,31}};
struct data
{
    int day, month, year, yearDay;
}date;
int dayofyear(int d, int m, int y)    //计算这一天是该年的第几天
{
    int i, leap ,day=d;
    leap=(y%4==0&&y%100!=0)||y%400==0; //闰年 leap 值为 0，否则为 1
    for(i=0; i<m-1; i++)
        day=day+dayTable[leap][i];    //将天数累计求和
    return day;
}
void main()
{
    int leap, days;
```

```
    printf("Year=");
    scanf("%d",&date.year);
    for( ; ; )                                  // 正确读取月份
    {
        printf("Month=");
        scanf("%d",&date.month);
        if(date.month>=1&&date.month<=12)
            break;
        else
            printf("Month error!\n");
    }
    leap=(date.year%4==0&&date.year%100!=0)||date.year%400==0;
    days=dayTable[leap][date.month-1];
    for( ; ; )                                    // 正确读取天
    {
        printf("Day=");
        scanf("%d",&date.day);
        if(date.day>=1&&date.day<days)
            break;
        else
            printf("Day error!\n");
    }
    printf("\n");
    date.yearDay=dayofyear(date.day, date.month, date.year);
    printf(" 这一天是一年中的第 %d 天 \n",date.yearDay);
}
```

**运行结果：**

```
Year=2024
Month=6
Day=25

这一天是一年中的第 177 天
```

**程序分析：**上述程序是用结构体类型实现。在主函数中调用 dayofyear() 函数时，使用结构体变量 date 中的 3 个成员 date.day、date.month 和 date.year 作为实参，与之对应的型参是 d、m 和 y，计算结果通过 return 返回，并赋给结构体变量 date 的成员 date.yearDay。

**例 8.22** 已知一个不透明的盒子中装有红、黄、蓝、绿、黑 5 种颜色的小球各一个，从中一次抓出两个球，抓到的两个球的颜色组合有哪几种？

**解题思路：**由于小球颜色有 5 种，因此可定义一个枚举类型，配合使用双重循环解决，外循环抓出 5 色中的一个，内循环抓出 5 色中的一个，若两个颜色相同则不计数，重新抓。

**编写程序：**

```
#include<stdio.h>
enum color
{
    red,yellow,blue,green,black
```

```
};
void print(enum color c);
void main()
{
    int n=0,i,j;
    for(i=0;i<=3;i++)
        for(j=i+1;j<=4;j++)
        {
            if(i==j)
                continue;
            n++;
            printf("%8d   ",n);
            print((enum color)i);
            print((enum color)j);
            printf("\n");
        }
}
void print(enum color c)
{
    switch(c)
    {
        case red:printf("red   ");break;
        case yellow:printf("yellow   ");break;
        case blue:printf("blue   ");break;
        case green:printf("green   ");break;
        case black:printf("black   ");
    }
}
```

**运行结果：**

```
1   red   yellow
2   red   blue
3   red   green
4   red   black
5   yellow   blue
6   yellow   green
7   yellow   black
8   blue   green
9   blue   black
10   green   black
```

**程序分析：**上述程序中定义了枚举类型 enum color，用双重 for 循环做选择，每次循环抓出一个球，由于先抓黄后抓红与先抓红后抓黄的结果是一样的，算一种可能，另外，由于两球的颜色不同，所以有“i==j”时执行 continue 终止本次循环。

## 小　结

（1）在定义结构体时系统并不会给它分配空间，只有用结构体定义变量时才分配空间。

（2）同一结构体类型中的成员不能同名，而在嵌套定义中，不同层的结构体类型中的变量名可以相同。

（3）结构体定义中，成员类型不能是此结构体类型的变量，即结构体类型不能递归定义，但是可以定义此类型的指针变量。

（4）结构体成员的引用需要用成员运算“.”来引用，或者当用一个指针变量指向结构体变量时，结构体成员的引用还可以通过指针变量加指向运算符“->”来引用。

（5）用 typedef 声明新类型名时需要注意，typedef 只能为已有的类型增加一个新类型名，而不能创造新类型。

（6）typedef 与 #define 的主要区别在于，宏定义 #define 是在预处理阶段完成，只是将字符串做了简单的替换，不对替换内容做检查，typedef 是在编译时完成的，编译器会检查定义的类型是否正确。

（7）链表是一种常见的且非常重要的数据结构，它是一种动态分配存储空间的结构，注意掌握链表的创建、增删改查及遍历等操作。

## 习　题

### 一、选择题

1. 下列结构体定义中正确的是（　　）。

```
A. struct ord                    B. struct ord
   {  int i;                        {  int i;
      char ch;                         char ch;
   }AA;                             };
   AA a;                            struct ord a;
C. struct                        D. struct ord
   {  int i;                        {  int i;
      char ch;                         char ch;
   }AA;                             }  struct ord a;
   AA a;
```

2. 有以下说明语句，对结构变量中成员 age 的正确引用是（　　）。

```
struct student
{  int age;   int sex;  }stud1,*p;
```

A. p->age　　B. student.age　　C. *p.age　　D. stud1.student.age

3. 下列程序中，要引用结构体变量中的成员 score，引用方式错误的是（　　）。

```
struct
{
    char name[20];
    char color;
    float price;
}std,*p;
P=&std;
```

A. std color　　B. p->color　　C. std->color　　D. (*p).color

4. 下列程序运行后的输出结果是（　　）。

```
#include <stdio.h>
struct s {  int n; char *c;  }*p;
char d[]={'a','b','c','d','e'};
struct s a[]={10,&d[0],20,&d[1],30,&d[2],40,&d[3],50,&d[4]};
void main()
{
    p=a;
    printf("%d\n",++p->n);
    printf("%d\n",(++p)->n);
    printf("%c\n",++(*p->c));
}
```

A. 11
20
c

B. 11
20
b

C. 10
20
c

D. 10
20
b

5. 有以下程序，选项中表达式值为 11 的是（　　）。

```
struct comp
{
    int x, y;
}*p;
int a[]={1,2},b[]={3,4};
struct comp c[2]={10,a,20,b};
p=c;
```

A. ++p->x　　B. p->x　　C. *p->y　　D. (p++)->x

6. 以下程序的运行结果是（　　）。

```
#include<stdio.h>
struct AA
{
    int x;
    struct AA *y;
}*p;
struct AA a[4]={20,a+1,15,a+2,30,a+3,17,a};
void main()
{
    int i; p = a;
    for(i=1; i<=2; i++)
```

```
    {
        printf("%d,",p->x);
        p=p->y;
    }
}
```

A. 20,30　　B. 30,17　　C. 15,30　　D. 20,15

7. 有以下结构体说明、变量定义和赋值语句，则下列 scanf() 函数调用语句有错误的是（　　）。

```
struct STD{char name[10];int age; char sex;}s[5],*ps;ps=&s[0];
```

A. scanf("%s",s[0].name);　　B. scanf("%d",&s[0].age);

C. scanf("%c",&(ps->sex));　　D. scanf("%d", ps->age);

8. 有以下共用体说明和变量定义语句，则下列叙述中错误的是（　　）。

```
union dt
{
    int a; char b; double c;
}data;
```

A. data 的每一个成员起始地址都相同

B. 变量 data 所占内存字节数与成员 c 所占字节数相同

C. 已执行了"data.a=5;"语句，则执行"printf("%d\n",data.c);"语句输出的结果将是 5.000000

D. data 可作为函数的参数

9. 若有以下共用体说明和变量定义语句，则下面正确的语句是（　　）。

```
union dt
{
    int i; char c; float f;
}x;
int y;
```

A. x=10.5;　　B. x.c=101;　　C. y=x;　　D. printf("%d\n",x);

10. 如下说明语句，执行 B=A3;printf("%d\n",B); 输出是（　　）。

```
enum A {A0=1,A1=3,A2,A3,A4,A5};
enum A B;
```

A. 5　　B. 3　　C. 2　　D. 编译时出错

## 二、填空题

1. 以下程序的运行结果为__________。

```
#include<stdio.h>
struct AA
{
    int x, y;
}data[2]={1,10,2,20};
void main()
{
```

```
    struct AA *p=data;
    printf("%d",p->y);
    printf("%d\n",(++p)->x);
}
```

2. 以下程序的运行结果为__________。

```
#include<stdio.h>
struct s
{
    int a;
    struct s *next;
};
void main()
{
    int i;
    static struct s x[2]={5,&x[1],7,&x[0]},*ptr;
    ptr=&x[0];
    for(i=0;i<3;i++)
    {
        printf("%d",ptr->a);
        ptr=ptr->next;
    }
}
```

3. 以下程序的运行结果为__________。

```
#include<stdio.h>
typedef struct
{
    int b, p;
}A;
void f(A c)
{
    int j;
    c.b+=1;
    c.p+=2;
}
void main()
{
    int i;
    A a={1,2};
    f(a);
    printf("%d,%d\n",a.b, a.p);
}
```

4. 以下程序的运行结果为__________。

```
#include<stdio.h>
struct NODE
{
    int k;
```

```
    struct NODE *link;
};
void main()
{
    struct NODE m[5],*p=m,*q=m+4;
    int i=0;
    while(p!=q)
    {
        p->k=++i;
        p++;
        q->k=i++;
        q--;
    }
    q->k=i;
    for(i=0;i<5;i++);
        printf("%d",m[i].k);
    printf("\n");
}
```

5. 以下程序的运行结果为__________。

```
#include<stdio.h>
struct st
{
    int x;
    int *y;
}*p;
int dt[4]={10,20,30,40};
struct st aa[4]={50,&dt[0],60,&dt[1],70,&dt[2],80,&dt[3]};
void main()
{
    p=aa;
    printf("%d",++p->x);
    printf("%d",(++p)->x);
    printf("%d",++(*p->y));
}
```

6. 下面程序运行后，其输出结果是__________。

```
#include<stdio.h>
struct tree
{  int x; char *s;  }t;
func(struct tree t)
{  t.x=10;    t.s="computer";    return 0;  }
void main()
{
    t.x=1;
    t.s="minicomputer";
    func(t);
    printf("%d,%s\n",t.x,t.s);
}
```

7. 下列程序的运行结果是__________。

```
#include<stdio.h>
void main()
{
    union
    {
        int i[2];
        long k;
        char c[4];
     }t,*s=&t;
    s->i[0]=0x39;
    s->i[1]=0x38;
    printf("%lx  ",s->k);
    printf("%c\n",s->c[0]);
}
```

8. 下列程序的运行结果是__________。

```
#include<stdio.h>
struct str_type
{
    char ch1;
    char ch2;
    struct
    {
        int a;
        int b;
    }ins;
};
void main()
{
    struct str_type ci;
    ci.ch1='a';
    ci.ch2='A';
    ci.ins.a=ci.ch1+ci.ch2;
    ci.ins.b=ci.ins.a-ci.ch1;
    printf("%d,%c\n",ci.ins.a,ci.ins.b);
}
```

## 三、编程题

1. 编写一个输出一年 12 个月信息的程序，要求用结构体数组来存放 12 个月的信息，每个数组元素均由三个成员组成，即月份的天数、数字表示及月份的英文单词。

2. 编写程序，输入若干个学生的学号、姓名、成绩，输出学生的等级和不及格人数，等级设置为：0~59 为 E，60~69 为 D，70~79 为 C，80~89 为 B，90~100 为 A。要求使用结构体指针作为参数进行传递。

3. 编写程序，实现计算链表长度的功能，如果链表为空，则返回 0。

4. 编写程序，实现从一个无序的列表中找出值为最小的节点，然后删除该节点。

# 第 9 章 文件操作

前面章节程序中，数据从键盘输入，计算的结果(或数据)送到显示器中进行显示。然而在实际应用中，仅靠这种方式进行数据的输入和输出是不能充分满足用户需求的。用户有时需要借助外部存储设备快速读取大量的数据或者长期保存数据，有时需要随时读取或存储数据等。对于C语言程序而言，可以通过一些文件操作函数来完成数据的这种读取和存储任务。本章主要介绍文件的基本概念、文件的打开和关闭操作、顺序读写文件和随机读写文件等操作。

**学习目标**

- 了解文件在C语言程序设计中的重要性。
- 掌握文件的打开、读写、关闭等基本操作，并能够处理文件输入/输出任务。掌握C语言中文件操作的基本函数，如 fopen()、fread()、fwrite()、fclose() 等，以及这些函数的作用和使用方法。
- 具备一定的创新意识、创新精神和创新能力，能够探索新的编程技术和方法。具备团队合作精神和沟通能力，能够与团队成员有效协作完成任务。

## 9.1 概述

### 9.1.1 文件及分类

#### 1. 文件定义

所谓“文件”，一般是指存储在外存储设备中并由文件名标识的一组数据的有序集合。文件名由字母、下画线和数字序列组成，命名规则遵循操作系统的约定。文件是操作系统数据管理的单位。每个文件在计算机磁盘中的具体存放位置、格式以及读写等操作都是由操作系统来管理和完成的。文件通常驻留在外存储设备中，只有在使用时才会调入到内存中。

#### 2. 文件分类

C语言文件从不同角度有不同的分类方法。

（1）根据文件内容：可分为程序文件和数据文件。

程序文件：在 C 语言中，源程序文件（扩展名为 .c）、目标文件（扩展名为 .obj）和可执行文件（扩展名为 .exe）称作程序文件。程序文件的内容是程序代码。

数据文件：文件的内容不是程序，而是供程序运行时读写的数据。如在程序运行过程中输出到磁盘（或其他外围设备）的数据，或在程序运行过程中读入的数据。例如一批学生的成绩数据、股市交易的数据等。使用数据文件能够实现程序与数据分离、不同程序可以访问同一数据文件中的数据——数据共享、能长期保存程序运行的中间数据或结果。

（2）根据存储介质：可分为普通文件和设备文件。

普通文件：是指存储在外存储设备中的数据集合，可以是源程序文件、目标文件和可执行文件，也可以是一组待输入处理的原始数据，或者是一组输出的结果，即数据文件。

设备文件：是指与主机相连接的各种外围设备，如显示器、打印机、键盘等。在操作系统中，把外围设备作为一个文件来进行管理，通过它们进行的输入 / 输出等同于对文件的读写。C 语言本身没有提供输入 / 输出的功能，必须通过调用标准库函数进行文件读写。通常把显示器定义为标准输出文件，一般情况下在屏幕上显示有关信息就是向标准输出文件输出，例如前面经常使用的 printf() 函数、putchar() 函数等。键盘通常被指定为标准的输入文件，从键盘上输入就意味着从标准输入文件中读取数据。例如 scanf() 函数、getchar() 函数等。

（3）根据文件读写方式：可分为顺序文件和随机文件。

顺序文件：是指从头到尾按其先后顺序进行读写的文件。若只想更新顺序文件中的某个数据，一般是难以实现的，通常只有重写该文件。

随机文件：是指可以根据需要读取文件中指定位置的数据。随机文件通常要求记录要有固定长度，以便于直接访问文件中指定的记录信息，为此要提供文件的读写指针的定位函数，才可实现随机读写。

（4）根据数据组织或存储形式：可以分为 ASCII 码文件和二进制文件。

ASCII 码文件：也称为文本文件，这种文件在磁盘中存放时每个字符占一个字节。每个字节中存放着相应字符的 ASCII 码。例如，C 语言中的所有的源程序文件就是 ASCII 码文件。

二进制文件：是按二进制的编码方式来存放文件的。例如，C 语言中的目标文件和可执行文件都是二进制文件。

例如，对于十进制长整型数值 100000，其二进制表示形式和在内存中表示形式都是 4 个字节：

```
00000000  00000001  10000110  10100000
```

该数值在二进制文件中存储的形式是 4 个字节：

```
00000000  00000001  10000110  10100000
```

而在 ASCII 文件中的存储形式是 6 个字节：

```
00110001  00110000  00110000  00110000  00110000  00110000
```

（5）根据文件逻辑结构：可分为记录文件和流式文件。

记录文件：由具有一定结构的记录组成（定长和不定长），例如数据库文件等。

流式文件：由一个个字符（字节）顺序组成。C 语言把文件看作一个字节序列，即由一连串的字节组成，称为“流”（stream），以字节为单位访问，没有记录的界限。输入 / 输出字符流的开始和结束只由程序控制而不受物理符号（如回车符）的控制。因此也把这种文件称作“流式文件”。

### 9.1.2　文件操作过程

通过程序对文件进行操作，实现从文件中读取数据或向文件中写入数据，一般步骤如下：

（1）建立或打开文件。

（2）从文件中读取数据或向文件中写入数据。

（3）关闭文件。

这里的三个步骤是按照顺序执行的，所以打开文件是对文件进行读写的前提。打开文件就是将指定文件与程序联系起来，为文件的读写作好准备。当进行写操作打开一个文件时，如果文件不存在，则系统会先建立这个文件；当进行读操作打开一个文件时，该文件必须是已经存在的文件，否则会出错。

### 9.1.3　文件缓冲区

文件的写操作就是将程序的某个变量或数组的内容——输出数据，写入到文件中去。在计算机系统实际执行过程中，数据先是从内存中的程序数据区输出到内存中的缓冲区暂存，当该缓冲区装满后，数据才被整块送到外存储器的文件中。也就是说，当系统要向磁盘文件输出数据时，先将数据送到缓冲区，待装满缓冲区后才一起把数据输出给磁盘文件，如图 9.1 所示。

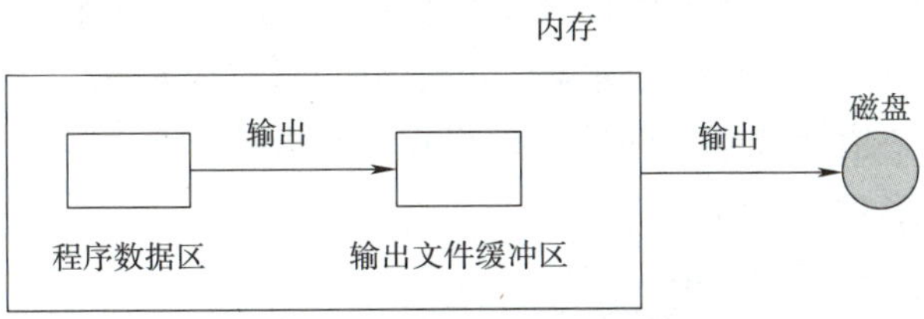


图 9.1　向磁盘文件输出数据

相反，当系统要从磁盘文件输入数据时，也是先将数据送到缓冲区，待装满缓冲区后才一起把数据输入到内存中，如图 9.2 所示。

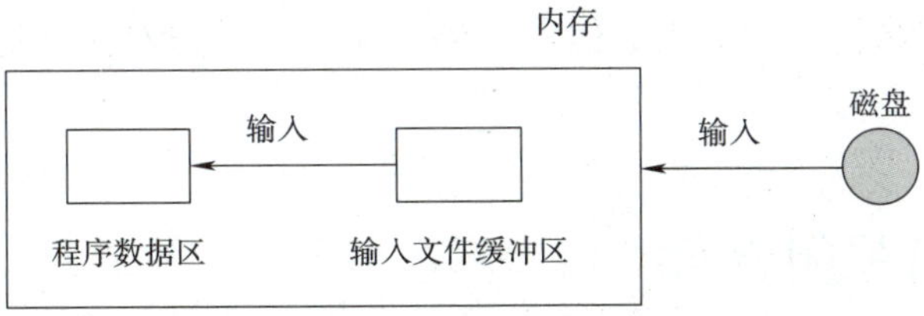


图 9.2　从磁盘文件输入数据

文件缓冲区是内存中的一块区域，用于进行文件读写操作时数据的暂存，缓冲区的大小一般因为机器的不同而不同。和内存相比，磁盘的存取速度很慢，如果读写一个数据就和磁盘直接打交道，即使 CPU 的速率很高，整个程序的执行效率也会大大降低。可见，设立文件缓冲区可以减少磁盘读写次数，并且数据交换操作与 CPU 中程序的执行可以并行运行，这样就大大地提高了程序的效率。程序执行过程中对文件的操作，实际上就是与内存中对应文件的缓冲区在打交道。

### 9.1.4 文件类型指针

在 C 语言程序中，要想找到存放在外存储设备中的数据，就应该按文件名先找到包含这些数据的文件，然后再从该文件读出数据；若要在外存储设备中存储数据，也必须先建立一个文件（以文件名作为标志），然后才能向文件写入数据。C 语言使用缓冲文件系统为每个正使用的文件在内存中开辟文件信息区，存放文件的有关信息（如文件名、文件状态和文件当前的读写位置等），保存这些信息使用的是一个结构体类型的变量。C 语言系统声明了一个名为 FILE 的结构体类型来描述文件信息，在 stdio.h 文件中有以下的文件类型声明：

```
typedef  struct{
    short  level;                           /* 缓冲区“满”或“空”的程度 */
    unsigned  flags;                        /* 文件状态标志 */
    char    fd;                             /* 文件描述符 */
    unsigned  char  hold;                   /* 如无缓冲区不读取字符 */
    short  bsize;                           /* 缓冲区的大小 */
    unsigned  char  *buffer;                /* 数据缓冲区的位置 */
    unsigned  char  *curp;                  /* 当前位置指针 */
    unsigned        istemp;                 /* 临时文件指示器 */
    short           token;                  /* 用于有效性检查 */
}FILE;
```

不同的 C 编译系统的 FILE 类型包含的内容不完全相同，但大同小异。

在编写源程序时不必关心 FILE 结构体类型的细节，只需要定义一个 FILE 结构体类型的指针变量来指向某个文件，这个指针就是文件类型指针或文件指针。

定义文件指针的一般形式为：

```
FILE * 指针变量名表;
```

例如：

```
FILE *fp;
```

其中 FILE 应为大写，fp 是指向 FILE 结构体类型的指针变量，通过 fp 即可找到存放某个文件信息的结构变量，然后按结构变量提供的信息找到该文件，实施对文件的操作。习惯上也把 fp 称为指向一个文件的指针。

## 9.2 打开和关闭文件

C 语言并不是直接通过文件名对文件进行操作，而是首先创建一个和文件相关联的文件指针变量，然后通过文件指针变量操作文件。在进行读写操作文件之前必须首先打开该文件，并且使用完后还要关闭文件。

所谓打开文件，实际上是指为文件建立相应的信息区（用来存放文件的各种相关信息）和文件缓冲区（用来暂时存放输入 / 输出的数据），并使文件指针指向该文件，以便进行其他操作。关闭文件则是指撤销文件信息区和文件缓冲区，断开指针与文件之间的联系，禁止再对文件进行操作。

## 9.2.1　打开文件

在 C 语言中，文件操作都是由库函数来完成的。C 语言用 fopen() 函数来实现文件的打开，其调用的一般形式为：

```
FILE * 指针变量名;
指针变量名 =fopen( 文件名, 文件使用方式 );
```

其中，指针变量名即文件指针，用来接收 fopen() 函数的返回值。如果文件打开成功，函数返回指向被打开文件的指针，如果文件打开失败，则函数返回空指针 NULL（值为 0）。fopen() 函数的第一个参数“文件名”表示要打开文件的名字，可以包含路径，例如：

```
D:\\MyFile.dat          /* D 磁盘下的 MyFile.dat 文件 */
```

第二个参数表示文件的使用方式，由 r、w、a、t、b、+ 六个字符组合，共有 12 种方式，详见表 9.1。

**表 9.1　文件使用方式**

| 字　符 | 文件类型 | 意　义 |
|---|---|---|
| r | 文本 | 以只读方式打开一个文本文件，只允许读数据 |
| w | | 以只写方式打开或建立一个文本文件，只允许写数据 |
| a | | 以追加方式打开或建立一个文本文件，并在文件末尾写数据 |
| rb | 二进制 | 以只读方式打开一个二进制文件，只允许读数据 |
| wb | | 以只写方式打开或建立一个二进制文件，只允许写数据 |
| ab | | 以追加方式打开一个二进制文件，并在文件末尾写数据 |
| r+ | 文本 | 以读写方式打开一个文本文件，允许读和写 |
| w+ | | 以读写方式打开或建立一个文本文件，允许读和写 |
| a+ | | 以读写打开或建立一个文本文件，允许读或在文件末追加数据 |
| rb+ | 二进制 | 以读写方式打开一个二进制文件，允许读和写 |
| wb+ | | 以读写方式打开或建立一个二进制文件，允许读和写 |
| ab+ | | 以读写方式打开或建立一个二进制文件，允许读或在文件末追加数据 |

说明：

（1）r（read）表示读；w（write）表示写；a（append）表示追加；t（text）表示文本文件，可省略不写；b（banary）表示二进制文件；+ 表示读和写。

（2）用“r”方式打开一个文件时，该文件必须已经存在，且只能从该文件读出。

（3）用“w”方式打开的文件只能向该文件写入。若打开的文件不存在，则以指定的文件名建立该文件，若打开的文件已经存在，则将该文件删去，重建一个同名的新文件。

（4）用“a”方式打开文件，若该文件已存在则向文件尾追加新的信息，若该文件不存在则创建一个新文件。

（5）用“r+”“w+”“a+”方式打开文件，既可以读数据，又可以写数据。但“w+”是新建文件时，应先向文件写数据，然后才能进行读数据的操作。

**例 9.1** 编写一个打开文件的程序。

**解题思路：** 首先加入 exit( ) 函数头文件 <stdlib.h>，再在主函数中建立文件指针，并在打开文件时根据 fopen() 函数的返回值判断是否成功，若不成功则提示出错，并等待用户按任意键退出程序，若成功则给出成功的信息并正常退出程序。

**编写程序：**

```
/* 打开文件，文件名 new9_1.c*/
#include <stdio.h>
#include <stdlib.h>                           /* exit 函数包含在该头文件中 */

int main( )
{
    FILE *fp;                                 /* 定义文件指针 */
    if((fp=fopen("c:\\hzk16","rb"))==NULL)/* 若文件 c:\hzk16 打开失败 */
    {
        printf ("error on open c:\\hzk16 file!"); /* 给出出错信息 */
        getchar();                            /* 等待用户在键盘上敲任意键 */
        exit(0);                              /* 退出程序 */
    }
    printf ("Success!");                      /* 给出成功信息 */
    return 0;
}
```

**运行结果：**

在 C:\ 下准备一个文件名为 hzk16 的文件，运行程序 new9_1.exe，若程序找到文件并成功打开，则给出打开成功的信息并正常退出，否则，给出出错信息并等待用户敲击任意键退出。

**程序分析：** 如果程序执行完后看到提示“error on open c:\hzk16 file!”表明未打开成功，原因是没有建立这个二进制文件，以二进制只读形式打开肯定失败，在 C:\ 下查找 hzk16 这个文件，确实没有。如果程序执行完后看到提示“Success!”表明打开成功。如果省略文件路径，则说明文件在正在编辑的文件夹下。如果在当前目录下建立一个文本文件如：hzk16.txt（文件内容为：23 13 0E 1A 35），将其中的打开文件写为：fopen("c:\hzk16.txt","rb")，则可以打开，显示“Success!”表明打开成功。

## 9.2.2 关闭文件

文件使用完后必须关闭。C 语言用 fclose() 函数来实现文件的关闭，其调用的一般形式为：

```
fclose(文件指针);
```

正常完成关闭文件操作时，fclose() 函数返回值为 0，出现问题时返回 EOF（值为 −1）。

关闭文件操作，是将输出文件缓冲区的内容（无论缓冲区是否为满），都输出写到文件中去，然后再关闭文件，这样可以防止丢失本来应该写入文件的数据。

**例 9.2** 把短句“Hello World!”保存到磁盘文件 f1.txt 中。

**解题思路：** 加入 exit() 函数头文件 <stdlib.h>，在主函数中建立文件指针，根据函数的返回值判断打开文件是否成功，若出错则给出提示信息，若打开成功就将“Hello World!”写入到文件 f1.txt 中，然后关闭文件，并给出提示信息以判断文件是否关闭成功。

**编写程序：**

```
/* 把短句“Hello World!”保存到磁盘文件 f1.txt 中，文件名 new9_2.c*/
#include <stdio.h>
#include <stdlib.h>                                 /* exit() 函数包含在该头文件中 */

int main( )
{
    FILE *fptr;                                     /* 定义文件指针 */
    if( ( fptr = fopen("f1.txt", "w") ) == NULL)    /* 若文件打开失败 */
    {
    printf("File open error!\n");                   /* 给出提示信息 */
        exit(0);                                    /* 退出程序 */
    }
    fprintf( fptr, "%s", "Hello World! " );         /* 写文件 */
    if( fclose( fptr ) )                            /* 若文件关闭失败 */
    {
    printf( "Can not close the file!\n" );          /* 给出提示信息 */
        exit(0);                                    /* 退出程序 */
    }
    return 0;
}
```

**运行结果：**

运行该程序，Hello World! 被写入文件，并且关闭文件成功，显示“press any key to continue”。

**程序分析：** 程序运行结束后在本程序所在文件夹下建立了 f1.txt 文本文件，用记事本打开查看，确实是 Hello World! 内容，可见建立文本文件成功。这就是建立文本文件的过程。

# 9.3 顺序读写文件

在顺序读写文件时，文件读写函数只能从文件头开始（追加方式除外），顺序读写各个数据，读写了一条信息后，文件读写位置指针自动指向下一个读写单元。在顺序写文件时，先写入的数据存放在文件前面，后写入的数据存放在文件后面；在顺序读文件时，先读文件前面的数据，后读文件后面的数据。

对顺序读写文件来说，读写数据的顺序和数据在文件中的物理顺序是一致的。

## 9.3.1 文件位置指针

在文件类型数据结构中有一个位置指针 (unsigned char *curp)，指向文件当前进行读写操作的位置。如图 9.3 所示。在顺序读写文件时，如果以文件读写的方式打开，文件的位置指针指向文件开头，这时对文件进行字符读写操作，就读写第一个字符，文件的位置指针值会自动加 1，向后移一个字符，指向下一个位置。依此类推，直到遇到文件末尾。如果以文件追加的方式打开，文件的位置指针就指向文件末尾，然后再进行文件写操作。

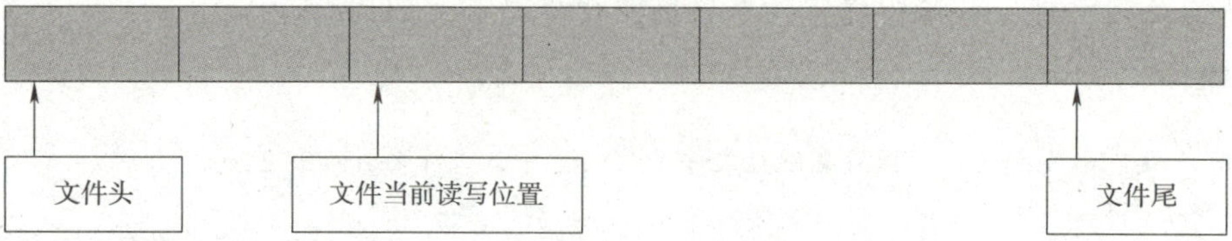


图 9.3 文件位置指针

应该注意，文件位置指针和文件指针并不是一回事。文件指针是指向整个文件的，必须在程序中定义说明，只要不重新赋值，文件指针的值是不变的。文件的位置指针是用来指示文件内部的当前读写位置，每读写一次，该指针均向后移动，指针的值是变化的。文件的位置指针不需要在程序中定义说明，而是由系统自动设置的。

## 9.3.2 判断文件结束函数

在读取文件时，当文件中的数据全部读完后，文件位置指针将位于文件的结尾。对于文本文件，读写函数的返回值为文件结束符 EOF（值为 −1），据此可知读写操作已至文件尾，但对于二进制文件而言，−1 是一个合法值，不能将 EOF 作为二进制文件的结束符。为了保证读写数据的正确性，需要使用函数 feof() 测试文件是否到达文件尾。

调用形式：

```
feof(FILE *fp);
```

返回值：若读写到达文件尾，函数返回值为 1；若文件未结束，返回值为 0。

feof() 函数不会改变文件位置指针的值，既可以判断二进制文件是否到达文件尾，又可以判断文本文件是否到达文件尾。

## 9.3.3 文件读写函数

对文件的读写是最常用的文件操作，在 C 语言中提供了多种文件读写的函数：

字符读写函数：fgetc() 和 fputc()。

字符串读写函数：fgets() 和 fputs()。

数据块读写函数：fread() 和 fwrite()。

格式化读写函数：fscanf() 和 fprinf()。

读写文本文件和读写二进制文件所使用的函数是不同的。使用以上函数都要求包含头文件 stdio.h。

### 1. 字符读函数 fgetc()

函数 fgetc() 的功能是从指定的文件中读一个字符，并将文件的位置指针移到下一个位置。

调用形式：

```
字符变量 = fgetc(文件指针);
```

返回值：函数读数据成功，返回读到的代码值；读到文件尾或读数据出错，返回文件结束标志 EOF(−1)。

例如：

```
ch = fgetc(fp);
```

表示从文件指针 fp 指向的文件中读取一个字符并送入到 ch 中。

### 2. 字符写函数 fputc()

函数 fputc() 的功能是向指定的文件写一个字符，并将文件的位置指针移到下一个位置。

调用形式：

```
fputc(字符量, 文件指针);
```

返回值：函数写数据成功，返回值就是输出的字符；写数据失败，返回值为 EOF(−1)。

例如：

```
fputc('a',fp);
```

表示把字符 a 写入 fp 所指向文件的当前位置处。

**例 9.3** 从键盘输入一些字符，逐个把它们送到磁盘上去，直到用户输入一个“#”为止。

**解题思路：**

先建立文件指针，定义字符型变量，并提示输入一个字符串作为文件名，然后以写的方式打开文件，再用 fgetchar() 函数从键盘逐个输入字符，然后用 fputc() 函数写到磁盘文件即可。

**编写程序：**

```
/*从键盘输入字符把它们送到磁盘上去直到用户输入一个“#”为止，文件名 new9_3.c*/
#include <stdio.h>
#include <stdlib.h>

int main( )
{
   FILE *fp;
    char ch, filename[10];
    printf("请输文件名:");
    scanf("%s", filename);
    if (( fp=fopen( filename, "w")) == NULL )
    {
        printf("cannot open file\n");
        exit(0);                            /*终止程序*/
    }
    ch=getchar( );                          /*接收执行 scanf 语句时最后输入的回车符*/
    printf("请输入字符串(用#结束输入):");
    ch = fgetc(stdin);                      /*接收键盘输入的第一个字符*/
    while(ch != '#')
```

```
    {
        fputc(ch, fp);
        fputc(ch, stdout); /* 向显示器输出字符串 ,putchar(ch); 与 fputc(ch,
                           stdout) 作用相同 */
        ch = fgetc(stdin);
    }
    fclose(fp);
    putchar(10);                                    /* 回车 */
    return 0;
}
```

**运行结果：**

运行该程序，输入文件名，回车，再输入任意字符，输入 # 结束。打开文件即可看到结果。

**程序分析：** 从键盘输入 new9_3.txt 作为文件名，然后输入要保存到文件的内容，例如输入 "abcd12345#"，再查看 new9_3.txt 文本内容，确实是以上内容，只是没有 #。

**例 9.4** 用函数 fgetc() 向标准输出终端设备输出一个字符串。

**解题思路：**

定义一个数组用来存放字符串，用函数 strlen() 测试存放在数组中的数据实际长度，用循环语句执行 "fputc( ch[i], stdout );"，逐个输出数组元素。

**编写程序：**

```
/* 用函数 fgetc() 向标准输出终端设备输出一个字符串，文件名 new9_4.c*/
#include <stdio.h>
#include <string.h>

int main( )
{
    int  i;
    char ch[]="Hi everybody!";
    for( i=0; i<strlen(ch); i++ )
    {
        fputc( ch[i], stdout );      /* 向显示器逐个输出字符串中的每个字符 */
    }
    printf( "\n");
    return 0;
}
```

**运行结果：**

```
Hi everybody!
```

**程序分析：** 在标准头文件 stdio.h 中，同时预定义了三个非常有用的文件类型指针 stdin、stdout、stderr。这三个标准文件类型指针通常都连到终端设备。程序开始运行时系统自动打开和关闭三个标准文件，因此，程序编写者不需要在程序中用 fopen() 函数打开它们。

stdin：标准输入流指针，通常指键盘。

stdout：标准输出流指针，通常指显示器屏幕。

stderr：标准出错流指针，通常指显示器屏幕。

**例 9.5** 编写一个程序，将一个磁盘文件中的内容复制到另一个文件中。

**解题思路：**

定义两个文件指针 FILE *fpread 和 *fpwrite，分别用于读写两个文件，用字符读函数 fgetc() 从一个文件中读出一个字节后，再用字符写函数 fputc() 写入到另一个文件中，反复进行，直到第一个文件末尾为止。

**编写程序：**

```
/* 将一个磁盘文件中的内容复制到另一个文件中，文件名 new9_5.c */
#include <stdio.h>
#include <stdlib.h>

int main (int argc, char *argv[ ])
{
    FILE *fpread, *fpwrite;
    /* 必须输入三个参数：程序名、读操作的文件名、写操作的文件名 */
    if(argc!=3)
    {
        printf("Command format error!\n");
        exit(0);
    }
    if((fpread = fopen (argv[1], "rb")) == NULL)  /* 读操作的文件 */
    {
        printf ("cannot open the Readfile\n");
        exit(0);
    }
    if((fpwrite = fopen (argv[2], "wb")) == NULL)  /* 写操作的文件 */
    {
        printf ("cannot open the Writefile\n");
        exit(0);
    }
    while (!feof (fpread))
        fputc (fgetc(fpread), fpwrite);
    fclose (fpread);
    fclose (fpwrite);
    return 0;
}
```

**运行结果：**

在计算机中，选择“开始”→“程序”→“附件”→“命令提示符”，进入 new9_5.exe 所在目录中（假设为 C:\\ChFile 并有源文件 F1.dat），然后在命令行中输入 new9_5.exe F1.dat F2.dat 后回车，即可得到复制的文件 F2.dat。

### 3. 字符串读函数 fgets()

调用形式：

```
fgets(字符数组名，n，文件指针);
```

返回值：函数读数据成功返回字符数组首地址；遇到文件尾或读数据失败则返回一个空指针 NULL。

字符串读函数从指定的文件中读一个字符串到字符数组中，其中 n 是一个正整数，表示从文件中读出的字符串不超过 n−1 个字符，并在读入的最后一个字符后加上串结束标志 '\0'，表示字符串结束，这样得到的字符串共有 n 个字符。字符串读函数在读完 n−1 个字符之前遇到换行符 “\n” 或文件结束符 EOF，读入即结束，但将所遇到的换行符 “\n” 也作为一个字符读入。

例如：

```
fgets(str,n,fp);
```

表示从 fp 所指的文件中读出 n−1 个字符送入字符数组 str 中，并在最后加上结束标志 '\0'。

#### 4. 字符串写函数 fputs()

调用形式：

```
fputs(字符串，文件指针)；
```

返回值：函数写数据成功返回 0；写数据失败则返回 EOF。

字符串写函数将指定的字符串写到文件中去，字符串末尾的 '\0' 不输出。

例如：

```
fputs("China",fp);
```

将 "China" 输出到 fp 所对应的文件中，并忽略输出字符串结束标志 '\0'。

**例 9.6** 编写一个程序，从一个文件中读取字符串，并打印其内容。

**解题思路：**

定义两个文件指针 FILE *fpr 和 *fpw，分别用于读写两个文件，“fpw = stdout ;” 表示向显示器写数据，即打印文件的内容。

**编写程序：**

```
/* 从文件中读取字符串，并打印其内容，文件名 new9_6.c */
#include <stdio.h>
#include <stdlib.h>
#define  SIZE 256

int main (int argc, char *argv[ ])
{
    char buff[SIZE] ;
    FILE *fpr, *fpw ;
    fpw = stdout ;                                          /* 显示器 */
    if( (fpr=fopen(argv[1], "r")) == NULL)
    {
        printf ("File open error!\n ") ;
        exit (0) ;
    }
    while (fgets (buff, SIZE, fpr) != NULL)
        fputs (buff,  fpw) ;
```

```
    fclose (fpr) ;
    return 0;
}
```

**运行结果：**

在计算机中，选择“开始”→“程序”→“附件”→“命令提示符”，进入 new9_6.exe 所在目录中（假设为 C:\\ChFile 并有源文件 F1.dat），然后在命令行中输入 new9_6.exe F1.dat 后回车，即可将 F1.dat 的内容打印在显示器上。

**程序分析：** 在程序中，已指定了“fpw = stdout ;”，故只需要输入两个参数。F1.dat 最好是文本文件，这样我们能看懂显示器上的字符。

### 5. 格式化读函数 fscanf()

fscanf() 函数与前面使用的 scanf() 函数的功能相似，都是格式化读写函数。两者的区别在于 fscanf() 函数读的对象不是键盘，而是磁盘文件。

调用形式：

```
fscanf （文件指针，格式字符串，输出表列）;
```

返回值：函数读数据成功返回值就是读取的数据项的个数；如果读数据出错或遇到文件尾，则返回 EOF。

例如：

```
fscanf(fp,"%d%f",&n,&x);
```

表示从文件中分别读入整型数到变量 n、浮点数到变量 x。

### 6. 格式化写函数 fprinf()

把格式化的数据写到文件中，其中格式化的规定与 printf() 函数相同，所不同的只是 fprintf() 函数是向文件中写入，而 printf() 函数是向显示器输出。

调用形式：

```
fprintf(文件指针，格式字符串，输出表列）;
```

返回值：函数写数据成功，返回值就是实际写入文件中的字符个数（字节数）；如果写数据出错，则返回一个负数。

例如：

```
fprintf(fp,"%d%f",n,x);
```

表示把变量 n 和 x 的数值按一定的格式写入到文件中。

**例 9.7** 假设在 text.txt 中每一行的数据由一个字符串、空格和一个十进制数组成（如 Hello 65535），从 text.txt 中读取字符串和十进制数，输出到显示器中。

**解题思路：**

文本文件 text.txt 每一行的数据由字符串、空格和数字组成，格式固定，因此，可以用 fscanf( ) 函数读取数据，然后再显示在屏幕上。

**编写程序：**

```
/* 从 text.txt 中读取字符串和十进制数输出到显示器上，文件名 new9_7.c*/
#include <stdio.h>
#include <stdlib.h>

int main ( )
{
    char s[80] ;
    int a ;
    FILE *fp ;
    if ( (fp=fopen ("text.txt", "r"))  ==  NULL)
    {
        printf ("cannot open file ") ;
        exit (0) ;
    }
    while(!feof (fp))
    {
        fscanf (fp, "%s %d ", s, &a) ;
        printf ("%s %d\n", s, a) ;
    }
    return 0;
}
```

**运行结果：**

先创建文本文件 text.txt 并在每一行输入字符串、空格和数字，再运行程序，即可在屏幕上看到文件的内容。

**程序分析：** 用 fprintf() 和 fscanf() 函数对磁盘文件读写，使用方便，容易理解，但由于在输入时要将 ASCII 码转换为二进制形式，在输出时又要将二进制形式转换成字符，花费时间比较多。因此，在内存与磁盘频繁交换数据的情况下，最好不用 fprintf() 和 fscanf() 函数，而用 fread() 和 fwrite() 函数。

### 7. 数据块读函数 fread()

数据块读函数 fread() 用于从二进制文件中读入一个数据块到变量中。

调用形式：

```
fread (buffer,size,count,fp);
```

返回值：如果操作成功，则函数返回值就是读取的数据项的个数（不是字节的个数）；如果操作出错或遇到文件尾，则返回 0。

参数：buffer 是一个指针，是用来存放从文件中读入数据的存储区的首地址；size（整型）是一次（每次）读取数据的字节数；count（整型）是读取的次数；fp 是 FILE 类型指针。

功能：数据块读函数 fread() 从 fp 指向的文件的当前位置，每次读取 size 个字节，共读 count 次数据，存放到 buffer 指向的内存单元。

### 8. 数据块写函数 fwrite()

数据块写函数 fwrite() 用于向二进制文件中写入一个数据块。

调用形式：

```
fwrite(buffer,size,count,fp);
```

返回值：如果操作成功，则函数返回值就是实际写入的数据项的个数（不是字节的个数）；如果操作出错，则返回 0。

参数：buffer 是一个指针，表示存放数据的首地址，函数要把从此地址开始的存储区中的数据向文件输出；size（整型）一次（每次）输出数据的字节数；count（整型）是输出的次数；fp 是 FILE 类型指针。

功能：数据块写函数 fwrite() 从 buffer 开始，分 count 次，每次 size 个字节，向 fp 对应文件的当前位置写数据。

**例 9.8** 将一个字符串写入到文件中，然后再从文件中读出，并在屏幕上显示出来。

**解题思路：**

选用数据块读写函数进行操作，并将 strlen( ) 函数对字符串进行测试的结果作为数据块读写函数 size 参数的大小。

**编写程序：**

```
/*将一个字符串写入文件中，然后再从文件中读出，并在屏幕上显示出来，文件名new9_8.c*/
#include <string.h>
#include <stdio.h>

int main( )
{
    FILE *stream;
    char msg[ ] ="This is a test.", buf[20];
    stream = fopen("TEST.DAT", "w+");
    fwrite(msg, strlen(msg)+1, 1, stream);
    fseek(stream, SEEK_SET, 0);                /* 将文件位置指针移到文件开头 */
    fread(buf, strlen(msg)+1, 1, stream);
    printf("%s\n", buf);
    fclose(stream);
    return 0;
}
```

**运行结果：**

```
This is a test.
```

**程序分析：**在程序中执行 fwrite() 函数后文件位置指针不再指向文件开头，必须用 fseek() 函数把文件位置指针复原才能输出正确的结果。

### 9. 文件读写函数选用原则

读 / 写 1 个字符（或字节）数据时：选用 fgetc() 和 fputc() 函数。

读 / 写 1 个字符串时：选用 fgets() 和 fputs() 函数。

读 / 写 1 个（或多个）不含格式的数据时：选用 fread() 和 fwrite() 函数。

读 / 写 1 个（或多个）含格式的数据时：选用 fscanf() 和 fprintf() 函数。

fgetc() 和 fputc() 函数：主要对文本文件进行读写，但也可对二进制文件进行读写。

fgets() 和 fputs() 函数：主要对文本文件进行读写，对二进制文件操作无意义。

fread() 和 fwrite() 函数：主要对二进制文件进行读写，但也可对文本文件进行读写。

fscanf() 和 fprintf() 函数：主要对文本文件进行读写，对二进制文件操作无意义。

## 9.4 随机读写文件

前面介绍的对文件的读写方式是顺序读写，即读写文件从头开始，顺序读写各个数据。实际问题中常常要求只读写文件中某一指定的部分。为了解决这个问题，可移动文件的位置指针到需要读写的位置，再进行读写，这种读写称为随机读写。实现随机读写的关键是按要求移动文件的位置指针，即能进行文件的定位。移动文件的位置指针的函数主要有 rewind() 函数和 fseek() 函数。

### 9.4.1 rewind() 函数

调用形式：

```
rewind(FILE *fp);
```

返回值：无返回值。

功能：把文件内部的位置指针重新移到文件开头处，并清除文件结束标志和出错标志。

### 9.4.2 fseek() 函数

调用形式：

```
fseek(FILE *fp, long offset, int from);
```

返回值：如果指针移动成功，则返回 0，出错时返回非 0。

参数：from 代表移动的开始位置（起始点），文件首部、当前位置和文件尾部分别对应 0、1、2，或常量 SEEK_SET、SEEK_CUR、SEEK_END，见表 9.2。offset 为移动的位移量，以起始点为基点，向前移动的字节数（正数代表前进，负数代表后退），一般要求为长整型数据，当用常量表示位移量时，要求加后缀“L”。

功能：把文件位置指针移动到指定位置（与 from 所指的文件位置距离 offset 个字节）。

表 9.2 参数 from 的值

| 起始点 | 常量值 | 数字值 |
| --- | --- | --- |
| 文件开始位置 | SEEK_SET | 0 |
| 文件当前位置 | SEEK_CUR | 1 |
| 文件末尾位置 | SEEK_END | 2 |

fseek() 函数应用举例：

```
fseek(fp,100L,0);                 /* 将位置指针移到离文件头 100 个字节处 */
fseek(fp,50L,1);                  /* 将位置指针移到离当前位置 50 个字节处 */
fseek(fp,-20L,SEEK_END);          /* 将文件位置指针移动到离文件尾部前 20 字节处 */
```

还要说明的是，fseek() 函数一般用于二进制文件。在文本文件中由于要进行转换，故往往计算的位置会出现错误。文件的随机读写在移动位置指针之后，即可用前面介绍的任一种读写函数进行读写。由于一般是读写一个数据块，因此常用 fread() 和 fwrite() 函数。

### 9.4.3　ftell() 函数

调用形式：

```
ftell (FILE *fp);
```

返回值：函数在调用成功后返回当前指针位置，出错时返回 −1L。

功能：得到 fp 指向文件的文件位置指针值，即相对于文件开头的位移量（字节数）。

由于文件中文件的位置指针经常移动，人们往往不容易知道其当前位置，所以常用 ftell() 函数得到当前位置，用相对于文件开头的位移量来表示。

当打开一个文件时，通常并不知道该文件的长度，通过以下函数调用可以求出文件的字节数：

```
fseek(fp,0L,SEEK_END);              /* 把位置指针移到文件末尾 */
t=ftell(fp);
```

若二进制文件中存放的是 struct st 结构体类型数据，则通过以下语句可以求出该文件中以该结构体为单位的数据块的个数：

```
fseek(fp,0L,SEEK_END);
t=ftell(fp);
n=t/sizeof(struct st);
```

**例 9.9** 已知在数据文件 f.txt 中含有 10 个整型数据，数据之间有分隔符“,”，依次读出数据显示在屏幕上，再将奇数位置的数据读出显示在屏幕上。

**解题思路：** 第一次用 fscanf() 函数将数据从文件中读出，并显示在屏幕上，然后用 rewind() 函数将文件位置指针复原，第二次用 fscanf() 函数从文件中读数据时，必须是间隔方式读数，故用 fseek() 函数移动文件位置指针。

**编写程序：**

```
/* 从 f.txt 文件中读出已存的 10 个整数，全部显示和按奇数显示在屏幕上，文件名 new9_9.c*/
#include<stdio.h>
#include<stdlib.h>

int  main( )
{
    int i;
    int score;
    FILE  *fin;                                   /* 定义文件指针 */
    if(( fin = fopen("f.txt","r")) == NULL)       /* 以读方式打开文件 */
    {
```

```
        frintf("File open error!\n");
        exit(1);
    }
    for(i=0;i<10;i++)
    {
        fscanf(fin,"%d,",&score);                      /* 读源文件中的数据 */
        printf( "%d,",score);                          /* 显示在屏幕上 */
    }
    rewind(fin);                                       /* 将文件指针定位在首部 */
    printf("\n");
    for(i=0;i<5;i++)                                   /* 读源文件中的数据 */
    {   fseek(fin, sizeof(int), 1);                    /* 将文件指针向后移动 */
        fscanf(fin,"%d,",&score);
        printf( "%d,",score);                          /*  显示在屏幕上  */
    }
    if(fclose(fin))                                    /* 关闭文件 */
    {
        printf("File close error!\n");
        exit(1);
    }
    return 0;
}
```

**运行结果：**

在数据文件 f.txt 中填写 10 个整型数据，数据之间用分隔符“,”隔开，然后运行该程序，即可看到结果。

**程序分析：** 在程序中，第一次用 rewind() 函数将文件位置指针无条件复原，第二次用 fseek() 函数将文件位置指针向后移动一个 int 数据类型的长度，跳过偶数位置的数据不读。

**例 9.10** 已知 5 名学生的一门课的分数，打印学号为单号学生的分数。

**解题思路：** 定义一个结构体数组表示学生的姓名、学号和成绩，用 fseek() 函数移动文件的位置指针，其 size 大小应为结构体数组元素的长度，最后将学号为单号的学生分数打出。

**编写程序：**

```
/* 打印学号为单号学生的分数，文件名 new10_10.c*/
#include<stdio.h>
#include<stdlib.h>
#define  N  5

struct student
{
    char name[10] ;
    int no ;
    int score ;
} stud [N] ;
int  main ( )
{
    int  i;
```

```
    FILE  *fp ;
    fp = fopen( "std.lst","rb" );
    for  ( i=0 ;i<N ;i++)
    {
        fseek ( fp,  i*sizeof( struct  student ), 0 ) ;
        fread (&stud[i] , sizeof (struct  student ) , 1 , fp ) ;
        if (stud [i].no%2)
        printf("name:%c no:%d score:%d\n",stud[i].name,stud[i].no,
                stud[i].score ) ;
    }
    fclose(fp) ;
    return 0;
}
```

**运行结果：**

当文件 std.lst 提供 5 名学生的姓名、学号和成绩数据后，运行该程序，即可看到结果。

**程序分析：**本程序需要使用二进制的文件 std.lst，先将 5 名学生的姓名、学号和成绩用程序中定义的结构体数组表示，再将其写入到文件 std.lst 中，就准备好了程序运行所需要的文件。

# 9.5 文件出错处理

## 9.5.1 ferror() 函数

读写文件出错检测函数 ferror() 用来检查文件各种输入 / 输出函数进行读写是否出错。

调用形式：

```
ferror( 文件指针 );
```

返回值：若返回值为 0，表示未出错；返回非 0，表示出错。

每次调用输入 / 输出函数，都产生新的 ferror() 函数值，因此调用输入 / 输出函数后立即检查，否则信息会丢失。调用 fopen() 时，ferror() 函数的初始值自动置为 0。

## 9.5.2 clearerr() 函数

置 0 函数 clearerr() 用于清除文件出错标志和文件结束标志，使它们为 0 值。

调用形式：

```
clearerr( 文件指针 );
```

返回值：若返回值为 0，表示未出错；返回非 0，表示出错。

功能：用来清除出错标志和文件结束标志，使它们置为 0。

调用一个输入输出函数时出现错误（ferror 值为非零值），立即调用 clearerr(fp)，使 ferror(fp) 值变为 0，以便再进行下一次检测。只要出现文件读写错误标志，它就一直保留，直到对同一文件调用 clearerr 函数或 rewind 函数，或任何其他一个输入输出函数为止。

## 9.6 程序举例

**例 9.11** 分析以下程序的运行结果。

```
#include<stdio.h>
void main( )
{
    FILE *fp;
    int i, k, n;
    fp=fopen("f1.dat","w+");
    for(i=1; i<6; i++)
    {
        fprintf(fp, "%d ", i);    //注意，此处 %d 后面有一个空格
        if(i%2==0)
            fprintf(fp, "\n");
    }
    rewind(fp);
    fscanf(fp, "%d%d",&k,&n);
    printf("%d,%d\n",k,n);
    fclose(fp);
}
```

**运行结果：**

```
1,2
```

**程序分析：** 上述程序定义了一个文件指针变量 fp，然后用 fopen() 函数新建一个用读 / 写方式打开的文件 f1.dat。利用 for 循环将循环变量 i 和一个空格写入文件 f1.dat 中，当 i 能被 2 整除时，再多写入一个 “\n”，循环结束后，文件 f1.dat 的内容如图 9.4 和图 9.5 所示，接着利用 rewind() 函数将文件 f1.dat 的读 / 写指针 fp 移回到文件的开始处，然后 fscnaf() 函数从文件 f1.dat 中读取两个数据到整型变量 k 和 n 中，因为，从文件中读取数据时，会以空格或者回车作为结束的标志，因此，本程序是将 1 和 2 分别读入到变量 k 和 n 中，所以输出的结果为 “1，2”。

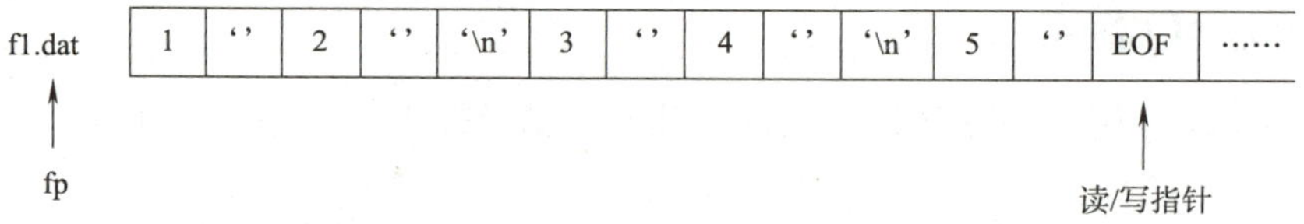


图 9.4　执行完 for 循环后，文件 f1.dat 中的内容及指针位置

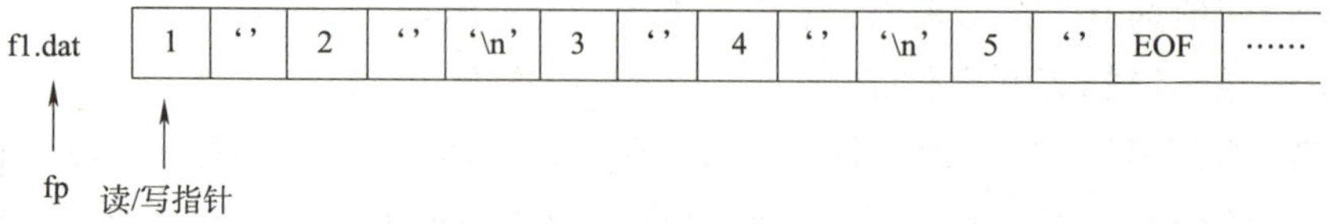


图 9.5　执行完 rewind(fp) 语句后，文件 f1.dat 中的内容及指针位置

**例 9.12** 编写程序，判断 f1.txt 与 f2.txt 两个文件的内容是否相同。

**编写程序：**

```
#include<stdio.h>
#include<stdlib.h>
void main( )
{
    FILE *fp,*ft;
    char k,n;
    if((fp=fopen("f1.tex","r"))==NULL)
    {
        printf("Can not open file1!\n");
        exit(1);
    }
    if((ft=fopen("f2.tex","r"))==NULL)
    {
        printf("Can not open file2!\n");
        exit(1);
    }
    while(!feof(fp)&&!feof(ft))
    {
        k=fgetc(fp);
        n=fgetc(ft);
        if(k!=n)
            break;
    }
    if(feof(fp)&&feof(ft))
        printf ("The two files are identical!\n");
    else
        printf ("The two files are not identical!\n");
}
```

**程序分析：**上述程序首先会打开文件 f1.tex 和 f2.tex，如果打开失败，会结束后续程序的执行，如果两个文件都成功打开，会通过字符读取函数 fgetc() 将两个文件对应位置上的字符读到变量 k 和 n 中，然后通过 while 循环比较 k 和 n 对应位置上的字符是否相等，根据比较的结果，给出不同的提示语。

**例 9.13** 将一组学生登记表以结构体形式送入文件中，然后从文件中读出内容并进行显示。

**编写程序：**

```
#include<stdio.h>
struct st
{
    char name[10];
    int age;
    float score;
};
void main( )
{
```

```
    FILE *fp;
    struct st student[3],*p;
    fp=fopen("std.txt","w+");
    for(p=student; p<student+3; p++)
    {
        scanf("%s%d%f",p->name,&p->age,&p->score);
        fwrite(p,sizeof(struct st),1,fp);
    }
    while(!feof(fp))
    {
        fread (p,sizeof(struct st),1,fp);
        printf ("%s,%d,%f\n",p->name,p->age,p->score);
    }
    fclose(fp);
}
```

**程序解析：**

上述程序使用了结构体数组来保存学生信息表，并用结构体指针指向这个结构体数组，接着，利用 for 循环，依次将 3 个结构体数组元素的内容写入到文件 std.txt 中，通过 rewind() 函数使文件的读写指针移动到文件的开始处，然后循环读出每一个数组中的成员信息。

## 小　结

（1）执行文件的读写操作时，系统先将数据送到缓冲区，待装满缓冲区后才一起把数据输出给磁盘文件（或输入到内存中）。

（2）C 语言中，有两种对文件的存取方式：顺序存取和随机存取。顺序存取文件的特点是：每当“打开”这类文件进行读或写操作时，总是从文件的开头开始，从头到尾顺序地读写。随机存取文件又称直接存取文件，其特点是：可以通过调用 C 语言的库函数去指定开始读写的字节号，然后直接对此位置上的数据进行读写操作。

（3）C 语言对文件的操作一般包括文件的打开与关闭、定位、文件的读写及文件操作出错的检测。操作的顺序是先打开文件，然后对文件进行相关的操作，最后记得要关闭文件。

（4）C 语言为用户提供了一个文件的指针类型，即 FILE 类型，在编写源程序时不必关心 FILE 结构体类型的细节，只需要定义一个 FILE 结构体类型的指针变量来指向某个文件，这个指针就是文件类型指针或文件指针。

（5）C 语言中，用文件指针标识文件，当一个文件被打开时，可取得该文件指针。

文件内部的位置指针可指示当前的读写位置，移动该指针可以对文件实现随机读写。

# 习　题

## 一、选择题

1. 在 C 语言中，对文件的存取以（　　）为单位。

A. 记录　　B. 字节　　C. 元素　　D. 簇

2. 下面的变量表示文件指针变量的是（　　）。

A. FILE *fp　　B. FILE fp　　C. FILER *fp　　D. file *fp

3. 在 C 语言中，下面对文件的叙述正确的是（　　）。

A. 用“r”方式打开的文件只能向文件写数据

B. 用“R”方式也可以打开文件

C. 用“w”方式打开的文件只能用于向文件写数据，且该文件可以不存在

D. 用“a”方式可以打开不存在的文件

4. 在 C 语言中，当文件指针变量 fp 已指向“文件结束”，则函数 feof(fp) 的值是（　　）。

A. t.　　B. F.　　C. 0　　D. 1

5. 下面程序段的功能是（　　）。

```
#include <stdio.h>
int main( )
{
    char s1;
     s1=putc(getc(stdin),stdout);
     return 0;
}
```

A. 从键盘输入一个字符给字符变量 s1

B. 从键盘输入一个字符，然后再输出到屏幕

C. 从键盘输入一个字符，然后在输出到屏幕的同时赋给变量 s1

D. 在屏幕上输出 stdout 的值

6. 标准函数 fgets(s, n, f) 的功能是（　　）。

A. 从文件 f 中读取长度为 n 的字符串存入指针 s 所指的内存

B. 从文件 f 中读取长度不超过 n−1 的字符串存入指针 s 所指的内存

C. 从文件 f 中读取 n 个字符串存入指针 s 所指的内存

D. 从文件 f 中读取长度为 n−1 的字符串存入指针 s 所指的内存

7. 在 C 语言中，执行如下程序段：

```
#include <stdio.h>
FILE *fp;
 fp=fopen("file","w" );
```

则磁盘上生成的文件名是（　　）。

A. file　　B. file.c　　C. file.dat　　D. file.txt

8. 在C语言中若按照数据的格式划分，文件可分为（　　）。

A. 程序文件和数据文件　　B. 磁盘文件和设备文件

C. 二进制文件和文本文件　　D. 顺序文件和随机文件

9. 若fp是指向某文件的指针，且已读到该文件的末尾，则C语言函数feof(fp)的返回值是（　　）。

A. EOF　　B. −1　　C. 非零值　　D. NULL

10. 下面程序段定义了函数putint()，该函数的功能是（　　）。

```
putint(int n,FILE *fp)
{
    char *s;
    int num;
    s=&n;
    for(num=0;num<2;num++)
        putc(s[num],fp);
}
```

A. 屏幕输出一整数　　B. 屏幕输出一字符

C. 向文件写入一实数　　D. 向文件写入一整数

11. 在C语言程序中，可把整型数以二进制形式存放到文件中的函数是（　　）。

A. fprintf( )函数　　B. fread( )函数　　C. fwrite( )函数　　D. fputc( )函数

12. 如果将文件型指针fp指向的文件内部指针置于文件尾，正确的语句是（　　）。

A. feof(fp);　　B. rewind(fp);　　C. fseek(fp,0L,0);　　D. fseek(fp,0L,2);

13. 如果文件型指针fp指向的文件刚刚执行了一次读操作，则关于表达式“ferror(fp)”的正确说法是（　　）。

A. 如果读操作发生错误，则返回1　　B. 如果读操作发生错误，则返回0

C. 如果读操作未发生错误，则返回1　　D. 如果读操作未发生错误，则返回0

14. 下列程序的主要功能是（　　）。

```
#include "stdio.h"
int main( )
{
    FILE *fp;
    char ch;
    long count1=0,count2=0;
    fp=fopen("q1.c","r");
    while(!feof(fp))
    {
        ch=fgetc(fp);
        if(ch=='{')count1++;
        if(ch=='}') count2++;
    }
    if(count1==count2) printf("YES!\n");
    else printf("ERROR!\n");
```

```
    fclose(fp);
    return 0;
}
```

A. 读文件中的字符 '{' 和 '}'　　B. 统计文件中字符 '{' 和 '}' 的个数

C. 输出 "YES!" 和 "ERROE!"　　D. 检查 C 语言源程序中的花括号是否配对

15. 以下叙述中错误的是（　　）。

A. 不可以用 FILE 定义指向二进制文件的文件指针

B. 在程序结束时，应当用 fclose( ) 函数关闭已打开的文件

C. 在利用 fread( ) 函数从二进制文件中读数据时，可以用数组名给数组中所有元素读入数据

D. 二进制文件打开后可以先读文件的末尾，而顺序文件不可以

16. 以只写方式打开一个二进制文件，应选择的文件操作方式是（　　）。

A. "a+"　　B. "w+"　　C. "RB"　　D."wb"

17. 以下叙述中不正确的是（　　）。

A. C 语言中的文本文件以 ASC Ⅱ 码形式存储数据

B. C 语言中对二进制文件的访问速度比文本文件快

C. C 语言中，随机读写方式不适用于文本文件

D. C 语言中，顺序读写方式不适用于二进制文件

18. 若 fp 已正确定义并指向某个文件，当未遇到该文件结束标志时函数 feof(fp) 的值为（　　）。

A. 0　　B. 1　　C. −1　　D. 一个非 0 值

19. 在 C 语言中，系统自动定义了 3 个文件指针 stdin、stdout 和 stderr 分别指向终端输入、终端输出和标准出错输出，则函数 fputc(ch,stdout) 的功能是（　　）。

A. 从键盘输入一个字符给字符变量 ch　　B. 在屏幕上输出字符变量 ch 的值

C. 将字符变量的值写入文件 stdout 中　　D. 将字符变量 ch 的值赋给 stdout

20. 下列关于 C 语言数据文件的叙述中正确的是（　　）。

A. 文件由 ASCII 码字符序列组成，C 语言只能读写文本文件

B. 文件由二进制数据序列组成，C 语言只能读写二进制文件

C. 文件由记录序列组成，可按数据的存放形式分为二进制文件和文本文件

D. 文件由数据流形式组成，可按数据的存放形式分为二进制文件和文本文件

## 二、填空题

1. putc( ) 函数和 fputc( ) 函数，一般情况下，功能是__________。

2. 改变文件的位置指针的位置应使用的操作函数是__________。

3. 要打开已存在的 abc.txt 文件时，可以读取和写入新的内容应执行__________。

4. 检测 fp 文件流的文件位置指针在文件头的条件是__________。

5. 若用 fopen() 函数打开一个新的二进制文件，该文件要可以读也可以写，则文件打开的模式是__________。

6. 若用 fopen() 函数打开一个已经存在的文本文件，保留该文件原有数据且可读可写，则该文

件的打开模式是__________。

7. 从文件流中读出 2 个 64 字节的字符，并存放在 buf 中应使用的命令是__________。

8. 从 fp 所指文件中读取长度不超过 m-1 的字符串，存入由指针 string 所指向内存，则应使用标准库函数__________。

9. 从指定文件中读入一个字符串到字符数组中，其调用的库函数为__________。

10. 在打印机上打印出“HELLO”，在以下程序段中填入适当的命令：

```
int main( )
{
    FILE *fp;
    char str[]="HELLO";
    __________;
    fputs(str,fp);
    fclose(fp);
    return 0;
}
```

## 三、编程题

1. 已知一个文本文件 f1.dat，将该文件进行加密后保存为 f2.dat，然后将 f2.dat 解密后保存为 f3.dat。

2. 已知一个数据文件 f.txt 中保存了 5 个学生的计算机等级考试成绩，包括学号、姓名和分数，文件内容如下，请将文件的内容读出并显示到屏幕中。

301101　　张文　91
301102　　陈慧　85
301103　　王卫东 76
301104　　郑伟　69
301105　　郭温涛 55

3. 用数据块输入和输出函数，将 3 名学生的姓名和数学成绩写到磁盘文件中，然后再将磁盘文件读出，并显示在屏幕上。

# 第 10 章 编译预处理

每一个 C 语言程序中都会出现以“#”开头的命令，如 #include、#define 等，这些都是源程序的一部分，它们被称为预处理命令，预处理命令并不属于 C 语言语句，将其放在函数之外，为了加以区别，所有编译处理命令都以“#”开头，书写时单独占一行，末尾不加“；”结束符。

预处理是指在编译之前对源程序进行预先处理，通常会将预处理看成是编译的一部分，是编译中最先执行的部分。预处理是 C 语言的一个重要功能，合理使用预处理功能可以改善设计环境，增强程序的可读性、可移植性。

**学习目标**

- 了解编译预处理在 C 语言程序设计中的重要性，了解宏定义的优点和局限性。
- 掌握无参宏定义和有参宏定义的基本语法。以及 #include 的使用方法，并能灵活应用。
- 具备根据实际需求，在 C 语言程序中正确添加预处理指令，使程序更加灵活。通过分析预处理器的效率提升，引导学生树立时间管理和效率提升的意识，能够在编程和学习中注重方法和策略，不断提升自我效能。

## 10.1 宏定义

宏定义命令 #define 是指用一个标识符来表示一个字符串，是在预处理时完成的，表示在后面的程序中，每次遇到该标识符时都用这个定义的字符串来替换它。按是否带参数，将宏定义分为不带参数的宏定义和带参数的宏定义两种。

### 10.1.1 不带参数的宏定义

不带参数的宏定义的一般格式如下：

```
#define  标识符  字符串
```

其中“#”表示这是一个预处理命令，“define”是关键字；“标识符”是定义的宏名，其命名要符合 C 语言的命名规则；“字符串”可以是常数、表达式、格式字符串等。

例如下面求圆形面积的程序中用到宏定义，在程序中会用 3.14 代替 PI。

```
#include<stdio.h>
#define  PI  3.14
void main()
{
    int  r ;
    float  area ;
    printf ("Input  r :\n");
    scanf("%f",& area);
    area = PI * r * r ;
    printf ("%.2f", area);
}
```

上面的例子中使用宏定义，将“3.14”用“PI”替代，既使程序简洁，又方便修改，比如，若需要提高圆周率的精度，可以在宏定义处将“3.14”修改为“3.14259”即可，不需要修改 C 程序语句。

在使用不带参数的宏定义时要注意以下几点：

（1）在字符串中出现的宏名不会被替换。

例如：

```
#include<stdio.h>
#define  Student  "This is a student"
void main()
{
    printf ("This is not Student!");
}
```

其运行结果为：

```
This is not Student!
```

结果显示，字符串“This is not Student!”中的宏名“Student”并没有被 "This is a student" 所替代。这是因为“Student”是出现在字符串中，系统会认为它是字符串的一部分，而不是宏定义中的宏名。

（2）#define 的作用域从始至终。#define 是预处理部分的内容，写在任何函数之外的，它的作用域是从定义时开始，直到整个源文件结束。

（3）如果想终止 #define 命令的作用域，可以使用 #undef 命令。

例如：

```
#include<stdio.h>
#define  Student  "This is a student"
void main()
{
    printf (Student);
    #undef  Student
}
```

宏定义只是一种简单的替换，预处理程序不做任何检查，另外，宏定义允许嵌套，这里不做展开，总之，使用宏定义时要注意它的一些特性，正确使用宏定义可以使程序变得简洁方便。

**例 10.1** 编写程序计算圆周率 π 的近似值，直至最后一项的绝对值小于 $10^{-7}$，程序编写参考如下公式：$\pi=4-\frac{4}{3}+\frac{4}{5}-\frac{4}{7}+\cdots$

**编写程序：**

```
#include<math.h>
#define Eps 1e-7
void main( )
{
    int i,m=1,sign=1;
    double PI=4,t=4;
    for(i=1;fabs(t)>Eps;i++)
    {
        sign=-sign;
        m+=2;
        t=sign*4.0/m;
        PI+=t;
    }
    printf("PI =%f\n", PI);
}
```

**运行结果：**

```
PI=3.141593
```

**程序分析：**上述程序中，利用宏定义 #define 将程序中的 1e−7 用 Eps 替代，增强代码的可读性，便于代码的修改和维护。

宏定义只是一种简单的替换，预处理程序不做任何检查，另外，宏定义允许嵌套，这里不做展开，总之，使用宏定义时要注意它的一些特性，正确使用宏定义可以使程序变得简洁方便。

## 10.1.2 带参数的宏定义

带参数的宏定义除了将宏名和字符串进行替换，还要进行参数的替换，其一般定义的形式如下：

```
#define 标识符（参数列表）字符串
```

形参列表与函数中型参列表相类似，当参数多于一个时要用逗号隔开，型参不需要说明数据类型。使用时，宏名被字符串替换，型参被实参替换。

例如，对两个数进行加减混合运算。

```
#include<stdio.h>
#define  SUM(x,y)   (x*y+y)
void main()
{
    int a=3,b=5;
    printf ("the number is :%d", SUM(a,b));
}
```

程序的运行结果：

```
the number is :20
```

编译时，宏名 SUM(x,y) 被替换成“(x*y+y)”，当执行 printf() 函数时，型参 x、y 被实参 a、b 所替代。所输出的是“a*b+b”的值。

带参数的宏定义与函数有相似之处，但本质上是不同的，主要有以下几个方面：

（1）函数的定义和调用是在编译阶段，而宏定义是在预处理阶段，两者执行的时间阶段不同。

（2）函数定义时，形参列表中的每一个参数都要有数据类型，而宏定义的形参不分配内存，不需要注明数据类型。

（3）函数调用时将实参表达式的值传给对应的形参，而带参数的宏定义是将实参替换对应的实参。

（4）函数可以有返回值，而带参数的宏定义不存在返回值。

**例 10.2** 阅读下列程序，给出运行结果。

**编写程序：**

```
#include<stdio.h>
#define  N  5
#define  M  N+1
#define  F(x)  (x*M)
void main()
{
    int a, b;
    a =2* F(2);
    b =2* F(1+1);
    printf ("%d, %d", a, b);
}
```

**运行结果：**

```
22, 14
```

**程序分析：**编译完成之后，程序中的“a =2 * F(2);”语句展开之后变成“a =2* (2*M);”由于 M 被 N+1 替换，N 被 5 替换，所以进一步展开之后变成“a=2*(2*5+1);”，a 的值就为 22。程序中的“b= 2*F(1+1);”语句展开之后变成“b =2*(1+1*M);”，进一步展开之后变成“b =2*(1+1*5+1);”，最后 b 的值为 14，所以输出的结果为：22，14。

从上面的例题可以看出，宏定义仅是将宏名和字符串进行替换。

对于带参数的宏定义的使用应注意以下几点：

（1）宏定义时参数是否加括号，对于运算结果是有影响的。如例 10.2 中，如果将“#define M N+1”改成“#define M (N+1)”，结果将完全不同。

（2）宏扩展必须使用括号，括号可以提高字符串中优先级较低的操作符，且不容易出错。如例 10.2 中如果将“#define F(x) (x*M)”改成“#define F(x) x*M”，那么变量 a 展开之后就变成“a=2*2*5+1;”其值就会是 21。

## 10.2 #include 命令

在一个源文件中使用 #include 命令，可以将另一个源文件的内容加载进来。

使用 #include 的一般有两种形式：

```
#include  "stdio.h"
#include<stdio.h>
```

以上两种形式都可以将 stdio.h 头文件加载进来，但是两者还是有区别的，两者的区主要表现在寻找文件的路径不同：

（1）用双引号引用文件时，系统会在用户当前的目录中寻找要包含的文件，如果找不到，再去存放 C 语言库函数头文件所在目录中去寻找要包含的文件。如果要包含的文件是用户自己编写的文件，一般用双引号的形式，使用此种形式时，也可以给定绝对路径。

（2）用尖括号引用文件时，系统直接去存放 C 语言库函数头文件所在目录中去寻找要包含的文件，称之为标准方式。这种形式会节省查找的时间，提高执行效率。

例如定义一个文件“file1.h”，在另一个文件“file2.c”中加载“file1.h”文件

file1.h 源程序如下：

```
void Sum(int x, int y)
{
    int sum;
    sum = x + y;
    printf("%d", sum);
}
```

file2.c 源程序如下：

```
#include<stdio.h>
#include  "file1.h"            //也可给出绝对路径如“d:\c 语言 \file1”
void main()
{
    int a=3, b=5;
    Sum(a, b);
}
```

上面示例中，将一个事先写好的求和函数“Sum”放到“file1.h”文件中并保存。然后在“file2.c”中用“#include”命令的双引号形式进行加载，这样写的好处是实现了程序的移植，事先把常用的模块写好，需要时加载。

**例 10.3** 编写程序，用包含文件的方法实现将一个数组从小到大的排序，并进行输出。

SO.c 源程序如下：

```
void Sort(int *a, int n)
{
    int i, j, t;
    for( i =0; i < n-1; i++);
```

```
        for(j = i+1; j < n; j++)
            if(a[i] > a[j])
            {
                t = a[i]; a[i] = a[j]; a[j] = t;
            }
}
```

cj.c 源程序如下：

```
#include<stdio.h>
#include "SO.c"
void main()
{
    int i, j, n, num[20];
    printf("Input n:\n");
    scanf("%d", &n);
    printf("Input data:\n");
    for( i =0; i < n; i++);
        scanf("%d", &num[i]);
    printf("before\n");
    for( i =0; i < n; i++);
        printf("%d", num[i]);
    printf("\n");
    Sort(num, n);
    printf("after\n");
    for( i =0; i < n; i++);
        printf("%d", num[i]);
}
```

**运行结果：**

```
Input n:
10
Input data:
10  9  13  24  48  23  12  34  17  14
before
10  9  13  24  48  23  12  34  17  14
after
9  10  12  13  14  17  23  24  34  48
```

**程序分析：**本程序的实现是通过文件包含命令将“SO.c”的内容加载到“cj.c”中，从本程序中可以看出，被包含的文件可以是以“.h”为扩展名的文件，也可以是以“.c”为扩展名的文件。

使用文件包含命令应注意以下几点：

（1）一个 #include 命令只能指定一个被包含文件，若需要包含多个文件，可以多次使用 #include 命令。

（2）文件包含可以嵌套，即在一个被包含文件中可以包含另一个文件。如文件 1 包含文件 2，而文件 2 的执行又要用到文件 3，就可以用到文件包含的嵌套。

（3）如果在 file2.c 中包含文件 file1.h，经过编译后两个文件就变成一个文件，这时如果在

file1.h 中有静态全局变量，则该静态全局变量在 file2.c 文件中也有效，无须再用 extern 声明。

## 10.3　程序举例

**例 10.4**　分析下列程序的运行结果。

```
#include<stdio.h>
#define HDY(x,y) x/y
#define PRINT(z) printf("z=%d\n",z)
void main( )
{
    int a=1,b=2,c=3,d=4,k;
    k=HDY(a+c,b+d);
    PRINT(k);
}
```

**运行结果：**

```
z=6
```

**程序分析：** 上述程序在运行时，main 函数中的，() 语句 “HDY(a+c,b+d);” 在宏展开后为 “k=a+b/c+d”，根据运算符的优先性原则，先计算 b/c 即 3/2，值为 1，所以 k 的值为 1+1+4，语句 “PRINT(k)” 宏展开为 “printf("z=%d\n",k)”，所以输出结果为 z=6.

**例 10.5**　用包含排序文件的方法实现从高到低输出学生的成绩。

**解题思路：** 本题需要创建两个文件：一个文件用于存放冒泡排序法的 C 程序；另一个文件用于存放 main() 函数，并在此文件中包含排序文件。

存放排序法的文件 px.c，程序代码如下：

```
void sort(int x[],int n)
{
    int i,j,k,t;
    for(i=0;i<n-1;i++)
    {
        k=i;
        for(j=i+1;j<n;j++)
            if(x[k]<x[j])
                k=j;
        if(k!=i)
        {
            t=x[i];
            x[i]=x[k];
            x[k]=t;
        }
    }
}
```

存放 mian() 的文件 10.5.c，程序代码如下：

```
#include<stdio.h>
#include "px.c"
void main()
{
    int num,score[10],k;
    printf("Input num=");                        // 输入班级人数
    scanf("%d",&num);
    printf("Input score of student:\n");         // 输入学生分数
    for(k=0;k<num;k++)
        scanf("%d",&score[k]);
    sort(score,num);                             // 调用包含文件中的排序函数
    printf("Score from high to low:\n");
    for(k=0;k<num;k++)
    {
        printf("%4d",score[k]);
        if((k+1)%10==0)
            printf("\n");
    }
    printf("\n");
}
```

**运行结果：**

```
Input num=10
Input score of student:
75 89 88 92 90 87 95 80 84 94
Score from high to low:
  95  94  92  90  89  88  87  84  80  75
```

**程序分析：**上述程序中在文件 10.5.c 中包含了排序法的函数“void sort(int x[],int n)”，所以在 mian() 函数中可以调用 sort() 函数，即“sort(score,num);”

## 小　结

（1）#define 的作用域从始至终。#define 是预处理部分的内容，写在任何函数之外，它的作用域是从定义时开始，直到整个源文件结束，如果想终止 #define 命令的作用域，可以使用 #undef 命令。

（2）带参数的宏定义与函数有相似之处，但本质上是不同的，函数的定义和调用是在编译阶段，而宏定义是在预处理阶段，函数的形参列表中的每一个参数都要有数据类型，而宏定义不需要注明数据类型，另外，函数可以有返回值，而带参数的宏定义不存在返回值。

（3）#include "stdio.h" 与 #include <stdio.h> 的区别在于，用双引号引用文件时，系统会在用户当前的目录中寻找要包含的文件，如果找不到，再去存放 C 语言库函数头文件所在目录中去寻找要包含的文件，用尖括号引用文件时，系统直接去存放 C 语言库函数头文件所在目录中去寻找要包含的文件，称之为标准方式。

# 习　　题

## 一、选择题

1. 下列说法中正确的是（　　）。

A. 预处理命令行必须位于源文件的开头

B. 在源文件的一行可以有多条预处理命令

C. 宏名必须用大写英文字母表示

D. 宏替换不占用程序运行时间

2. C 语言的编译系统对宏命令的处理是（　　）。

A. 在程序连接时进行

B. 在程序运行时进行

C. 在对源程序中其他语句正式编译之前进行

D. 和 C 语言程序中的其他语句同时进行编译

3. 下列说法正确的是（　　）。

A. 在 C 语言中，预处理命令行都是以“#”开头

B. 预处理命令行必须位于 C 语言源程序的起始位置

C. #include<stdio.h> 必须放在 C 语言程序的开头

D. C 语言的预处理不能实现宏定义和条件编译的功能

4. 使用文件包含命令时，#include 命令后面的文件名用双引号的形式时，寻找被包含文件的方式是（　　）。

A. 仅搜索当前目录

B. 仅搜索源文件所在目录

C. 直接按系统设定的标准方式搜索目录

D. 先在源程序所在目录搜索，再按系统设定的标准方式搜索

5. 若程序中有宏定义命令 #define N 100，则下列叙述中正确的是（　　）。

A. 在宏定义中定义了标识符 N 的值为整数 100

B. 在对 C 源程序进行预处理时用 100 替换标识符 N

C. 在对 C 源程序进行编译时用 100 替换标识符 N

D. 在运行时用 100 替换标识符 N

6. 若有以下宏定义：

```
#define N 2
#define M N+1
```

则执行语句“k=M*M+1;”后输出结果是（　　）。

A. 3　　B. 4　　C. 5　　D. 6

7. 有下列程序，则 main() 函数中标识符 p 代表的操作数是（　　）。

```
#include<stdio.h>
float p=1.5;
```

```
#define p 2.5
void main()
{
    printf("%f",p);
}
```

A. float 型变量　　B. double 型变量　　C. float 型常量　　D. double 型常量

8. 有下列定义和声明，则选项中表达式有错误的是（　　）。

```
#define n 2
int x=2; float y=2.5; char c='a';
```

A. ++x　　B. ++y　　C. ++c　　D. ++n

## 二、填空题

1. 下列程序的运行结果是______________。

```
#include<stdio.h>
#define  S(x)  4*(x)*x+1
void main()
{
    int a = 3, b = 5;
    printf("%d", S(a + b));
}
```

2. 下列程序的运行结果是______________。

```
#include<stdio.h>
#define S(x) x*x
int main( )
{
    int a,k=4;
    a=++S(k+1);
    printf("%d\n",a);
    return 0;
}
```

3. 下列程序的运行结果是______________。

```
#include<stdio.h>
#define C 3
#define Y(n) ((C+1)*n)
int main( )
{
    int x;
    x=2*(C+Y(5+1));
    printf("%d",x);
    return 0;
}
```

4. 下列程序由两个源文件 t1.h 和 t2.c 组成，其运行结果是______________。

t1.h 的源程序如下：

```
#define  N  10
#define  f1(x)  (x*N)
```

t2.c 的源程序如下：

```
#include<stdio.h>
# define  M  8
# define  f(x)  ((x)*M)
# include  K  "t1.h"
void main()
{
    int a, b;
    a=f(1+1);
    b=f1(1+1);
    printf("%d,%d\n", i, j );
}
```

5. 下列程序的运行结果是_____________。

```
#include<stdio.h>
int x=1;
void main()
{
    printf("%d",f(x));
}
#define x 2
int f(int y)
{
    return x+y;
}
```

6. 下列程序的运行结果是_____________。

```
#include<stdio.h>
#define MIN(a ,b)(a)<(b)?(a):(b)
void main()
{
    int m=20,n=25,k;
    k=10*MIN(m ,n);
    printf("%d\n",k);
}
```

7. 下列程序的运行结果是_____________。

```
#include<stdio.h>
#define FMT "%d"
void main()
{
    int b[][4]={1,3,5,7,9 ,11,13 ,15,17,19 ,21,23};
    printf(FMT ,*(*(b+1)+1));
    printf(FMT ,b[2][2]);
}
```

# 第 11 章
# 位 运 算

C 语言位运算的操作对象是数据的二进制位，分为逻辑运算符和移位运算符。位运算符只能对整型或字符型数据进行操作，不能操作其他类型的数据。

**学习目标**

- 了解位运算的优先级和结合性，能够正确地进行位运算表达式的计算。
- 掌握各种位运算符的运算规则，能够根据二进制数的表示进行位运算。
- 具备编写包含位运算的程序，并对其进行调试和优化的能力，能够将实际问题抽象为位运算问题，并运用位运算进行求解，通过位运算的实践练习，强调团队合作的重要性，引导学生学会倾听他人的意见、尊重他人的劳动成果、积极沟通交流。

## 11.1 逻辑位运算符

C 语言提供了 4 个逻辑位运算符，分别为按位与（&）、按位或（|）、按位异或（^）、按位取反（~）。具体见表 11.1。

表 11.1　逻辑位运算符

| 位运算符 | 含　义 | 举例说明 |
|---|---|---|
| & | 按位与 | a&b,a 和 b 各位按位进行“与”运算 |
| \| | 按位或 | a \| b,a 和 b 各位按位进行“或”运算 |
| ^ | 按位异或 | a^b,a 和 b 各位按位进行“异或”运算 |
| ~ | 按位取反 | ~a，a 中全部取反 |

### 1. 按位与运算（&）

按位与是双目运算符，其功能是将两个操作数二进制位中的对应位相与，只有对应位均为 1 时，结果才为 1，否则结果为 0。参与运算的数以补码形式出现。

例如，9&5，运算式如下：

```
  00001001   （9的二进制补码）
& 00000101   （5的二进制补码）
-----------
  00000001   （1的二进制补码）
```

因此，9&5=1。

按位与运算具有以下特征：

（1）任何位上的二进制数只要和 0 进行与运算，该位会被清零。

（2）任何位上的二进制数只要和 1 进行与运算，该位的值就保持不变。

利用按位与运算的这些特征，可以实现清零、取一个数某些指定位的值或保留某些位的操作。如把短整型 a 的高八位清零，保留低八位，可作 a&255 运算（255 的二进制数为 0000000011111111）。

**例 11.1** 从键盘输入一个短整型整数，判断其最高位上的数是 0 还是 1，若为 0 则输出“正数”，若为 1 则输出“负数”。

**解题思路：** 将从键盘上输入的数与二进制数 1000000000000000 进行按位与运算，保留其最高位，结果为 0 输出“正数”，结果为 1 则输出“负数”。

**编写程序：**

```
#include<stdio.h>
void main()
{
    short int x,y=32768,z;
    printf("请输入 x 的值:");
    scanf("%d",&x);
    z=x&y;
    if(z==0)
        printf("%d是正数\n",x);
    else
        printf("%d是负数\n",x);
}
```

**运行结果：**

```
请输入 x 的值:-89
-89 是负数
```

**程序分析：** 上述程序中将操作数与二进制数 1000000000000000（十进制为 32768）进行按位与运算。通过 if...else，判断，结果为 0 输出“正数”，结果为 1 则输出“负数”。

### 2. 按位或运算（|）

按位或也是双目运算符，其功能是将两个操作数二进制位中的对应位相或，只要对应位有 1 位是 1 时，结果就为 1，参与运算的数以补码形式出现。

例如，9|5，运算式如下：

```
  00001001   （9的二进制补码）
| 00000101   （5的二进制补码）
-----------
  00001101   （13的二进制补码）
```

因此，9 | 5=13。

按位或运算具有以下特征：

（1）任何位上的二进制数只要和 1 进行或运算，该位会即为 1。

（2）任何位上的二进制数只要和 0 进行或运算，该位的值就保持不变。

按位或运算的这些特征，可以用来对一个数中的一个或几个指定的二进制位置 1。

**例 11.2** 编写程序验证 9 | 5 的结果。

```
#include<stdio.h>
void main()
{
    int a=9,b=5,c;
    c=a|b;
    printf("a=%d\nb=%d\na|b=%d\n",a,b,c);
}
```

**运行结果：**

```
a=9
b=5
a|b=13
```

### 3. 按位异或运算（^）

按位异或也是双目运算符，其功能是将两个操作数二进制位中的对应位相异或，即当两个对应的二进制位数值相异时结果为 1，当两个对应的二进制位数值相同时结果为 0，参与运算的数以补码形式出现。

例如，9 | 5，运算式如下：

$$\begin{array}{r} 00001001 \\ \wedge\ 00000101 \\ \hline 00001100 \end{array}$$

因此，9^5=12。

使用异或运算符可以使一个数的二进制表示的某些位反转，即将某些位由 1 变为 0，由 0 变为 1。

**例 11.3** 编写程序将一个短整型数的低 8 位进行反转操作。

**解题思路：** 要将某个数的二进制表示的某些位进行反转，需要构造一个数，使该数对应需要反转的各位为 1，其余位为 0，然后将两个数进行按位异或即可。

**编写程序：**

```
#include<stdio.h>
void main()
{
    short int x,y=255,z;
    printf("Input x:");
    scanf("%d",&x);
    z=x^y;
```

```
    printf("x=%d, y=%d, z=%d\n",x,y,z);
}
```

**运行结果：**

```
Input x:26
x=26, y=255, z=229
```

**程序分析：** 上述程序中构造一个数 y，赋值为 255（二进制为 11111111），将 y 与键盘输入的 x 进行按位异或运算，由于异或运算符可以使一个数的二进制表示的某些位反转，即将某些位由 1 变为 0，由 0 变为 1，故当输入数为 26（00011010）时，结果为 229（11100101）。

### 4. 按位取反运算（~）

按位取反是单目运算符，其功能是将操作数的各二进制位按位取反，即将 0 变成 1，将 1 变成 0。

例如，~9，运算式如下：

$$\begin{array}{r} \sim 00000000\ 00001001 \\ \hline 11111111\ 11110110 \end{array}$$

因此，~9=−10。

按位取反和其它一些运算符结合起来使用可以达到一些特殊的效果，例如使一个整数 a 的最低位为 0，可以表示为 a&~1。

注意：取反运算符的优先级比算术运算符、关系运算符、逻辑运算符都高。例如：~a&b，先计算 ~a，在进行 & 运算。

## 11.2 移位运算符

移位运算符有两个，分别为左移运算符（<<）见右移运算符（>>），见表 11.2 中列出。

表 11.2　移位运算符

| 位运算符 | 含　义 | 举例说明 |
| --- | --- | --- |
| << | 左移 | a<<2，a 中各位左移 2 位 |
| >> | 右移 | a>>2，a 中各位右移 2 位 |

### 1. 左移运算符（<<）

左移运算符是双目运算符，其功能是把运算符“<<”左边的操作数的各二进制位全部向左移动若干位，空出的低位用 0 补齐，高位左移，若溢出则舍弃。

若 a=3，对应的二进制表示是 00000011，左移 2 位后为 00001100（对应的十进制数为 12），因此 3<<2 的值为 12。

进行左移运算时，每移动一位，低位端补 1 个 0，数据扩大 2 倍（二进制数满 2 进 1），因此每移动 1 位相当于乘以 2，那么 3<<2 相当于 3×22=12。此结论只适用于左移时舍弃的高位中不包含 1 的情况。

**例 11.4** 对整型变量 x 进行按位左移 3 位，输出左移运算后的值。

**编写程序：**

```
#include<stdio.h>
void main()
{
    unsigned x,y;
    printf("Input x:");
    scanf("%d",&x);
    y=x<<3;
    printf("整型数%d左移3位后的值为:%d",x,y);
}
```

**运行结果：**

```
Input x:5
整型数5左移3位后的值为:40
```

**程序分析：** 上述程序中，从键盘输入整数 5（二进制为 00000101），左移 3 位后二进制为 40（二进制为 00101000）。

### 2. 右移运算符（>>）

右移运算符也是双目运算符，其功能是把运算符“<<”左边的操作数的各二进制位全部向右移动若干位，空出的高位用 0 补齐，低位右移，若溢出则舍弃。

若 a=12，对应的二进制表示是 00001100，右移 2 位后为 00000011（对应的十进制数为 3），因此 12>>2 的值为 3。

注意：当有符号数右移时，符号位也同时移动，即如果操作数为正数，则移动中最高位补 0，若操作数为负数，则最高位补 1。右移 1 位相当于操作数除以 2，右移 n 位相当于操作数除以 $2^n$。

**例 11.5** 对整型变量 x 进行按位右移 n 位，输出右移运算后的值。

**编写程序：**

```
#include<stdio.h>
void main()
{
    unsigned x,y,n;
    printf("Input x and n:");
    scanf("%d,%d",&x,&n);
    y=x>>n;
    printf("整型%d右移3位后的值为:%d",x,y);
}
```

**运行结果：**

```
Input x and n:40,4
整型40右移4位后的值为:2
```

**程序分析：** 上述程序中从键盘输入 40、4，表示将整数 40 右移 4 位，40 的二进制表示为 00101000，右移 4 位后的二进制数为 00000010（低位溢出则舍去），结果为十进制为 2。

## 小　结

（1）C语言位运算的操作对象是数据的二进制位，分为逻辑位运算符和移位运算符。位运算符只能对整型或字符型数据进行操作，不能操作其他类型的数据。

（2）C语言提供了4个逻辑位运算符，分别为按位求反（~），按位与（&），按位或（|），按位异或（^）。

（3）C语言移位运算符有两个，分别为左移运算符（<<）、右移运算符（>>）。

## 习　题

### 一、选择题

1. 变量a中的数据用二进制表示的形式是01011101，变量b用二进制表示的形式是11110000。若要求将a的高4位取反，低4位不变，则所要执行的运算是（　　）。

A. a^b　　B. a | b　　C. a&b　　D. a<<b

2. 若有定义语句“char ch1=92,ch2=92;”，则下列表达式中值为零的是（　　）。

A. ch1^ch2　　B. ch1 | ch2　　C. ch1&ch2　　D. ~ch1

3. 下列程序的运行结果是（　　）。

```
#include<stdio.h>
int main()
{
    int a=4,b=3,c=2;
    printf("%d\n",a/b&c);
    return 0;
}
```

A. 0　　B. 1　　C. 2　　D. 3

4. 下列程序的运行结果是（　　）。

```
#include<stdio.h>
int main()
{
    char a=4;
    printf("%d\n",a=a<<1);
    return 0;
}
```

A. 4　　B. 8　　C. 10　　D. 20

5. 下列程序的运行结果是（　　）。

```
#include<stdio.h>
void main()
{
```

```
    int a=5,b=1,t;
    t=(a<<2)|b;
    printf("%d\n",t);
}
```

A. 1　　B. 11　　C. 21　　D. 31

## 二、填空题

1. 下列程序的运行结果是______________。

```
#include<stdio.h>
void main()
{
    unsigned char a,b;
    a=4|3;
    b=4&3;
    printf("%d,%d\n",a,b);
}
```

2. 下列程序的运行结果是______________。

```
#include<stdio.h>
void main()
{
    unsigned char a,b;
    a=7^3;
    b=~4&4;
    printf("%d,%d\n",a,b);
}
```

3. 下列程序的运行结果是______________。

```
#include<stdio.h>
void main()
{
    unsigned char a=8,b;
    b=a>>3;
    printf("%d\n",b);
}
```

4. 下列程序的运行结果是______________。

```
#include<stdio.h>
void main()
{
    int a=5,b;
    b=a<<2;
    printf("%d\n",b);
}
```

5. 下列程序的运行结果是_____________。

```
#include<stdio.h>
void main()
{
    int a=12,b;
    b=(a<<2)>>1;
    printf("%d\n",b);
}
```

# 附　录

## 附录 A　ASCII 表

| ASCII 值 | 字　符 | ASCII 值 | 字　符 | ASCII 值 | 字符 | ASCII 值 | 字　符 |
|---|---|---|---|---|---|---|---|
| 0 | NUL | 32 | (Space) | 64 | @ | 96 | ` |
| 1 | SOH | 33 | ! | 65 | A | 97 | a |
| 2 | STX | 34 | " | 66 | B | 98 | b |
| 3 | ETX | 35 | # | 67 | C | 99 | c |
| 4 | EOT | 36 | $ | 68 | D | 100 | d |
| 5 | ENQ | 37 | % | 69 | E | 101 | e |
| 6 | ACK | 38 | & | 70 | F | 102 | f |
| 7 | BEL | 39 | ' | 71 | G | 103 | g |
| 8 | BS | 40 | ( | 72 | H | 104 | h |
| 9 | HT | 41 | ) | 73 | I | 105 | i |
| 10 | LF/NL | 42 | * | 74 | J | 106 | j |
| 11 | VT | 43 | + | 75 | K | 107 | k |
| 12 | FF/NP | 44 | , | 76 | L | 108 | l |
| 13 | CR | 45 | - | 77 | M | 109 | m |
| 14 | SO | 46 | . | 78 | N | 110 | n |
| 15 | SI | 47 | / | 79 | O | 111 | o |
| 16 | DLE | 48 | 0 | 80 | P | 112 | p |
| 17 | DC1/XON | 49 | 1 | 81 | Q | 113 | q |
| 18 | DC2 | 50 | 2 | 82 | R | 114 | r |
| 19 | DC3/XOFF | 51 | 3 | 83 | S | 115 | s |
| 20 | DC4 | 52 | 4 | 84 | T | 116 | t |
| 21 | NAK | 53 | 5 | 85 | U | 117 | u |
| 22 | SYN | 54 | 6 | 86 | V | 118 | v |
| 23 | ETB | 55 | 7 | 87 | W | 119 | w |
| 24 | CAN | 56 | 8 | 88 | X | 120 | x |
| 25 | EM | 57 | 9 | 89 | Y | 121 | y |
| 26 | SUB | 58 | : | 90 | Z | 122 | z |
| 27 | ESC | 59 | ; | 91 | [ | 123 | { |
| 28 | FS | 60 | < | 92 | \ | 124 | \| |
| 29 | GS | 61 | = | 93 | ] | 125 | } |
| 30 | RS | 62 | > | 94 | ^ | 126 | ~ |
| 31 | US | 63 | ? | 95 | _ | 127 | ⌂ |

## 附录 B　常用运算符的优先级和结合性

| 优先级 | 运算符 | 含　义 | 参与对象个数 | 结合性 |
|---|---|---|---|---|
| 1 | () | 圆括号 | — | 左结合 |
| | [ ] | 下标运算符 | | |
| | -> | 指向成员运算符 | | |
| | . | 结构体成员运算符 | | |
| 2 | + | 正号运算符 | 单目运算符 | 右结合 |
| | - | 负号运算符 | | |
| | ~ | 按位取反运算符 | | |
| | ! | 逻辑非运算符 | | |
| | ++ | 自增运算符 | | |
| | -- | 自减运算符 | | |
| | & | 地址运算符 | | |
| | * | 指针运算符 | | |
| | sizeof | 长度运算符 | | |
| 3 | * | 乘法运算符 | 双目运算符 | 左结合 |
| | / | 除法运算符 | | |
| | % | 求余运算符 | | |
| 4 | + | 加法运算符 | 双目运算符 | 左结合 |
| | - | 减法运算符 | | |
| 5 | << | 位左移运算符 | 双目运算符 | 左结合 |
| | >> | 位右移运算符 | | |
| 6 | < | 小于运算符 | 双目运算符 | 左结合 |
| | <= | 小于等于运算符 | | |
| | > | 大于运算符 | | |
| | >= | 大于等于运算符 | | |
| 7 | == | 等于运算符 | 双目运算符 | 左结合 |
| | != | 不等于运算符 | | |
| 8 | & | 按位与运算符 | 双目运算符 | 左结合 |
| 9 | ^ | 按位异或运算符 | 双目运算符 | 左结合 |
| 10 | \| | 按位或运算符 | 双目运算符 | 左结合 |
| 11 | && | 逻辑与运算符 | 双目运算符 | 左结合 |
| 12 | \|\| | 逻辑或运算符 | 双目运算符 | 左结合 |
| 13 | ?: | 条件运算符 | 三目运算符 | 右结合 |

续表

| 优先级 | 运算符 | 含　义 | 参与对象个数 | 结合性 |
| --- | --- | --- | --- | --- |
| 14 | = | 赋值运算符 | 双目运算符 | 右结合 |
| | += | 加等于运算符 | | |
| | -= | 减等于运算符 | | |
| | *= | 乘等于运算符 | | |
| | /= | 除等于运算符 | | |
| 15 | , | 逗号运算符 | — | 左结合 |

## 附录 C　C 语言常用标准库函数

C 语言为用户提供了许多库函数，不同的编译系统所提供的库函数的数目、函数名及功能存在差异，下面将一些常用的库函数列出来，方便读者查阅。

### 1. 输入输出函数

使用输入输出函数时，应在源文件中使用如下命令：

```
#include<stdio.h> 或者 #include"stdio.h"
```

（1）格式化输入 / 输出函数：

| 函数名 | 函数原型 | 函数功能 | 返回值 |
| --- | --- | --- | --- |
| printf | int printf (char *format, 输出列表 ) | 按 format 所指向的格式字符串所规定的格式，将输出列表各表达式的值输出到标准输出设备 | 成功：输出字符数<br>失败：EOF |
| scanf | int scanf (char *format, 输入列表 ) | 按 format 所指向的格式字符串所规定的格式，从标准输入设备读入数据，存入输入项地址列表指定的存储单元中 | 成功：输入字符个数<br>失败：EOF |

（2）字符输入输出函数：

| 函数名 | 函数原型 | 函数功能 | 返回值 |
| --- | --- | --- | --- |
| getchar | int getchar( ) | 从标准输入设备读入一个字符 | 该字符的 ASCII 值 |
| putchar | int getchar( char ch ) | 向标准输出设备输出字符 ch | 输出字符 ch |
| gets | char *gets(char *s) | 从标准输入设备读入一个字符串到字符数组 s，以回车结束输入 | 成功：输入字符串 s<br>失败：EOF |
| puts | int *puts(char *s) | 把字符串 s 输出到标准输出设备，'\0' 转换为 '\n' 输出 | 成功：返回换行符<br>失败：EOF |

### 2. 动态内存分配函数

使用动态内存分配函数时，应在源文件中使用如下命令：

```
#include<stdlib.h> 或者 #include"stdlib.h"
```

| 函数名 | 函数原型 | 函数功能 | 返回值 |
|---|---|---|---|
| calloc | viod *calloc(unsigned int n, usigned int size ) | 分配 *n* 个连续存储单元，每个单元包含 size 个字节 | 成功：返回单元首地址<br>失败：NULL |
| malloc | viod *malloc(usigned int size ) | 分配 size 个字节的内存 | 成功：返回单元首地址<br>失败：NULL |
| free | void free(void *p) | 释放 p 所指向的内存单元（必须是由动态内存分配函数一次性分配的全部单元） | 无返回值 |
| realloc | viod *relloc(void *p, usigned size ) | 将 p 所指向的已分配存储单元的大小改为 size | 成功：返回单元首地址<br>失败：NULL |

### 3. 字符串操作函数

使用字符串操作函数时，应在源文件中使用如下命令：

```
#include<string.h> 或者 #include"string.h"
```

| 函数名 | 函数原型 | 函数功能 | 返回值 |
|---|---|---|---|
| strcat | char *strcat (char *str1, char *str2) | 将字符串 str2 连接到 str1 后面 | str1 的地址 |
| strchr | char *strchr (char *str, char ch) | 找出 ch 字符在字符串 str 中第一次出现的位置 | 成功：返回 ch 地址<br>错误：返回 NULL |
| strcmp | int *strcat (char *str1, char *str2) | 比较字符串 str1 和 str2 | str1<str2：返回负数<br>str1=str2：返回 0<br>str1>str2：返回正数 |
| strcpy | char *strcpy (char *str1, char *str2) | 将字符串 str2 复制到 str1 中 | str1 的地址 |
| strlen | int *strlen (char *str) | 求字符串 str 的长度 | 字符串 str 的长度 |
| strlwr | int *strlwr (char *str) | 将字符串 str 中的字母转换成小写字母 | str 的地址 |
| strncat | char *strncat (char *str1, char *str2, n) | 将字符串 str2 中的前 n 个字符连接到 str1 后面 | str1 的地址 |
| strncyp | char *strncyp (char *str1, char *str2, n) | 将字符串 str2 中的前 n 个字符复制到 str1 中 | str1 的地址 |
| strstr | char *strstr (char *str1, char *str2) | 找出字符串 str2 在字符串 str1 中第一次出现的位置 | str2 的地址，找不到返回 NULL |
| strupr | char *strupr (char *str) | 将字符串 str 中的字母转换成大写字母 | str 的地址 |
| tolower | int tolower( int ch) | 将字符 ch 转换为小写字母 | ch 代表字符的小写字母 |
| touper | int touper ( int ch) | 将字符 ch 转换为大写字母 | ch 代表字符的大写字母 |

### 4. 数值转换函数

使用动态内存分配函数时，应在源文件中使用如下命令：

```
#include<stdlib.h> 或者 #include"stdlib.h"
```

| 函数名 | 函数原型 | 函数功能 | 返回值 |
|---|---|---|---|
| atof | double atof ( char *str ) | 将字符串 str 转换成双精度浮点数 | 计算结果 |
| atoi | int atoi ( char *str ) | 将字符串 str 转换成整型数 | 计算结果 |
| atol | long atol (char *s) | 将字符串 str 转换成长整型数 | 计算结果 |
| rand | int rand (void) | 生成 −90~32 767 的随机整数 | 随机整数 |
| srand | srand(unsigned int seed) | 以 seed 为种子计算产生一个无符号的随机数 | 随机整数 |

## 5. 文件操作函数

使用文件操作函数时，应在源文件中使用如下命令：

```
#include<stdio.h> 或者 #include"stdio.h"
```

| 函数名 | 函数原型 | 函数功能 | 返回值 |
|---|---|---|---|
| read | int read (int fd, char *buf, unsigned count) | 从文件号 fd 所指示的文件中读 count 个字节到由 buf 指示的缓冲区中 | 成功：返回读入的字节数<br>失败：返回 −1 |
| write | int write (int fd, char *buf, unsigned count) | 从 buf 指示的缓冲区中输出 count 个字节到 fd 所标志的文件中 | 成功：返回输出的字节数<br>失败：返回 −1 |
| open | int open (char *filename,char *mode) | 以 mode 指定的方式打开名为 filename 的文件 | 成功：返回文件号<br>失败：返回 −1 |
| fopen | FILE * fopen(char*filename,char *mode) | 以 mode 指定的方式打开名为 filename 的文件 | 成功：返回文件指针<br>失败：返回 0 |
| fclose | int fclose (FILE *fp) | 关闭 fp 所指文件，释放文件缓冲区 | 成功：返回 0<br>失败：返回非 0 |
| feof | int feof (FILE *fp) | 检查文件是否结束 | 已读到文件尾部返回非 0；否则返回 0 |
| fread | int fread (char *pt,unsigned size, unsigned n, FILE *fp) | 从 fp 所指向的文件中读取长度为 size 的 n 个数据项，存到 pt 指向的内存区 | 成功：返回所读数据项的个数<br>失败：返回 0 |
| fwrite | int fwrite (char *ptr, unsigned size, unsigned n, FILE *fp) | 把 ptr 所指向的 n *size 个字节输出到 fp 所指向的文件中 | 写到 fp 文件中的数据项的个数 |
| fgetc | int fgetc (FILE *fp) | 从 fp 所指定的文件中取得下一个字符 | 成功：返回该字符<br>失败：EOF |
| fputc | int fputc (char *ch, FILE *fp) | 将字符 ch 输出到 fp 指向的文件中 | 实际输出的字符数 |
| fgets | char fgets (char *buf, int n, FILE *fp) | 从 fp 指示的文件读取一个长度为（n−1）的字符串，存入起始地址为 buf 的空间 | 成功：返回地址 buf<br>失败：返回 NULL |
| fputs | int fputs (char *str, FILE *fp) | 将 str 指向的字符串输出到 fp 指向的文件中 | 成功：返回 0<br>失败：返回非 0 |
| rewind | void rewind (FILE *fp) | 将 fp 指示的文件位置指针置于文件开头位置，并清除文件结束标志和错误标志 | 无返回值 |

续表

| 函数名 | 函数原型 | 函数功能 | 返回值 |
|---|---|---|---|
| fseek | int fseek(FILE *fp, long offset, int base) | 将 fp 所指向的文件的位置指针移到 base 所给出的位置为基准、以 offset 为位移量的位置 | 成功：返回当前位置<br>失败：返回 −1 |
| ftell | long ftell(FILE *fp) | 返回当前读写位置到文件的位置 | 返回当前读写位置到文件的位置 |
| remove | int remove(char *filename) | 删除名为 filename 的文件 | 成功：返回 0<br>失败：EOF |
| rename | int rename(char *oldname, char *newname) | 修改文件名 oldname 为 newname | 成功：返回 0<br>失败：EOF |

### 6. 数学函数

使用数学函数时，应在源文件中使用如下命令：

```
#include<math.h> 或者 #include"math.h"
```

| 函数名 | 函数原型 | 函数功能 | 返回值 |
|---|---|---|---|
| abs | int abs (int x) | 求整数 x 的绝对值 | 计算结果 |
| acos | double acos (double x) | 计算 $\cos^{-1}(x)$ 的值 | 计算结果 |
| asin | double asin (double x) | 计算 $\sin^{-1}(x)$ 的值 | 计算结果 |
| atan | double atan (double x) | 计算 $\tan^{-1}(x)$ 的值 | 计算结果 |
| atan2 | double atan2 (double x, double y) | 计算 $\tan^{-1}(x/y)$ 的值 | 计算结果 |
| cos | double cos (double x) | 计算 cos(x) 的值 | 计算结果 |
| cosh | double cosh (double x) | 计算 x 的双曲余弦 cosh(x) 的值 | 计算结果 |
| exp | double exp (double x) | 求 $e^x$ 的值 | 计算结果 |
| fabs | double fabs (double x) | 求 x 的绝对值 | 计算结果 |
| floor | double floor (double x) | 求不大于 x 的最大整数 | 该整数的 double 值 |
| fmod | double fmod (double x, double y) | 求 x/y 的值 | 返回余数的 double 值 |
| frexp | double frexp (double val, int * eptr) | 将双精度 val 分解为数字部分（尾数）x 和以 2 为底的指数 n，即 val=x*2n，n 存放在 eptr 指向的变量中 | 返回数字部分，<br>0.5 ≤ x<1 |
| log | double log (double x) | 求 logex，即 lnx | 计算结果 |
| modf | double modf (double val, double * iptr) | 将双精度 val 分解为整数和小数部分，把整数部分存放在 eptr 指向的单元中 | val 的小数部分 |
| pow | double pow (double x, double y) | 计算 $x^y$ 的值 | 计算结果 |
| sin | double sin (double x) | 计算 sin x 的值 | 计算结果 |
| sinh | double sinh (double x) | 计算 x 的双曲正弦函数 sin(x) 的值 | 计算结果 |
| sqrt | double sqrt (double x) | 计算 $\sqrt{x}$ | 计算结果 |
| tan | double tan (double x) | 计算 tan x 的值 | 计算结果 |
| tanh | double tanh (double x) | 计算 x 的双曲正切函数 tanh(x) 的值 | 计算结果 |

# 参考文献

[1] 谭浩强 . C 语言程序设计 . [M]. 5 版 . 北京：清华大学出版社，2017.

[2] 周雅静，刑小英，徐济惠，等 . C 语言程序设计项目化教程 . [M]. 3 版 . 北京：电子工业出版社，2023.

[3] 黑新宏，胡元义 . C 语言与程序设计 . [M]. 北京：电子工业出版社，2019.

[4] 张玉生，刘炎，张亚红 . C 语言程序设计 . [M]. 上海：上海交通大学出版社，2023.